智能机器人
关键技术
与
行业应用
丛书

Industrial Robot
Structure and
System Integration

工业机器人结构与系统集成

陈继文 杨 蕊 杨红娟 等编著

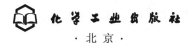

化学工业出版社

·北京·

内容简介

本书系统地介绍了机器人集成与应用技术的基础知识和工作原理，以及设计与应用实例。全书共分 7 章，主要内容有机器人的定义、特点、分类、基本组成等基础知识，机器人机械结构和传动机构，机器人气压、液压和电气驱动，机器人传感器特性与分类、内部与外部传感器的类型与工作原理、传感器应用案例，机器人的控制特点、主要技术及操作系统，典型工业机器人的控制系统，工业机器人控制的分类、运动轨迹控制、示教与再现和编程语言，机器人工作站及生产线的构成及设计原则，工业机器人的典型应用，机器人离线编程仿真软件。

本书可作为高等院校机器人工程、智能制造工程、机械电子工程及相近专业的教材或参考书，也可作为科研工作者和工程技术人员的参考书。

图书在版编目（CIP）数据

工业机器人结构与系统集成 / 陈继文等编著.
北京：化学工业出版社，2024. 10. -- （智能机器人关键技术与行业应用丛书）. -- ISBN 978-7-122-46172-8

Ⅰ. TP242.2
中国国家版本馆 CIP 数据核字第 2024Q08H06 号

责任编辑：周　红　张海丽　　　　文字编辑：袁　宁
责任校对：李雨函　　　　　　　　装帧设计：王晓宇

出版发行：化学工业出版社
　　　　　（北京市东城区青年湖南街 13 号　邮政编码 100011）
印　　　刷：北京云浩印刷有限责任公司
装　　　订：三河市振勇印装有限公司
787mm×1092mm　1/16　印张 16¼　字数 380 千字
2025 年 1 月北京第 1 版第 1 次印刷

购书咨询：010-64518888　　　　售后服务：010-64518899
网　　　址：http://www.cip.com.cn
凡购买本书，如有缺损质量问题，本社销售中心负责调换。

定　　价：98.00 元　　　　　　　　版权所有　违者必究

前言

随着科学技术的发展和社会的进步，机器人作为集机械、电子、控制、计算机、传感器、人工智能等多学科先进技术于一体的现代制造业重要的自动化装备，广泛应用于工业生产和制造业领域，正在不断地改变人们的生产生活方式。全书介绍了机器人技术及应用方面的重要知识点，在内容安排上突出科学性和系统性，注重理论与工程实际的结合、基础知识与现代技术的结合、系统设计与应用的结合。

本书共分 7 章：第 1 章主要讲解机器人的基础知识，包括机器人的定义、特点、分类，机器人的应用与发展趋势以及机器人系统的设计方法；第 2 章主要介绍机器人的机械结构系统，包括机器人的基本组成及工作原理、基本术语与图形符号、技术参数、设计与选用准则、机械结构、传动机构以及位姿问题；第 3 章主要介绍机器人的驱动系统，包括常用的驱动方式，如气压驱动、液压驱动、步进电机驱动、直流伺服电机驱动、交流伺服电机驱动；第 4 章主要介绍机器人的传感器系统，包括传感器的特性与分类、要求及选择、机器人内部与外部传感器的类型与工作原理、传感器应用案例；第 5 章主要介绍机器人的控制基础、典型工业机器人的控制系统与分类、运动轨迹控制、示教与再现、编程语言等内容；第 6 章主要介绍工业机器人系统集成与典型应用，包括机器人工作站的构成及设计原则、生产线的构成及设计原则和工业机器人的典型应用；第 7 章主要介绍 PQArt 工业机器人离线编程仿真软件主要操作及应用实例。

本书可作为高等院校机器人工程、智能制造工程、机械电子工程及相近专业的教材或参考书，也可作为科研工作者和工程技术人员的参考书。

本书由陈继文、杨蕊、杨红娟、王猛、倪鹤鹏、孟德才、张恒、崔嘉嘉等编写。在本书编写过程中，参阅了大量相关书籍和文献资料，在此向相关作者一并表示感谢。

由于作者经验不足，水平有限，书中难免有不妥和疏漏之处，恳切希望读者批评指正。

编著者

目录

第5章　机器人的控制系统 / 107

第 **1** 章

机器人基础知识

1.1
机器人的定义、特点与分类

1.1.1　机器人的定义

　　机器人被誉为"制造业皇冠顶端的明珠"，其研发、制造、应用是衡量一个国家科技创新和高端制造业水平的重要标志。当前，机器人产业蓬勃发展，正极大改变着人类生产和生活方式，为经济社会发展注入强劲动能。机器人，尤其是工业机器人作为一个复杂的系统工程，需要把机器人本体与控制软件、应用软件、外围设备等集成为一个系统，该系统作为一个整体来完成作业任务。如果将图 1-1 所示常规的机器人操作手与挖掘机臂进行比较，可发现两者非常相似。它们都具有许多连杆，这些连杆通过关节依次连接，并由驱动器驱动。在上述两个系统中，末端的"手"都能在空中运动，并可以运动到工作空间的任何位置，而且它们都能承载一定的载荷，完成一定的作业任务。然而，我们将挖掘机称为操作机，而将机器人操作手称为工业机器人，两者最根本的不同在于挖掘机是由人来控制驱动器，而机器人操作手是由计算机编程控制，正是通过这一点来区别一台设备到底是简单的操作机还是机器人。通常机器人由计算机或者类似装置来控制，机器人的动作受控制器所控制，该控制器的运行由用户根据作业性质所编写的某种类型的程序来控制。因此，如果程序改变了，机器人的动作就会相应改变。如果我们希望一台设备能灵活地完成各种不同的作业，同时无需重新设计硬件装置，机器人控制器中必须包含可以重复编程的模块，只通过改变程序就可以执行不同的任务。在美国标准中，只有易于再编程的装置才认为是机器人。因此，手动装置（比如一个多关节的、需要操作人员来驱动的装置）或固定顺序装置（例如有些装置由强制启停控制驱动器控制，其顺序是固定的并且很难更改）都不认为是机器人。

图 1-1　挖掘机臂与机器人操作手

目前，不同的国家对机器人的定义也各不相同，通过比较这些定义，可以更深入地理解机器人的概念特征。

① 美国机器人协会（RIA）的定义。机器人是"一种用于移动各种材料、零件、工具或专用装置的，通过可编程序动作来执行各种任务的，并具有编程能力的多功能机械手（manipulator）"。这一定义叙述得较为具体，但技术含义并不全面，可概括为工业机器人。

② 日本工业机器人协会（JIRA）的定义。机器人是"一种装备有记忆装置和末端执行器（end effector）的，能够转动并通过自动完成各种动作来代替人类劳动的通用机器"。同时还可进一步分为两种情况来定义：工业机器人是"一种能够执行与人体上肢（手和臂）类似动作的多功能机器"；智能机器人是"一种具有感觉和识别能力，并能控制自身行为的机器"。

③ 国际标准化组织（ISO）的定义。机器人是一种自动的、位置可控的、具有编程能力的多功能机械手，这种机械手具有几个轴，能够借助于可编程序操作来处理各种材料、零件、工具和专用装置，以执行各种任务。

④ 我国科学家对机器人的定义。机器人是一种自动化的机器，所不同的是这种机器具备一些与人或生物相似的智能能力，如感知能力、规划能力、动作能力和协同能力，是一种具有高度灵活性的自动化机器。

因此，机器人就是自动执行工作的机器装置。它既可以接受人类指挥，又可以运行预先编排的程序，也可以根据以人工智能技术制定的原则纲领行动。它的任务是协助或取代人类的工作。它是高级整合控制论、机械电子、计算机、材料和仿生学的产物，在工业、医学、农业、服务业、建筑业甚至军事等领域中均有重要用途。

1.1.2　机器人的特点

机器人的主要特点体现在它的通用性和适应性等方面。

① 通用性。机器人的通用性是指机器人具有执行不同功能和完成多样简单任务的实

际能力。通用性也意味着机器人具有可变的几何结构，或者说在机械结构上允许机器人执行不同的任务或以不同的方式完成同一工作。

② 适应性。机器人的适应性是指其对环境的自适应能力，即所设计的机器人在工作中可以不依赖于人的干预，能够运用传感器感测环境，自主分析任务空间和执行操作规划，不受执行过程中所发生的没有预测到的环境变化的影响。

随着人们对机器人技术智能化本质认识的加深，机器人技术开始源源不断地向人类活动的各个领域渗透，结合这些领域的应用特点，人们发展了各式各样的具有感知、决策、行动和交互能力的特种机器人和智能机器人，如移动机器人、微机器人、水下机器人、医疗机器人、军用机器人、空间机器人、娱乐机器人等。对不同任务和特殊环境的适应性，也是机器人与一般自动化装备的重要区别。这些机器人从外观上已远远脱离了最初仿人形机器人和工业机器人所具有的形状，更加符合各种不同应用领域的特殊要求，其功能和智能程度也大大增强，从而为机器人技术开辟出更加广阔的发展空间。

1.1.3　机器人的分类

关于机器人的分类，国际上没有制定统一的标准，从不同的角度可以有不同的分类。

（1）按照机器人的智能程度分类

① 第一代机器人：示教再现型机器人。第一代的机器人是遥控操作机器人。美国橡树岭国家实验室在 1947 年，为了搬运和处理核燃料，研发了世界上第一台遥控式机器人。1962 年，美国又研制成功 PUMA 通用示教再现型机器人，故第一代机器人也称示教再现型机器人，如图 1-2 所示。这类机器人不能离开人的控制独自运动，是通过一台计算机控制一个多自由度的机械，通过示教存储的程序和信息，在其工作时把信息读取出来，然后发出指令，这样的机器人可以重复根据人当时示教的结果，再现出这种动作，其缺点是对外界的环境没有感知。

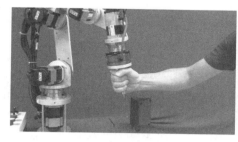

(a) 手把手示教　　　　　　　　　　　　(b) 示教器示教

图 1-2　示教再现型机器人

② 第二代机器人：感觉型机器人。为弥补示教再现型机器人对于外界的环境没有感知的缺点，20 世纪 70 年代后期，人们开始研究第二代机器人，叫感觉型机器人，这种机器人拥有类似人的某种功能的感觉，如力觉、滑觉、视觉、听觉等。它能够通过感觉来判断力的大小和滑动的情况以及感受和识别工件的形状、大小、颜色，在机器人工作时，根据感觉器官（传感器）获得的信息，灵活调整自己的工作状态，以保证在适应环境的情况下完成工作。如：有触觉的机械手可轻松自如地抓取鸡蛋，具有嗅觉的机器人能分辨出不

同饮料和酒类。第二代机器人能够获得作业环境和作业对象的部分有关信息，进行一定的实时处理，引导机器人进行作业。因此，第二代机器人已进入了实用化，在工业生产中得到广泛应用。图 1-3 所示为配备视觉系统的工业机器人。

图 1-3　配备视觉系统的工业机器人

　　③　第三代机器人：智能型机器人。第三代机器人不仅具有比第二代机器人更加完善的环境感知能力，而且还具有逻辑思维、判断和决策能力，可根据作业要求与环境信息自主地进行工作。第三代机器人是依靠人工智能技术进行规划、控制的高级机器人，它利用各种传感器、测量器等来获取环境信息，然后利用智能技术进行识别、理解及推理，最后作出规划决策，不需要人的干预便能自主行动，实现预定目标。它的未来发展方向是有知觉、有思维、能与人对话。这代机器人已经具有了自主性，有自行学习、推理、决策、规划等能力，在发生故障时能通过自我诊断装置诊断出发生故障的部位并能自我修复。

　　目前，人类对机器人的研究主要处在第三代，真正意义上的具有学习、思考等能力的智能机器人，主要还在概念设计阶段。

　　（2）按照控制方式分类

　　①　操作型机器人。能自动控制，可重复编程，多功能，有几个自由度，可固定或运动，用于相关自动化系统中。

　　②　程控型机器人。按预先要求的顺序及条件，依次控制机器人的机械动作。

　　③　示教再现型机器人。通过引导或其他方式，先教会机器人动作，再输入工作程序，机器人则自动重复进行作业。

　　④　数控型机器人。不必使机器人动作，而是通过数值、语言等对机器人进行示教，机器人根据示教后的信息进行作业。

　　⑤　感觉控制型机器人。利用传感器获取的信息控制机器人的动作。

　　⑥　适应控制型机器人。机器人能适应环境的变化，控制其自身的行动。

　　⑦　学习控制型机器人。机器人能"体会"工作的经验，具有一定的学习功能，并将所"学"的经验用于工作中。

⑧ 智能机器人。以人工智能决定其行动的机器人。它具有与外部世界——对象、环境和人相适应、相协调的工作机能，从控制方式看是以一种"认知-适应"的方式自律地进行操作。

按照控制方式还可以把机器人分为非伺服控制机器人和伺服控制机器人。

非伺服控制机器人工作能力比较有限，机器人按照预先编好的程序顺序进行工作，使用限位开关、制动器、插销板和定序器来控制机器人的运动。插销板是用来预先规定机器人的工作顺序，而且往往是可调的。定序器是一种定序开关或步进装置，它能够按照预定的正确顺序接通驱动装置的能源。驱动装置接通能源后，就带动机器人的手臂、腕部和手部等装置运动。当它们移动到由限位开关所规定的位置时，限位开关切换工作状态，给定序器送去一个工作任务已完成的信号，并使终端制动器动作，切断驱动能源，使机器人停止运动。图1-4为非伺服控制机器人方块图。

伺服控制机器人比非伺服控制机器人有更强的工作能力。伺服系统的被控制量可为机器人手部执行装置的位置、速度、加速度和力等。通过传感器取得的反馈信号与来自给定装置的综合信号，用比较器加以比较后，得到误差信号，经放大后用以激发机器人的驱动装置，进而带动末端执行器以一定规律运动，到达规定的位置或速度等，这是一个反馈控制系统。图1-5为伺服控制机器人方块图。

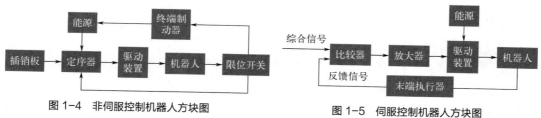

图1-4 非伺服控制机器人方块图　　　　图1-5 伺服控制机器人方块图

伺服控制机器人可分为点位伺服控制机器人和连续轨迹伺服控制机器人两种。

点位伺服控制机器人的受控运动方式为由一个点位目标移向另一个点位目标，只在目标点上完成操作。机器人可以以最快的和最直接的路径从一个目标点移到另一个目标点。通常，点位伺服控制机器人能用于只有终端位置是重要的而对目标点之间的路径和速度不做主要考虑的场合。点位控制主要用于点焊、搬运机器人。

连续轨迹伺服控制机器人能够平滑地跟随某个规定的路径，其轨迹往往是某条不在预编程端点停留的曲线路径。连续轨迹伺服控制机器人具有良好的控制和运行特性。由于数据是依时间采样，而不是依预先规定的空间点采样，因此机器人的运行速度较快，功率较小，负载能力也较小。连续轨迹伺服控制机器人主要用于弧焊、喷涂、打飞边、去毛刺和检测。

（3）按照机器人的拓扑结构分类

可分为串联机器人、并联机器人和混联机器人。串联机器人的一个轴的运动会改变另一个轴的坐标原点；并联机器人的一个轴的运动不影响另一个轴的坐标原点；混联机器人具有至少一个并联机构和一个或多个串联机构。

图1-6所示为串联机器人，其因结构简单、易操作、灵活性强、工作空间大等特点而得到广泛的应用，串联机器人的不足之处在于运动链较长，系统的刚度和运动精度较低，

串联机器人各手臂的运动惯量相对较大，因而不易实现高速或超高速操作。

图 1-7 所示为并联机器人，其动态性能优越，适合高速、高加速场合；运动空间相对较小；采用并联闭环结构，具有较大的承载能力；并联机构各个关节的误差可以相互抵消，相互弥补，运动精度高。

图 1-6　串联机器人

图 1-7　并联机器人

图 1-8 所示为混联机器人，其既有串联机器人工作空间大、运动灵活的特点，又有并联机器人刚度大、承载能力强的特点；因其精度高，可以高精度、高效率地实现物料的高速分拣，大大地提高了效率和准确度；可在大范围工作空间中高速、高效率地完成大型物体的抓取和搬运工作，如码垛机器人。

（4）按照应用环境分类

① 工业机器人。在工业领域内应用的机器人称为工业机器人。通常将工业机器人定义为一种能模拟人的手、臂的部分动作，按照预定的程序、轨迹及其他要求，实现抓取、搬运工件等操作的自动化装置。与人相比，工业机器人可以有更快的运动速度，可以搬更重的东西，而且定位精度更高。工业机器人在实现智能化、多功能化、

图 1-8　混联机器人

柔性自动化生产，提高产品质量，代替人在恶劣环境条件下工作中发挥重大作用。

目前，工业机器人已广泛应用于汽车及汽车零部件制造业、机械加工行业、电子电器行业、橡胶及塑料工业、食品工业、木材与家具制造业等领域中。在工业生产中，搬运机器人、码垛机器人、喷漆机器人、焊接机器人和装配机器人等工业机器人都已被大量采用。工业机器人的优点在于它可以通过更改程序，方便迅速地改变工作内容或方式，以满足生产要求的变化，例如改变运动轨迹、速度，变更装配部件或位置等，如图 1-9 所示。随着对工业生产线的柔性要求越来越高，对各种工业机器人的需求也越来越广泛。

② 服务机器人。随着计算机技术的快速发展，机器人的应用领域也在不断拓宽，机器人应用已经从制造业逐渐转向服务业。和工业机器人相比，服务机器人在结构和工作形式上都有很大不同，服务机器人一般具有可移动性，在移动平台上搭载一些手臂进行操作，同时还装有一些力传感器、视觉传感器和超声波测距传感器等。它通过对周边的环境进行识别，来判断自身的运动，完成某种工作，这是服务机器人的一个基本特点。服务机器人包括娱乐机器人、手术机器人、护士助手机器人、导盲机器人、扫地机器人、高楼擦窗机器人等，也有根据环境而改变动作的机器人。

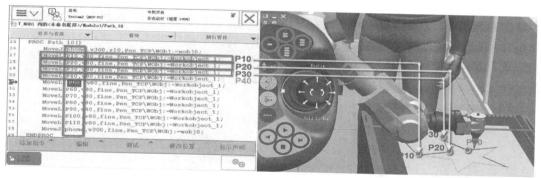

图1-9 工业机器人作业程序

③ 特种机器人。特种机器人主要是指在人们难以进入的核电站、海底、宇宙空间等特殊空间中进行作业的机器人，包括军用机器人、消防救援机器人、保安机器人、空中无人飞行器、水下机器人、空间机器人、微小型机器人等。

（5）按照机器人的运动形式分类

① 直角坐标型机器人。这种机器人的外形轮廓与数控镗铣床或三坐标测量机相似，如图1-10所示。3个关节都是移动关节，关节轴线相互垂直，相当于笛卡儿坐标系的x、y和z轴。它主要用于生产设备的上下料，也可用于高精度的装卸和检测作业。这种形式的机器人的主要特点：

a. 结构简单，直观，刚度高。多做成大型龙门式或框架式机器人。

b. 3个关节的运动相互独立，没有耦合，运动学求解简单，不产生奇异状态。采用直线滚动导轨后，速度和定位精度高。

c. 工件的装卸、夹具的安装等受到立柱、横梁等构件的限制。

d. 容易编程和控制，控制方式与数控机床类似。

e. 导轨面防护比较困难。移动部件的惯量比较大，增加了驱动装置的尺寸和能量消耗，操作灵活性较差。

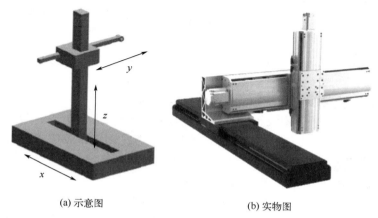

(a) 示意图　　　　　　　(b) 实物图

图1-10 直角坐标型机器人

② 圆柱坐标型机器人。如图1-11所示，这种机器人以θ、z和r为参数构成坐标系。

手腕参考点的位置可表示为 $P=f(\theta,z,r)$。其中，r 是手臂的径向长度，θ 是手臂绕水平轴的角位移，z 是在垂直轴上的高度。如果 r 不变，手臂的运动将形成一个圆柱表面，空间定位比较直观。手臂收回后，其后端可能与工作空间内的其他物体相碰，移动关节不易防护。著名的 Versatran 机器人就是典型的圆柱坐标型机器人。

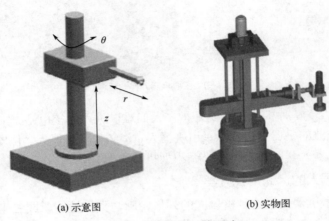

(a) 示意图　　　　　　　　　　(b) 实物图

图 1-11　圆柱坐标型机器人

③ 球（极）坐标型机器人。如图 1-12 所示，具有平移、旋转和摆动三个自由度，手腕参考点运动所形成的最大轨迹表面是半径为 r 的球面的一部分，以 θ、φ、r 为坐标，任意位置可表示为 $P=f(\theta,\varphi,r)$。其机械手能够做前后伸缩移动、在垂直平面上摆动以及绕底座在水平面上转动。这类机器人占地面积小，工作空间较大，移动关节不易防护。著名的 Unimate 机器人就是这种类型的机器人。

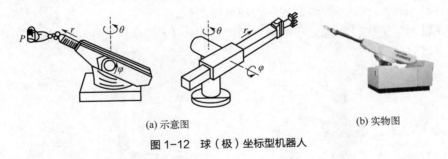

(a) 示意图　　　　　　　　　　　　　(b) 实物图

图 1-12　球（极）坐标型机器人

④ 平面双关节型机器人（selective compliance assembly robot arm，SCARA）。SCARA 机器人有 3 个旋转关节，其轴线相互平行，在平面内进行定位和定向；另一个关节是移动关节，用于完成末端件垂直于平面的运动。手腕参考点的位置是由两旋转关节的角位移 φ_1、φ_2 和移动关节的位移 z 决定的，即 $P=f(\varphi_1,\varphi_2,z)$，如图 1-13 所示。这类机器人结构轻便、响应快。例如 Adept I 型 SCARA 机器人的运动速度可达 10m/s，比一般关节型机器人快数倍。它最适用于平面定位，而在垂直方向进行装配的作业。

⑤ 垂直多关节型机器人。这类机器人由 2 个肩关节和 1 个肘关节进行定位，由 2 个或 3 个腕关节进行定向。其中，一个肩关节绕垂直轴旋转，另一个肩关节实现俯仰，这两个肩关节轴线正交，肘关节平行于第二个肩关节轴线，如图 1-14 所示。这种构形动作灵

活，工作空间大，在作业空间内手臂的干涉最小，结构紧凑，占地面积小，关节上相对运动部位容易密封防尘，是当今工业领域中常见的工业机器人形态之一，适合用于诸多工业领域的机械自动化作业，比如自动装配、喷漆、搬运、焊接等工作。这类机器人运动学较复杂，运动学反解困难，确定末端件执行器的位姿不直观，进行控制时计算量比较大。

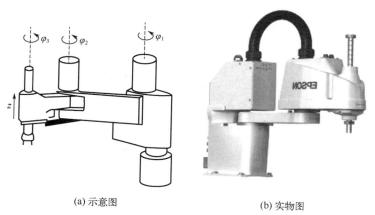

(a) 示意图　　　　　　　　　　　　　　(b) 实物图

图 1-13　SCARA 机器人

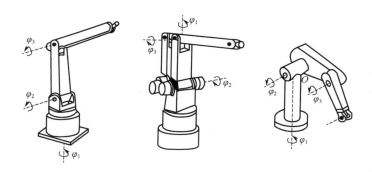

(a) 示意图（直接驱动式、平行连杆式、关节偏置式）

(b) 实物图

图 1-14　垂直多关节型机器人

（6）按照机器人移动性来分类

可分为轮式移动机器人、步行移动机器人（单腿式、双腿式和多腿式）、履带式移动机器人、爬行机器人、蠕动式机器人和游动式机器人等类型。随着机器人的不断发展，人们发现固定于某一位置操作的机器人并不能完全满足各方面的需要。因此，20世纪80年代后期，许多国家有计划地开展了移动机器人技术的研究。所谓的移动机器人，就是一种具有高度自主规划、自行组织、自适应能力，适合在复杂的非结构化环境中工作的机器人，它融合了计算机技术、信息技术、通信技术、微电子技术和机器人技术等。移动机器人具有移动功能，在代替人从事危险、恶劣（如辐射、有毒等）环境作业和人所不及的（如宇宙空间、水下等）环境作业方面，比一般机器人有更大的机动性、灵活性。

（7）按照机器人的功能和用途来分类

可分为医疗机器人、军用机器人、海洋机器人、助残机器人、清洁机器人和管道检测机器人等。

（8）按照机器人的作业空间分类

可分为陆地室内移动机器人、陆地室外移动机器人、水下机器人、无人飞机和空间机器人等。

1.2
机器人的应用与发展趋势

随着机器人发展的深度和广度以及机器人智能水平的提高，机器人已在众多领域得到了应用。

① 机器人搬运领域。搬运机器人是可以进行自动化搬运作业的工业机器人。最早的搬运机器人出现在1960年的美国，Versatran和Unimate两种机器人首次用于搬运作业。搬运机器人可安装不同的末端执行器以完成各种不同形状和状态的工件搬运工作，大大减轻了人类繁重的体力劳动。目前搬运机器人被广泛应用于机床上下料、冲压机自动化生产线、自动装配流水线、码垛搬运、集装箱的自动搬运等。部分发达国家已制定出人工搬运的最大限度，超过限度的必须由搬运机器人来完成。

搬运机器人是近代自动控制领域出现的一项高新技术，涉及力学、机械学、电气液压气压技术、自动控制技术、传感技术、单片机技术和计算机技术等学科领域，已成为现代机械制造生产体系中的一项重要组成部分。它的优点是可以通过编程完成各种预期的任务，在自身结构和性能上有了人和机器的各自优势。

② 机器人码垛领域。码垛机器人是从事码垛的工业机器人，其可以将已装入容器的物体，按一定排列方式码放在托盘、栈板（木质、塑胶）上，进行自动堆码，可堆码多层，然后推出，便于叉车运至仓库储存。码垛机器人可以集成在任何生产线中，为生产现场提供智能化、机械化、网络化作业，可以实现啤酒、饮料和食品行业多种多样作业的码垛物流，广泛应用于纸箱、塑料箱、瓶类、袋类、桶装、膜包产品及灌装产品等。

在使用码垛机器人的时候,还要考虑一个重要的事情,就是机器人怎样抓住一个产品。真空吸盘是最常见的末端执行器。相对来说,它们价格便宜,易于操作,而且能够有效装载大部分负载物。但是在一些特定的应用中,真空吸盘也会遇到问题,例如表面多孔的基质,内容物为液体的软包装,或者表面不平整的包装等。其他的末端执行器选择包括:翻盖式抓手,它能将一个袋子或者其他包装形式的两边夹住;叉子式抓手,它插入包装的底部来将包装提升起来;还有袋子式抓手,这是翻盖式和叉子式抓手的混合体,它的叉子部分能包裹住包装的底部和两边。

③ 机器人喷涂领域。喷涂机器人又叫喷漆机器人(spray painting robot),是可进行自动喷漆或喷涂其他涂料的工业机器人。喷涂机器人主要由机器人本体、供漆系统和相应的控制系统组成,液压驱动的喷涂机器人还包括液压油源,如液压泵、油箱和电动机等。

喷涂机器人多采用 5 或 6 自由度关节式结构,手臂有较大的工作空间,并可做复杂的轨迹运动,其腕部一般有 2~3 个自由度,可灵活运动。较先进的喷涂机器人腕部采用柔性手腕,既可向各个方向弯曲,又可转动,其动作类似人的手腕,能方便地通过较小的孔伸入工件内部,喷涂其内表面。喷涂机器人可采用液压驱动,具有动作速度快、防爆性能好等特点,可通过手把手或点位方式来实现示教。喷涂机器人广泛用于汽车、仪表、电器、搪瓷等领域。

④ 机器人焊接领域。焊接机器人是从事焊接(包括切割与焊接)的工业机器人。根据国际标准化组织(ISO)对工业机器人术语的定义,工业机器人是一种多用途的、可重复编程的自动控制操作机(manipulator),具有三个或更多可编程的轴,用于工业自动化领域。为了适应不同的用途,机器人最后一个轴的机械接口,通常是一个连接法兰,可接装不同工具或末端执行器。焊接机器人就是在工业机器人的末轴法兰接装焊钳或焊(割)枪的,使之能进行焊接、切割或热喷涂。

焊接机器人目前已广泛应用在汽车制造业,包括汽车底盘、座椅骨架、导轨、消声器以及液力变矩器等的焊接,尤其在汽车底盘焊接生产中得到了广泛的应用。

⑤ 机器人装配领域。装配机器人(assembly robot)是为完成装配作业而设计的工业机器人。装配机器人是柔性自动化装配系统的核心设备,由机器人操作机、控制器、末端执行器和传感器系统组成。其中操作机的结构类型有水平关节型、直角坐标型、多关节型和圆柱坐标型等;控制器一般采用多 CPU 或多级计算机系统,实现运动控制和运动编程;末端执行器为适应不同的装配对象而设计成各种手爪;传感器系统用来获取装配机器人与环境和装配对象之间相互作用的信息。常用的装配机器人主要有可编程序通用装配操作手(programmable universal manipulator for assembly)即 PUMA 机器人(最早出现于 1978 年,工业机器人的始祖)和平面双关节型机器人(selective compliance assembly robot arm)即 SCARA 机器人两种类型。

与一般工业机器人相比,装配机器人具有精度高、柔顺性好、工作空间小,能与其他系统配套使用等特点。装配机器人的大量作业是轴与孔的装配,为了在轴与孔存在误差的情况下进行装配,应使机器人具有柔顺性。主动柔顺性是根据传感器反馈信息控制误差,而从动柔顺性则利用不带动力的机构来控制手爪的运动以补偿其位置误差。装配机器人主要用于各种家用电器(如电视机、录音机、洗衣机、电冰箱、吸尘器)、小型电动机、汽车及其部件、计算机、玩具、机电产品及其组件的装配等方面。

⑥ 机器人激光加工领域。激光加工机器人是将机器人技术应用于激光加工中，通过高精度工业机器人实现更加柔性的激光加工作业。系统通过示教盒进行在线操作，也可通过离线方式进行编程。可用于工件的激光表面处理、打孔、焊接和模具修复等。

⑦ 机器人真空作业领域。真空机器人是一种在真空环境下工作的机器人，主要应用于半导体工业中，实现晶圆在真空腔室内的传输。真空机器人难进口、受限制、用量大、通用性强，其成为制约半导体装备整机的研发进度和整机产品竞争力的关键部件。

⑧ 机器人清净作业领域。洁净机器人是一种在洁净环境中使用的工业机器人。随着生产技术水平不断提高，对生产环境的要求也日益苛刻，很多现代工业产品生产都要求在洁净环境下进行，洁净机器人是在洁净环境下生产所需要的关键设备。

从近几年推出的机器人产品来看，未来工业机器人具有如下发展趋势。

① 高级智能化。未来机器人与今天的机器人相比，最突出的特点在于其具有更高的智能化水平。随着计算机技术、模糊控制技术、专家系统技术、人工神经网络技术和智能工程技术等高新技术的不断发展，必将大大提高工业机器人学习知识和运用知识解决问题的能力，并具有视觉、力觉等功能，能感知环境的变化，做出相应反应，有很高的自适应能力，几乎能像人一样去干更多的工作。比如，具有视觉系统的喷漆机器人在对车身进行自动喷漆的作业中，可以识别汽车车身的尺寸和位置，良好的眼手协调使机器人可灵活自主地适应对象的变化，大大提高了生产的经济效益。

② 结构一体化。工业机器人的本体采用杆臂结构或细长臂轴向式腕关节，并与关节机构、电动机、减速器、编码器等有机结合，全部电、管、线不外露，形成十分完整的防尘、防漏、防爆、防水的全封闭一体化结构。

③ 应用广泛化。在21世纪，机器人不再局限于工业生产，而是向服务领域扩展。社会的各个领域都有机器人在工作，从而使人类进入机器人时代。

④ 产品微型化。微机械电子技术和精密加工技术的发展为机器人微型化创造了条件，以功能材料、智能材料为基础的微驱动器、微移动机构以及高度自治的控制系统的开发使机器人微型化成为可能。

⑤ 组件和构件通用化、标准化和模块化。机器人是一种高科技产品，其制造、使用维护成本比较高，操作机和控制器采用通用元器件，让机器人的组件和构件实现标准化、模块化是降低成本的重要途径之一。大力制订和推广"三化"，将使机器人产品更能适应国际市场价格竞争的环境。

⑥ 协作控制。工业机器人是与人共同工作的，人与机器人之间的通信系统也需要更加高效和直观。工业机器人不仅有机器人与人的集成、多机器人的集成，还有机器人与生产线、周边设备以及生产管理系统的集成和协调，因此，研究工业机器人的协作控制还有大量的理论和实践工作。

⑦ 高精度、高可靠性。随着人类对产品和服务质量的要求越来越高，对从事制造业或服务业的机器人的要求也相应提高，开发高精度、高可靠性机器人是必然的发展结果。采用最新交流伺服电机或直驱电机直接驱动，以进一步改善机器人的动态特性，提高可靠性；采用64位数字伺服驱动单元，主机采用32位以上CPU控制，不仅可使机器人精度

大为提高，也可以提高插补运算和坐标变换的速度。

1.3
机器人系统的设计方法

机器人是一个完整的机电一体化系统，是一个包括机构、控制系统、感受系统等的整体系统。对于机器人这样一个复杂的系统，在设计时首先要考虑的是机器人的整体性、整体功能和整体参数，再对局部细节进行设计。

（1）准备事项

在设计之初，应当首先明确机器人的应用对象、应用领域和主要应用目的。然后，确定机器人的功能要求。在确定功能要求的基础上，设计者可以明确机器人的设计参数，如机器人的自由度数、信息的存储容量、计算机功能、动作速度、定位精度、抓取重量、容许的空间结构尺寸以及温度、振动等环境条件的适用性等。将设计参数以集合的方式表示，则可以形成总体的设计方案。最后进行方案的比较，在初步提出的若干方案中，通过对工艺生产、技术和价值的分析选择出最佳方案。

（2）机器人的详细设计

① 在总体方案确定之后，首先根据总体的功能要求选择合适的控制方案。从控制器所能配置的资源来说，有两种控制方式：集中式和分布式。集中式是将所有的资源都集中在一个控制器上，而分布式则是让不同的控制器负责实现机器人不同的功能。

② 在控制方案确定之后，根据选定的控制方案选择驱动方式。机器人的驱动方式主要有液压、气压、电气以及新型驱动方式。设计者可以根据机器人的负载要求进行选择，其中液压的负载最大，气压次之，电气最小。

③ 在控制系统的设计及驱动方式确定之后，就可以进行机械结构系统的设计。机器人的机械结构系统设计一般包括对末端执行器、臂部、腕部、机座和移动机构等的设计。

④ 机器人运动形式或移动机构的选择。根据主要的运动参数选择运动形式是结构设计的基础。工业机器人的主要运动形式有直角坐标型、圆柱坐标型、极坐标型、关节型和SCARA 型等五种。常见移动机器人的移动机构有轮式、履带式和足式三种形式。为适应不同的生产工艺或环境需要，可采用不同的形式。具体选用哪种形式，必须根据工艺要求、工作现场、位置以及搬运前后工件中心线方向的变化等情况，分析比较，择优选取。为了满足特定工艺要求，专用的机械手一般只要求有 2 个或 3 个自由度，而通用机器人必须具有 4～6 个自由度才能满足不同产品的不同工艺要求。所选择的运动形式，在满足需要的情况下，应以使自由度最少、结构最简单为准。

⑤ 传动系统设计的好坏将直接影响机器人的稳定性、快速性和精确性等性能参数。机器人的传动系统除了常见的齿轮传动、链传动、蜗轮蜗杆传动和行星齿轮传动外，还广泛地采用滚珠丝杠、谐波减速装置和绳轮钢带等传动系统。

⑥ 在进行机械设计的过程中，最好能够使用 CAD/CAE 软件建立三维实体模型，并

在机器人上进行虚拟装配，然后进行运动学仿真，检查是否存在干涉和外观的不满意情况，也可以使用软件进行动力学仿真，从更深层次来发现设计中可能存在的问题。

（3）制造、安装、调试和编写设计文档

在详细设计完成之后，先筛选标准元器件，对自制的零件进行检查，对外购的设备器件进行验收；然后对各子系统进行调试后，进行总体安装，整机联调；最后编写设计文档。

第 **2** 章

机器人的机械结构系统

2.1
机器人的基本组成

　　机器人由机械部分、传感部分、控制部分组成。这三大部分可分为执行机构、驱动系统、感受系统、控制系统、人机交互系统、机器人-环境交互系统六个子系统。它们之间的关系如图 2-1 所示。如果用人来比喻机器人的组成的话，感受系统是机器人感知自身或外界环境变化信息的传感器，相当于人的眼、耳、皮肤等"视觉与感觉器官"，它包括内部传感器和外部传感器。控制系统是机器人的指挥中心，相当于人的"大脑"或者"中枢神经"，它能控制机器人各部位协调动作。驱动系统相当于人的"肌肉"，执行机构相当于人的"身躯和四肢"。整个机器人运动功能的实现，是通过人机交互系统。

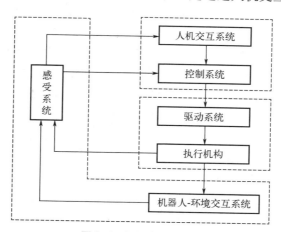

图 2-1　机器人系统组成

2.1.1 执行机构

执行机构是机器人赖以完成工作任务的实体，通常由一系列连杆、关节或其他形式的运动副组成，它本质上是一个仿人手臂的空间开式链机构，一端固定在机座上，另一端可自由运动。其从功能的角度可分为手部、腕部、臂部、腰部和机座，如图2-2所示。

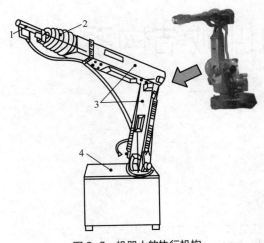

图2-2 机器人的执行机构

工业机器人的手部也叫做末端执行器，是装在机器人手腕上直接抓握工件或执行作业的部件，为了实现生产作业，给机器人配置的操作机构如图2-2中的标号1所示。手部对于机器人来说是评价完成作业好坏、作业柔性好坏的关键部件之一。手部可以像人手那样具有手指，也可以不具备手指；可以是类似人手的手爪，也可以是进行某种作业的专用工具，比如机器人手腕上的焊枪、油漆喷头等。各种手部的工作原理不同，结构形式各异，常用的手部按其夹持原理的不同，可分为机械式、磁力式和真空式三种。

工业机器人的腕部是连接手部和臂部的部件，将作业载荷传递到臂部，起支承手部的作用，如图2-2中的标号2所示。机器人一般需具有六个自由度才能使手部达到目标位置和处于期望的姿态。手腕按自由度个数可分为单自由度手腕、二自由度手腕和三自由度手腕。腕部实际所需要的自由度数目应根据机器人的工作性能要求来确定。在有些情况下，腕部具有两个自由度：翻转和俯仰或翻转和偏转。有些专用机器人没有手腕部件，而是直接将手部安装在本体的前端；有的腕部为了特殊要求还有横向移动自由度。

工业机器人的臂部是连接腰部和腕部的部件，由动力关节和连接杆件等构成，用来支承腕部和手部，主要作用是改变手腕和末端执行机构的空间位置，使机器人具有较大运动范围，并将各种载荷传递到机座，如图2-2中的标号3所示。臂部一般由大臂、小臂（或多臂）组成，臂部总质量较大，受力一般比较复杂，在运动时，直接承受腕部、手部和工件的静、动载荷，尤其在高速运动时，将产生较大的惯性力（或惯性力矩），引起冲击，影响定位精度。

腰部是连接臂部和机座的部件，通常是回转部件，由于它的回转，再加上臂部的运动，就能使腕部做空间运动。腰部是执行机构的关键部件，它的制作误差、运动精度和平稳性对机器人的定位精度有决定性的影响。

机座是整个机器人的支持部分，如图 2-2 中的标号 4 所示。它有固定式和移动式两类，移动式机座用来扩大机器人的活动范围，有的是专门的行走装置，有的是轨道、滚轮机构。机座必须有足够的刚度和稳定性。

2.1.2　驱动系统

工业机器人的驱动系统是向执行机构各部件提供动力的装置，包括驱动器和传动机构两部分，它们通常与执行机构连成一体，驱动器通常有电动、液压、气动装置以及把它们结合起来应用的综合系统，常用的传动机构有谐波传动、螺旋传动、链传动、带传动以及各种齿轮传动等。工业机器人驱动系统的组成如图 2-3 所示。

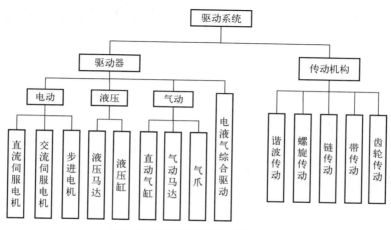

图 2-3　工业机器人驱动系统的组成

① 气压驱动系统。气压驱动系统通常由气缸、气阀、气罐和空压机（或由气压站直接供给）等组成，以压缩空气来驱动执行机构进行工作。其优点是空气来源方便、动作迅速、结构简单、造价低、维修方便、防火防爆、漏气对环境无影响，缺点是操作力小、体积大，又由于空气黏性差，压缩性大，故速度不易控制、响应慢、动作不平稳、有冲击，不能在定位精度要求较高的场合使用；因气源压力一般只有 60MPa 左右，故此类工业机械手适用于对抓举力要求较小的场合。

② 液压驱动。液压驱动系统通常由液动机（各种油缸、液压马达）、伺服阀、油泵、油箱等组成，以压缩机油来驱动执行机构进行工作。其特点是操作力大、体积小、传动平稳且动作灵敏、耐冲击、耐振动、防爆性好。在同等输出功率的情况下，液压元件具有重量轻、快速性好等特点。相对于气动驱动，液压驱动的机器人具有大得多的抓举能力，可高达上百千克。但液压驱动系统对密封的要求较高，且不宜在高温或低温的场合工作，要求的制造精度较高，成本也较高。

③ 电气驱动。电气驱动是利用电动机产生的力或力矩，直接或经过减速机构驱动机器人，以获得所需的位置、速度和加速度。电气驱动具有电源易取得，无环境污染，响应快，驱动力较大，信号检测、传输、处理方便，可采用多种灵活的控制方案，运动精度高，

成本低，驱动效率高等优点，是目前机器人使用最多的一种驱动方式。驱动电机一般采用直流伺服电机、交流伺服电机及步进电机，如图 2-4 所示。对伺服电机除了要求运转平稳以外，一般还要求动态性能好，适合于频繁使用，便于维修等。由于电动机转速高，通常还需采用减速机构。目前有些机构已开始采用无需减速机构的特制电动机直接驱动，这样既可简化机构，又可提高控制精度。

(a) 步进电机　　　　　　　　　　(b) 伺服电机

图 2-4　驱动电机

④ 新型驱动。伴随着机器人技术大发展，出现了利用新的工作原理制造的新型驱动器，如静电驱动器、压电驱动器、形状记忆合金驱动器、人工肌肉及光驱动器等。

2.1.3　感受系统

它由内部传感器模块和外部传感器模块组成，获取内部和外部环境中有用的信息。内部传感器用来检测机器人的自身状态（内部信息），如关节的运动状态等。外部传感器用来感知外部世界，检测作业对象与作业环境的状态（外部信息），如视觉、听觉、触觉等。智能传感器的使用提高了机器人的机动性、适应性和智能化水平。人类的感受系统对感知外部世界信息是极其巧妙的，然而对于一些特殊的信息，传感器比人类的感受系统更有效。机器人被用于执行各种加工任务，其中比较常见的加工任务有物料搬运、装配、喷漆、焊接、检验等。不同的加工任务对机器人提出了不同的感觉要求。

多数搬运机器人目前尚不具有感觉能力，它们只能在指定的位置上拾取确定的零件。而且，在机器人拾取零件以前，除了需要给机器人定位以外，还需要采用某种辅助设备或工艺措施，把被拾取的零件准确定位和定向，这就使得加工工序或设备更加复杂。如果搬运机器人具有视觉、触觉等感觉能力，就会改善这种状况。视觉系统用于被拾取零件的粗定位，使机器人能够根据需要，寻找应该拾取的零件，并确定该零件的大致位置。触觉传感器用于感知被拾取零件的存在、确定该零件的准确位置，以及确定该零件的方向。触觉传感器有助于机器人更加可靠地拾取零件。力传感器主要用于控制搬运机器人的夹持力，防止机器人手爪损坏被抓取的零件。

装配机器人对传感器的要求类似于搬运机器人，也需要视觉、触觉等感觉能力。通常，装配机器人对工作位置的要求更高。现在，越来越多的机器人正进入装配工作领域，主要任务是销、轴、螺钉和螺栓等的装配工作。为了使被装配的零件获得对应的装配位置，采用视觉系统选择合适的装配零件，并对它们进行粗定位，机器人触觉系统能够自动校正装配位置。

　　喷漆机器人一般需要采用两种类型的传感器系统：一种主要用于位置（或速度）的检测；另一种用于工作对象的识别。用于位置检测的传感器，包括光电开关、测速码盘、超声波测距传感器、气动式安全保护器等。待漆工件进入喷漆机器人的工作范围时，光电开关立即接通，通知正常的喷漆工作要求。超声波测距传感器一方面可以用于检测待漆工件的到来，另一方面用来监视机器人及其周围设备的相对位置变化，以避免发生相互碰撞。一旦机器人末端执行器与周围物体发生碰撞，气动式安全保护器会自动切断机器人的动力源，以减少不必要的损失。现代生产经常采用多品种混合的柔性生产方式，喷漆机器人系统必须同时对不同种类的工件进行喷漆加工，要求喷漆机器人具备零件识别功能。为此，当待漆工件进入喷漆作业区时，机器人需要识别该工件的类型，然后从存储器中取出相应的加工程序进行喷漆。用于这项任务的传感器，包括阵列式触觉传感器系统和机器视觉系统。由于制造水平的限制，阵列式触觉传感器系统只能识别那些形状比较简单的工件，较复杂工件的识别则需要采用视觉系统。

　　焊接机器人包括点焊机器人和弧焊机器人两类。这两类机器人都需要用位置检测传感器和速度传感器进行控制。位置检测传感器主要采用光电式增量码盘，也可以采用较精密的电位器。根据现在的制造水平，光电式增量码盘具有较高的检测精度和较高的可靠性，但价格昂贵。速度传感器目前主要采用测速发电机，其中交流测速发电机的线性度比较高，且正向与反向输出特性比较对称，比直流测速发电机更适合弧焊机器人使用。为了检测点焊机器人与待焊工件的接近情况，控制点焊机器人的运动速度，点焊机器人还需要装备接近度传感器。如前所述，弧焊机器人对传感器有一个特殊要求，即需要采用传感器使焊枪沿焊缝自动定位，并且自动跟踪焊缝，目前可完成这一功能的常见传感器有触觉传感器、位置检测传感器和视觉传感器。

　　环境感知能力是移动机器人除了移动之外最基本的一种能力，感知能力的高低直接决定了一个移动机器人的智能性，而感知能力是由感受系统决定的。移动机器人的感受系统相当于人的五官和神经系统，是机器人获取外部环境信息及进行内部反馈控制的工具，它是移动机器人最重要的部分之一。移动机器人的感受系统通常由多种传感器组成，这些传感器处于连接外部环境与移动机器人的接口位置，是机器人获取信息的窗口。机器人用这些传感器采集各种信息，然后采取适当的方法，将多个传感器获取的环境信息加以综合处理，控制机器人进行智能作业。

2.1.4　控制系统

　　控制系统是工业机器人的神经中枢或控制中心，由计算机硬件、软件和一些专用电路、控制器、驱动器等构成。控制系统的任务是根据机器人的作业指令以及从传感器反馈回来的信号，支配机器人的执行机构去完成规定的运动和功能。控制器主要用来处理工作的全部信息，它根据工程师编写的指令以及传感器得到的信息来控制机器人本体完成一定的动作。软件控制系统可以更方便地建立、编辑机器人控制程序。图 2-5 所示为工业机器人和控制器。

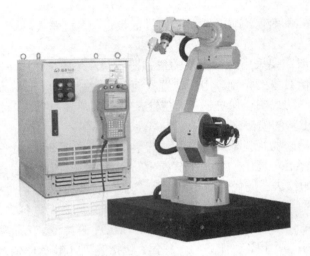

图 2-5 工业机器人和控制器

如果机器人不具备信息反馈特征，则为开环控制系统；具备信息反馈特征，则为闭环控制系统。根据控制原理可分为程序控制系统、适应性控制系统和人工智能控制系统。根据控制运动的形式可分为点位控制和连续轨迹控制。对于一个高度智能的机器人，它的控制系统实际上包含了"任务规划""动作规划""轨迹规划生成"和基于模型的"伺服控制"等多个层次，如图 2-6 所示。

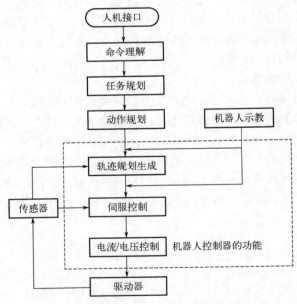

图 2-6 机器人控制系统的组成及功能

机器人首先要通过人机接口获取操作者的指令，指令的形式可以是人的自然语言，或者是由人发出的专用的指令语言，也可以是通过示教工具输入的示教指令，或者是通过键盘输入的机器人指令语言以及计算机程序指令。机器人其次要对控制命令进行解释理解，把操作者的命令分解为机器人可以实现的"任务"，这是任务规划。然后机器人针对各个任务进行动作分解，这是动作规划。为了实现机器人的一系列动作，应该对机器人每个关节的运动进行设计，即机器人的轨迹规划。最底层是关节运动的伺服控制。

（1）工业机器人控制系统的主要功能

实际应用的工业机器人，其控制系统并不一定都具有上述所有组成及功能。大部分工业机器人的任务规划和动作规划是由操作人员完成的，有的甚至连轨迹规划也要由人工编程来实现。一般的工业机器人，设计者已经完成轨迹规划的工作，因此操作者只要为机器人设定动作和任务即可。由于工业机器人的任务通常比较专一，为这样的机器人设计任务，对用户来说并不是件困难的事情。工业机器人控制系统的主要功能有以下几种。

① 机器人示教。所谓机器人示教指的是，为了使机器人完成某项作业，把完成该项作业内容的方法对机器人进行示教。随着机器人完成的作业内容复杂程度的提高，采用示教再现方式对机器人进行示教已经不能满足要求了。目前一般都使用机器人语言对机器人进行作业内容的示教。作业内容包括让机器人产生应有的动作，也包括机器人与周边装置的控制和通信等方面的内容。

示教器是人机交互的一个接口，也称示教盒或示教编程器，主要是由液晶屏和可触摸操作按键组成，如图2-7所示。控制者在操作时只需要手持示教器，通过按键把信号传送到控制柜的存储器中，就能实现对机器人的控制。示教器上设有用于对机器人进行示教和编程所需的操作按键和按钮。一般情况下，不同厂家设计的示教器外观不同，但是示教器中都包含中央的液晶显示区、功能按键区、急停按钮和出入线端口。

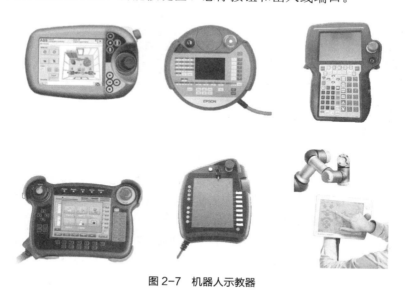

图2-7　机器人示教器

② 轨迹规划生成。为了控制机器人在被示教的作业点之间按照机器人语言所描述的指定轨迹运动，必须计算配置在机器人各关节处电机的控制量。

③ 伺服控制。把从轨迹规划生成部分输出的控制量作为指令值，再把这个指令值与位置和速度等传感器获得的信号进行比较，用比较后的指令值控制电机转动，其中应用了软伺服。软伺服的输出是控制电机的速度指令值，或者是电流指令值。在软伺服中，对位

置与速度的控制是同时进行的，而且大多数情况下是输出电流指令值。对电流指令值进行控制，本质是进行电机力矩的控制，这种控制方式的优点很多。

④ 电流/电压控制。电流/电压控制模块接收从伺服系统传来的电流指令，监视流经电机的电流大小，采用 PWM 方式（脉冲宽度调制方式，pulse width modulation）对电机进行控制。

（2）移动机器人控制系统的任务

移动机器人控制系统是以计算机控制技术为核心的实时控制系统，它的任务就是根据移动机器人所要完成的功能，结合移动机器人的本体结构和机器人的运动方式，实现移动机器人的工作目标。控制系统是移动机器人的大脑，它的优劣决定了机器人的智能水平、工作柔性及灵活性，也决定了机器人使用的方便程度和系统的开放性。

2.1.5　人机交互系统

人机交互系统是人与机器人进行联系和参与机器人控制的装置。例如：计算机的标准终端、指令控制台、信息显示板、危险信号报警器等。该系统可以分为两大类：指令给定装置和信息显示装置。

2.1.6　机器人-环境交互系统

机器人-环境交互系统是实现机器人与外部环境中的设备相互联系和协调的系统。机器人与外部设备集成为一个功能单元，如加工制造单元、焊接单元、装配单元等。当然也可以是多台机器人集成为一个执行复杂任务的功能单元。

2.2
机器人的基本工作原理

现在广泛应用的工业机器人都属于第一代机器人，它的基本工作原理是示教再现，如图 2-8 所示。示教也称为导引，即由用户引导机器人，一步步将实际任务操作一遍，机器人在引导过程中自动记忆示教的每个动作的位置、姿态、运动参数、工艺参数等，并自动生成一个连续执行全部操作的程序。完成示教后，只需给机器人一个启动命令，机器人将精确地按示教动作，一步步完成全部操作，这就是示教与再现。

① 机器人机械手的运动。机器人的机械手是由数个刚性杆体和旋转或移动的关节连接而成，是一个开环关节链，开链的一端固接在机座上，另一端是自由的，安装着末端执行器（如焊枪）。机器人机械手前端的末端执行器必须与被加工工件处于相适应的位置和姿态，而这些位置和姿态是由若干个臂关节的运动合成的。因此，机器人运动控制中，必须知道机械手各关节变量空间和末端执行器的位置和姿态之间的关系，这就是机器人运动学模型。一台机器人机械手的几何结构确定后，其运动学模型即可确定，这是机器人运动控制的基础。

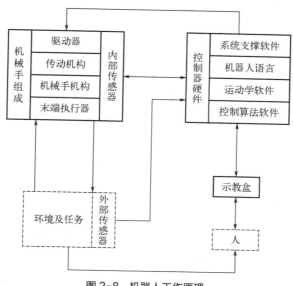

图 2-8　机器人工作原理

② 机器人轨迹规划。机器人机械手端部从起点的位置和姿态到终点的位置和姿态的运动轨迹空间曲线叫做路径。轨迹规划的任务是用一种函数来"内插"或"逼近"给定的路径，并沿时间轴产生一系列"控制设定点"，用于控制机械手运动。目前常用的轨迹规划方法有空间关节插值法和笛卡儿空间规划两种方法。

③ 机器人机械手的控制。当一台机器人机械手的动态运动方程给定后，它的控制目的就是按预定性能要求保持机械手的动态响应。但是，由于机器人机械手的惯性力、耦合反应力和重力负载都随运动空间的变化而变化，因此要对它进行高精度、高速度、高动态品质的控制是相当复杂且困难的。目前工业机器人上采用的控制方法是把机械手上每一个关节都当作一个单独的伺服机构，即把一个非线性的、关节间耦合的变负载系统，简化为线性的非耦合单独系统。

2.3
机器人的基本术语与图形符号

2.3.1　机器人基本术语

国家标准 GB/T 12642—2013、GB/T 12643—2013 对工业机器人专用术语做了定义和解释。术语繁多，有机械结构和性能方面的术语、控制和安全方面的术语等。为了便于更好地学习，按照简单够用的原则，本节仅仅阐述机器人的一些基本术语。

① 轴。描述机器人构件独立运动的方向线（可沿此线直线运动或转动）。

② 位姿。工业机器人末端执行器在指定坐标系中的位置和姿态。

③ 杆件坐标系。参照工业机器人指定杆件的坐标系。

④ 机械接口坐标系。参照末端执行器机械接口的坐标系。

⑤ 关节。关节即运动副，是允许机器人手臂各零件之间发生相对运动的机构，是两构件直接接触并能产生相对运动的活动连接，如图 2-9 所示，A、B 两部件可以做活动连接。

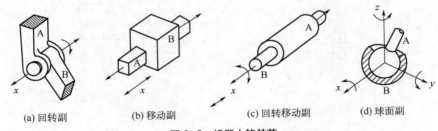

(a) 回转副   (b) 移动副   (c) 回转移动副   (d) 球面副

图 2-9　机器人的关节

高副机构，简称高副，指的是运动机构的两构件通过点或线的接触而构成的运动副。例如齿轮副和凸轮副就属于高副机构。平面高副机构拥有两个自由度，即相对接触面切线方向的移动和相对接触点的转动。相对而言，通过面的接触而构成的运动副叫做低副机构。

关节是各杆件间的结合部分，是实现机器人各种运动的运动副，由于机器人的种类很多，其功能要求不同，关节的配置和传动系统的形式都不同。机器人常用的关节有移动、旋转运动副。一个关节系统包括驱动器、传动器和控制器，属于机器人的基础部件，是整个机器人伺服系统中的一个重要环节，其结构、重量、尺寸对机器人性能有直接影响。

① 回转关节。回转关节，又叫做回转副、旋转关节，是使连接两杆件的组件中的一件相对于另一件绕固定轴线转动的关节，两个构件之间只作相对转动，如手臂与机座、手臂与手腕，由驱动器、回转轴和轴承组成。多数电动机能直接产生旋转运动，但常需各种齿轮、链、带传动或其他减速装置，以获取较大的转矩。

② 移动关节。移动关节，又叫做移动副、滑动关节、棱柱关节，是使两杆件的组件中的一件相对于另一件做直线运动的关节，两个构件之间只作相对移动。它采用直线驱动方式传递运动，包括直角坐标结构的驱动、圆柱坐标结构的径向驱动和垂直升降驱动，以及极坐标结构的径向伸缩驱动。直线运动可以直接由气缸或液压缸和活塞产生，也可以采用齿轮齿条、丝杠、螺母等传动元件把旋转运动转换成直线运动。

③ 圆柱关节。圆柱关节，又叫做回转移动副、分布关节，是使两杆件的组件中的一件相对于另一件移动或绕一个移动轴线转动的关节，两个构件之间除了做相对转动之外，还同时可以做相对移动。

④ 球关节。球关节，又叫做球面副，是使两杆件的组件中的一件相对于另一件在三个自由度上绕一固定点转动的关节，即组成运动副的两构件能绕一球心做 3 个独立的相对转动。

⑤ 连杆。连杆指机器人手臂上被相邻两关节分开的部分，是保持各关节间固定关系的刚体，是机械连杆机构中两端分别与主动和从动构件铰接以传递运动和力的杆件。例如在往复活塞式动力机械和压缩机中，用连杆来连接活塞与曲柄。连杆多为钢件，其主体部分的截面多为圆形或工字形，两端有孔，孔内装有青铜衬套和滚针轴承，供装入销轴而构成铰接。连杆是机器人中的重要部件，它连接着关节，其作用是将一种运动形式转变为另一种运动形式，并把作用在主动构件上的力传给从动构件以输出功率。

⑥ 刚度。刚度是机器人机身或臂部在外力作用下抵抗变形的能力。它是用外力和在外力作用方向上的变形量（位移）之比来度量。在弹性范围内，刚度是零件载荷与位移成正比的比例系数，即引起单位位移所需的力。它的倒数称为柔度，即单位力引起的位移。刚度可分为静刚度和动刚度。

在任何力的作用下，体积和形状都不发生改变的物体叫刚体。在物理学上，理想的刚体是一个固体的，尺寸值有限的，形变情况可以被忽略的物体。不论是否受力，在刚体内任意两点的距离都不会发生改变。在运动中，刚体上任意一条直线在各个时刻的位置都保持平行。

2.3.2　机器人的图形符号体系

（1）运动副的图形符号

机器人所用的零件和材料以及装配方法等与现有的各种机械完全相同。机器人常用的关节有移动、旋转运动副，常用的运动副图形符号如表 2-1 所示。

表 2-1　常用的运动副图形符号

运动副名称		运动副图形符号	
		两运动构件构成的运动副	两构件之一为固定时的运动副
平面运动副	转动副		
	移动副		
	平面高副		
空间运动副	螺旋副		
	球面副或球销副		

（2）基本运动的图形符号

机器人的基本运动与现有的各种机械表示也完全相同。常用的基本运动的图形符号如表 2-2 所示。

表 2-2　常用的基本运动图形符号

名称	图形符号	
直线运动方向	单向	双向
旋转运动方向	单向	双向
连杆、轴关节的轴		
刚性连接		
固定基础		
机械联锁		

2.4
机器人的技术参数

技术参数是机器人制造商在产品供货时所提供的技术数据。不同机器人的技术参数不同，而且各厂商所提供的技术参数项目和用户的要求也不完全一样。机器人的主要技术参数一般都应有自由度、精度和分辨率、工作范围、额定速度、承载能力、运动速度等。

（1）自由度

自由度是指机器人所具有的独立坐标轴运动的数目，不包括末端执行器的开合自由度。一般情况下，机器人的一个自由度对应一个关节，所以自由度与关节的概念是等同的。自由度是表示机器人动作灵活程度的参数，自由度越多，机器人越灵活，但结构也越复杂，控制难度也就越大，所以目前机器人常用的自由度数目一般不超过 7 个。机器人的自由度是根据其用途而设计的，一般为 3～6 个，如图 2-10 所示。例如，A4020 型装配机器人具有 4 个自由度，可以在印制电路板上接插电子器件；PUMA562 型机器人具有 6 个自由度，可以进行复杂空间曲面的弧焊作业。

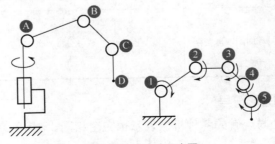

图 2-10　自由度示意图

　　从运动学的观点看，在完成某一特定作业时具有多余自由度的机器人，就叫作冗余自由度机器人，亦可简称冗余度机器人。例如 PUMA562 型机器人在执行印制电路板上接插电子器件的作业时，就成为冗余度机器人。利用冗余的自由度可以增加机器人的灵活性，躲避障碍物和改善动力性能。人的手臂（大臂、小臂、手腕）共有 7 个自由度，所以工作起来很灵巧，手部可回避障碍物从不同方向到达同一个目的点。大多数机器人从总体上看是个开链机构，但其中可能包含有局部闭环机构。闭环机构可提高刚性，但限制了关节的活动范围，因而会使工作空间减小。图 2-11 所示为一种典型的冗余手臂。

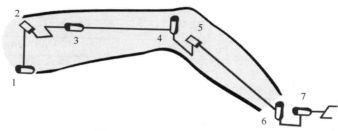

图 2-11　一种典型的冗余手臂

（2）精度和分辨率

　　① 精度。精度是一个位置量相对于其参照系的绝对度量，指机器人手部实际到达位置与所需要到达的理想位置之间的差距，机器人的精度取决于机械精度与电气精度。机器人精度包括定位精度和重复定位精度。定位精度是指机器人末端执行器的实际位置与目标位置之间的偏差，由机械误差、控制算法误差与系统分辨率等部分组成。典型的工业机器人定位精度一般在 ±（0.02～5）mm 范围。重复定位精度是指机器人重复定位其手部于同一目标位置的能力，可以用标准偏差这个统计量来表示。它可衡量一系列误差值的密集度，即重复度。因重复定位精度不受工作载荷变化的影响，所以通常用重复定位精度这个指标作为衡量示教再现型工业机器人水平的重要指标。如图 2-12 所示，为重复定位精度的几种典型情况：图（a）为重复定位精度的测定；图（b）为合理的定位精度，良好的重复定位精度；图（c）为良好的定位精度，很差的重复定位精度；图（d）为很差的定位精度，良好的重复定位精度。

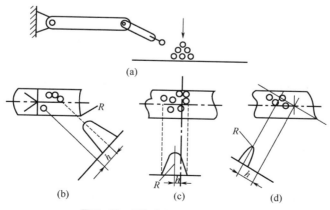

图 2-12　重复定位精度的典型情况

机器人操作臂的定位精度是根据使用要求确定的，而机器人操作臂本身所能达到的定位精度，取决于定位方式、运动速度、控制方式、臂部刚度、驱动方式、缓冲方法等因素。工艺过程不同，对机器人操作臂重复定位精度也有不同的要求。不同工艺过程所要求的定位精度见表 2-3。

表 2-3　不同工艺过程的定位精度要求

工艺过程	定位精度/mm
金属切削机床上下料	±(0.05～1.00)
冲床上下料	±1
点焊	±1
模锻	±(0.1～2.0)
喷涂	±3
装配、测量	±(0.01～0.50)

当机器人操作臂达到所要求的定位精度有困难时，可采用辅助工夹具协助定位的办法，即机器人操作臂把被抓取对象送到工夹具进行粗定位，然后利用工夹具的夹紧动作实现工件的最后定位。这种办法既能保证工艺要求，又可降低机器人操作臂的定位要求。

② 分辨率。机器人的分辨率是指每一关节所能实现的最小移动距离或最小转动角度。机器人的分辨率由系统设计检测参数决定，并受到位置反馈检测单元性能的影响。分辨率可分为编程分辨率与控制分辨率。编程分辨率是指程序中可以设定的最小距离单位，又称为基准分辨率。例如：当机器人的关节电动机转动 0.1°，机器人关节端点移动的直线距离为 0.01mm，其基准分辨率便为 0.01mm。控制分辨率是系统位置反馈回路所能检测到的最小位移。即与机器人关节电动机同轴安装的码盘发出单个脉冲时电动机所转过的角度。当编程分辨率与控制分辨率相等时，系统性能达到最高。

精度和分辨率不一定相关。一台设备的运动精度是指命令设定的运动位置与该设备执行命令后能够达到的运动位置之间的差距，分辨率则反映实际需要的运动位置和命令所能够设定的运动位置之间的差距。定位精度、重复定位精度和分辨率的关系，如图 2-13 所示。

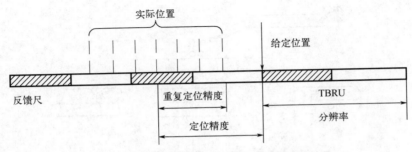

图 2-13　定位精度、重复定位精度和分辨率的关系

（3）工作范围

工作空间表示机器人的工作范围，它是机器人末端执行器上的参考点所能达到的所

有空间区域。由于末端执行器的形状尺寸是多种多样的，因此为真实反映机器人的特征参数，工作空间是指不安装末端执行器时的工作区域。工作范围的形状和大小是十分重要的。机器人在执行某一作业时，可能会因为存在手部不能到达的作业死区而不能完成任务。机器人操作臂的工作范围根据工艺要求和操作运动的轨迹来确定。一个操作运动的轨迹往往是几个动作合成的，在确定工作范围时，可将运动轨迹分解成单个动作，由单个动作的行程确定机器人操作臂的最大行程。为便于调整，可适当加大行程数值。各个动作的最大行程确定之后，机器人操作臂的工作范围也就定下来了。FD-V8L 焊接机器人（OTC 焊接机器人），属于垂直多关节型机器人。图 2-14、图 2-15 为此种机器人的工作范围。

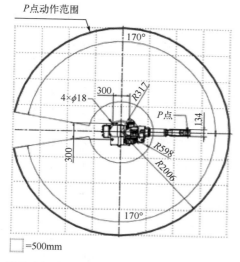

图 2-14　FD-V8L 焊接机器人工作范围（一）

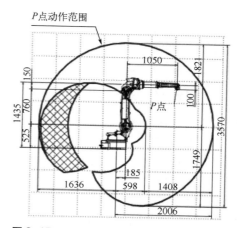

图 2-15　FD-V8L 焊接机器人工作范围（二）

图 2-16 所示为 FD-V8L 焊接机器人，其各项参数见表 2-4。

图 2-16　FD-V8L 焊接机器人

表 2-4　FD-V8L 焊接机器人参数

型号		FD-V8L
轴数		6 轴
负载		8kg
重复定位精度		±0.08mm
驱动容量		5000W
动作范围	基本轴 J1	±170°(±50°)
	基本轴 J2	−155°～+100°
	基本轴 J3	−170°～+260°
	手臂轴 J4	±180°
	手臂轴 J5	−50°～+230°
	手臂轴 J6	±360°
最大速度	基本轴 J1	3.40rad/s {3.05}(195(°)/s {175(°)/s})
	基本轴 J2	3.49rad/s {200(°)/s}
	基本轴 J3	3.49rad/s {200(°)/s}
	手臂轴 J4	7.50rad/s {430(°)/s}
	手臂轴 J5	7.50rad/s {430(°)/s}
	手臂轴 J6	10.99rad/s {630(°)/s}
荷载能力	允许转矩 J4	17.6N·m
	允许转矩 J5	17.6N·m
	允许转矩 J6	7.8N·m
	允许惯性矩 J4	0.43kg·m²
	允许惯性矩 J5	0.43kg·m²
	允许惯性矩 J6	0.09kg·m²
机器人动作范围截面面积		7.48m²×340°
本体质量		273kg
上部手臂可载质量		20kg
安装方式		地面、吊装、侧挂

（4）额定速度

机器人在保持运动平稳性和位置精度的前提下所能达到的最大速度称为额定速度。其某一关节运动的速度称为单轴速度，由各轴速度分量合成的速度称为合成速度。机器人在额定速度和规定性能范围内，末端执行器所能承受负载的允许值称为额定负载。在限制作业条件下，为了保证机械结构不损坏，末端执行器所能承受负载的最大值称为极限负载。对于结构固定的机器人，其最大行程为定值，因此额定速度越高，运动循环时间越短，工作效率也越高。而机器人每个关节的运动过程一般包括启动加速、匀速运动和减速制动三个阶段。如果机器人负载过大，则会产生较大的加速度，造成启动、制动阶段时间增长，从而影响机器人的工作效率。对此，就要根据实际工作周期来平衡机器人的额定速度。

（5）承载能力

承载能力是指机器人在工作范围内的任何位姿上所能承受的最大重量，通常可以用质量、力矩或惯性矩来表示。承载能力不仅取决于负载的质量，而且与机器人运行的速度和加速度的大小和方向有关。一般低速运行时，承载能力强。为安全考虑，将承载能力这个指标确定为高速运行时的承载能力。通常，承载能力不仅指负载质量，还包括机器人末端执行器的质量。

（6）运动速度

机器人或机械手各动作的最大行程确定之后，可根据生产需要的工作节拍分配每个动作的时间，进而确定各动作的运动速度。如一个机器人操作臂要完成某一工件的上料过程，需完成夹紧工件，手臂升降、伸缩、回转等一系列动作，这些动作都应该在工作节拍所规定的时间内完成。至于各动作的时间究竟应如何分配，则取决于很多因素，不是一般的计算所能确定的。要根据各种因素反复考虑，并试做各动作的分配方案，进行比较平衡后，才能确定。节拍较短时，更需仔细考虑。

机器人操作臂的总动作时间应小于或等于工作节拍。如果两个动作同时进行，要按时间较长的计算。一旦确定了最大行程和动作，其运动速度也就确定下来了。分配各动作时间应考虑以下要求：

① 给定的运动时间应大于电气、液（气）压元件的执行时间。

② 伸缩运动的速度要大于回转运动的速度，因为回转运动的惯性一般大于伸缩运动的惯性。机器人或机械手升降、回转及伸缩运动的时间要根据实际情况进行分配。如果工作节拍短，上述运动所分配的时间就短，运动速度就一定要提高。但速度不能太高，否则会给设计、制造带来困难。在满足工作节拍要求的条件下，应尽量选取较低的运动速度。机器人或机械手的运动速度与臂力、行程、驱动方式、缓冲方式、定位方式都有很大关系，应根据具体情况加以确定。

③ 在工作节拍短、动作多的情况下，常使几个动作同时进行。为此，驱动系统要采取相应的措施，以保证动作的同步。

2.5
机器人设计和选用准则

机器人是一个包括机械结构、控制系统、传感器等的整体，机器人设计是一个综合性、系统性的工作。在设计过程中，总的原则为整体性原则和控制系统设计优先于机械结构设计原则。

设计机器人时，应当首先设计机器人的整体功能，据此设计各个局部的细节。如果设计后期再增加一个小功能，往往会导致机器人的机械结构、控制系统需要修改甚至重新设计。功能设计在整个设计中有着至关重要的作用，也体现了机器人设计的整体性原则。

根据功能要求，制订机器人的各项性能参数，围绕性能参数选择控制方案，设计并选购控制硬件。控制硬件都镶嵌在机械结构上，当完全确定了控制硬件的尺寸和重量等信息后，再进行机械结构设计，控制系统设计应当优先于机械结构设计。

2.5.1 性能参数确定

在系统分析基础上，结合现有技术条件，具体确定机器人的自由度、工作空间、最大工作速度、定位精度、承载能力等参数。

① 自由度。工业机器人一般有 4~6 个自由度，7 个以上的自由度为冗余自由度，可用来避开障碍物或奇异位形。

确定自由度时，在能完成预期动作的情况下，应尽量减少机器人自由度数目。目前工业机器人大多是一个开链机构，每一个自由度都必须由一个驱动器单独驱动，同时必须有一套相应的减速机构及控制线路，这就增加了机器人的整体重量，加大了结构尺寸。所以，只有在有特殊需要的场合，才考虑更多的自由度。

自由度的选择与功能要求有关。如果机器人被设计用于生产批量大、操作可靠性要求高、运行速度快、周围设备构成复杂、所抓取的工件质量较小等的场合，自由度可少一些；如果要便于产品更换、增加柔性，则机器人的自由度要多一些。

② 工作空间。工作空间的大小不仅与机器人各构件尺寸有关，还与它的总体构形有关。在工作空间内不仅要考虑各构件自身的干涉，还要防止构件与作业环境发生碰撞。

③ 最大工作速度。最大工作速度是指主要自由度上的最大稳定速度，或者末端最大的合成速度。机器人的工作速度越高，效率越高。然而，速度越高，对运动精度影响越大，需要的驱动力越大，惯性也越大，而且，机器人在加速和减速上需要花费更长的时间和更多的能量。一般根据生产实际中的工作节拍分配每个动作的时间，再根据机器人各动作的行程范围，确定完成各动作的速度。机器人的总动作时间应小于或等于工作节拍，如果两个动作同时进行，则按照时间较长的计算。在实际应用中，单纯考虑最大稳定速度是不够的，还应注意其最大允许加速度。最大允许加速度则要受到驱动功率和系统刚度的限制。

④ 定位精度。机器人的定位精度是根据使用要求确定的，而机器人本身所能达到的定位精度，则取决于机器人的定位方式、驱动方式、控制方式、缓冲方式、运动速度、臂部刚度等因素。

⑤ 承载能力。承载能力是指机器人在工作范围内任意位姿所能承受的最大重量，其不仅取决于负载的质量，还与机器人在运行时的速度和加速度有关。对专用机械手来说，其承载能力主要根据被抓取物体的质量来定，其安全系数一般可在 1.5~3.0 之间选取。

2.5.2 控制方案选择

随着信息技术和控制技术的发展，以及机器人应用范围的扩大，机器人控制技术正朝着智能化的方向发展，出现了离线编程、任务级语言、多传感器信息融合、智能行为控制等新技术；机器人控制系统将向着基于 PC 的开放型控制器方向发展，以便于标准化、网络化和伺服驱动技术的数字化、分散化。

机器人控制系统应当具备三大功能：

① 伺服控制功能。即机器人的运动控制，实现对机器人各关节的位置、速度、加速度等的控制。

② 运算功能机器人。运动学的正运算和逆运算是其中最基本的部分。对于具有连续

轨迹控制功能的机器人来说，还需要有直角坐标轨迹插补功能和一些必要的函数运算功能。在一些高速度、高精度的机器人控制系统中，系统往往还要完成机器人动力学模型构建和复杂控制运算等功能。

③ 系统管理功能。包括方便的人机交互、对外部环境（包括作业条件）的检测和感知、系统的监控与故障诊断等。

机器人控制系统大致可以分为三种类型：

① 集中控制方式。它是一种用一台计算机实现全部控制功能的方法，其结构简单且成本低，但是实时性较差，较难扩展。

② 主从控制方式。主要是用主、从两级处理器来实现系统的全部控制功能，主 CPU 用来实现管理、坐标变换、轨迹生成以及系统的自我诊断等，处于从属地位的 CPU 用来实现所有关节的动作控制。这种控制方式的优点在于系统的实时性较好，比较适用于高精度、高速度控制，但是系统的扩展性较差，而且维护比较困难。

③ 分散控制方式。它是按照系统的性质和功能将系统控制分为几个模块，每一个模块有不同的控制任务和控制策略，并且各个模块之间既属于主从关系又处于同等地位。这种控制方式综合了以上两种，实时性能好而且易于实现高速、高精度控制，并且易于扩展，可以实现智能化控制。

机器人设计者应当从总体功能要求、现有技术状况和经济实用性等方面考虑，选择最合适的控制类型。目前，市场上的机器人控制系统基本是由计算机和运动控制单元组成的，计算机部分通常是工控主板或者是嵌入式主板和 PLC，而运动控制单元部分多数是直接用运动控制卡或者运动控制器来实现，基于 PC 的控制系统是工业机器人开放式控制系统开发的主要方向。

2.5.3　机械结构设计

机器人的机械结构，可以是由一系列连杆通过旋转关节和移动关节连接起来的开式空间运动链，也可以是并联机器人的闭式或混联空间运动链。复杂的空间运动链机构使得机器人的运动学和力学分析复杂化，在结构设计过程中应当重点把握以下一些原则：

① 刚度设计原则。一般机械结构设计主要是强度设计，机器人由于链结构引起了机械误差和弹性变形的累积，使得其末端刚度和精度大受影响。因此，机器人设计除了应满足强度要求外，更要考虑刚度设计。要使刚度最大，必须选择适当的构件剖面形状和尺寸，以提高支承刚度和接触刚度，合理安排加载在构件上的力和力矩，以尽可能减小弯曲变形。

② 最小运动惯量原则。由于工作时机器人的运动部件多，运动状态经常改变，必然产生冲击和振动，所以设计时在满足强度和刚度的前提下，应尽量减小运动部件的质量，并注意运动部件对转轴的质心配置，以提高机器人运动时的平稳性以及动力学特性。

③ 高强度轻型材料选用原则。在机器人的设计中，选用高强度材料不仅能够减小零部件的质量，减小运动惯量，还能够减小各部件的变形量，提高工作时的定位精度。

④ 尺寸最优原则。当设计要求满足一定工作空间要求时，通过尺寸优化以选定最小的构件尺寸，这将有利于机器人构件刚度的提高，使运动惯量进一步降低。

⑤ 可靠性原则。机器人因机构复杂、部件较多，运动方式复杂，所以可靠性问题显

得尤为重要。一般来说，元器件的可靠性应高于部件的可靠性，而部件的可靠性应高于整机的可靠性。

⑥ 模块化设计原则。机器人跟人一样，有胳膊（机械手臂）、腿（移动机器人的行走机构），如果某一模块坏了，可以直接更换，甚至可以不影响其他模块功能的发挥。模块化设计还能采取并行设计的方法，大大缩短了研制周期，也为机器人的调试、维护和检修带来便利。

⑦ 工艺性原则。机器人在本质上是一种高精度、高集成的机械电子系统，各零部件的良好加工性和装配性也是设计时要注意的重要原则，而且机器人要便于维修和调整。如果仅仅有合理的结构，而忽略了工艺性，必然导致整体性能的下降和成本的提高。

2.6
机器人的机械结构

2.6.1 机器人机械结构的组成

由于应用场合的不同，机器人机械结构形式多种多样，各组成部分的驱动方式、传动原理和机械结构也有各种不同的类型。通常根据机器人各机械部分的功能，将其划分为如下几部分（见图2-17）：

① 手部结构。机器人为了进行作业，在手腕上配置的操作机构，有时也称为手爪或末端执行器。

② 手腕结构。连接手部和手臂的部分，主要作用是改变手部的空间方向和将作业载荷传递到手臂。

③ 手臂结构。连接机座和手腕的部分，主要作用是改变手部的空间位置，并将各种载荷传递到机座。

④ 机座结构。机器人的基础部分，起支承作用。对固定式机器人，直接连接在地面基础上；对移动式机器人，则安装在移动机构上。

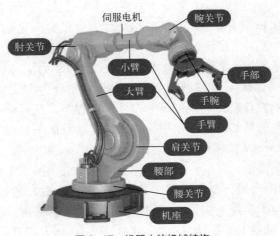

图2-17 机器人的机械结构

2.6.2　机器人机构的运动

（1）手臂和本体的运动

① 垂直移动指机器人手臂的上下运动。这种运动通常采用液压缸机构或其他垂直升降机构来完成，也可以通过调整整个机器人机身在垂直方向上的安装位置来实现。

② 径向移动指手臂的伸缩运动。机器人手臂的伸缩使其手臂的工作长度发生变化。在圆柱坐标型结构中，手臂的最大工作长度决定其末端所能达到的圆柱表面半径。

③ 回转运动指机器人绕铅垂轴的转动。这种运动决定了机器人手臂所能到达的角位置。

（2）手腕的运动

① 手腕旋转指手腕绕小臂轴线的转动。有些机器人限制其手腕转动角度小于 360°。另一些机器人则仅仅受到控制电缆缠绕圈数的限制，手腕可以转几圈。

② 手腕弯曲指手腕的上下摆动，这种运动也称为俯仰。

③ 手腕侧摆指机器人手腕的水平摆动。手腕的旋转和俯仰两种运动结合起来可以构成侧摆运动，通常机器人的侧摆运动由一个单独的关节提供。

2.6.3　机身和臂部结构

① 机身结构。机身是直接连接、支承和传动手臂及行走机构的部件。它由臂部运动（升降、平移、回转和俯仰）机构及有关的导向装置、支承件等组成。由于机器人的运动形式、使用条件、负载能力各不相同，所采用的驱动装置、传动机构、导向装置也不同，致使机身结构有很大差异。

一般情况下，实现臂部的升降、回转或俯仰等运动的驱动装置或传动件都安装在机身上。臂部的运动越多，机身的结构和受力越复杂。机身既可以是固定式的，也可以是行走式的，即在它的下部装有能行走的机构，可沿地面或架空轨道运行。

常用的机身结构有：升降回转型机身结构、俯仰型机身结构、直移型机身结构、类人机器人机身结构。

升降回转型机器人的机身主要由实现臂部的回转和升降运动的机构组成。机身的回转运动可采用回转轴液压（气）缸驱动、直线液压（气）缸驱动的传动链和蜗轮蜗杆机械传动等。机身的升降运动可以采用直线缸驱动、丝杠-螺母机构驱动的连杆式升降台。

俯仰型机器人的机身主要由实现手臂左右回转和上下俯仰运动的部件组成，它用手臂的俯仰运动部件代替手臂的升降运动部件。机器人的手臂俯仰运动一般采用活塞液压缸与连杆机构来实现。手臂的俯仰运动用的活塞液压缸位于手臂的下方，其活塞杆和手臂用铰链连接，缸体采用尾部耳环或中部销轴等方式与立柱连接，如图 2-18 所示。

采用铰接活塞缸 5、7 和连杆机构，使小臂 4 相对于大臂 6、大臂 6 相对于立柱 8 实现俯仰运动，其结构示意图如图 2-19 所示。

直移型机器人多为悬挂式，其机身实际上就是悬挂手臂的横梁。为使手臂能沿横梁平移，除了要有驱动和传动机构外，导轨是一个重要的构件。

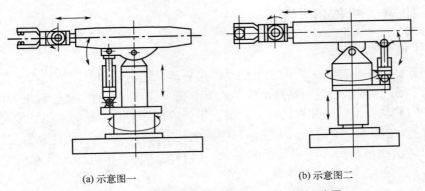

(a) 示意图一   (b) 示意图二

图 2-18 手臂俯仰驱动缸（活塞液压缸）安装示意图

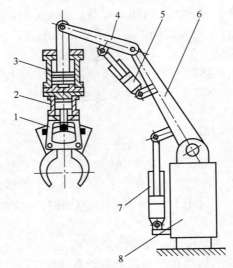

图 2-19 铰接活塞缸实现手臂俯仰的结构示意图

1—手臂；2—夹紧缸；3—升降缸；4—小臂；5，7—铰接活塞缸；6—大臂；8—立柱

  类人机器人的机身上除装有驱动臂部的运动装置外，还应装有驱动腿部运动的装置和腰部关节。靠腿部和腰部的屈伸运动来实现升降，靠腰部关节实现左右、前后的俯仰和机身轴线方向的回转运动。

  ② 臂部结构。手臂部件是机器人的主要执行部件，它的作用是支承腕部和手部，并带动它们在空间运动。机器人的臂部主要包括臂杆以及与其伸缩、屈伸或自转等运动有关的构件，如传动机构、驱动装置、导向定位装置、支承连接装置和位置检测元件等。此外，还有与腕部或手臂的运动和连接支承等有关的构件、配管配线等。

  根据臂部的运动形式和布局、驱动方式、传动和导向装置的不同，臂部结构可分为：a.伸缩型臂部结构；b.转动伸缩型臂部结构；c.屈伸型臂部结构；d.其他专用的机械传动臂部结构。

  伸缩型臂部结构可由液压（气）缸驱动或直线电动机驱动；转动伸缩型臂部结构除了臂部做伸缩运动外，还绕自身轴线转动，以使手部获得旋转运动。转动可用液压（气）缸驱动或电动机驱动。

③ 机身和臂部的配置形式。机身和臂部的配置形式基本上反映了机器人的总体布局。由于机器人的运动要求、工作对象、作业环境和场地等因素的不同，出现了各种不同的配置形式。目前常用的有如下几种形式：

a．横梁式。机身设计成横梁式，用于悬挂手臂部件，这类机器人的运动形式大多为移动式。它具有占地面积小、能有效地利用空间、直观等优点。横梁可设计成固定的或行走的，一般横梁安装在厂房原有建筑的柱梁或有关设备上，也可从地面架设。

图 2-20 显示了臂部与横梁的配置形式。图 2-20（a）所示为单臂悬挂式，机器人只有一个铅垂配置的悬挂手臂。臂部除做伸缩运动外，还可以沿横梁移动。有的横梁装有滚轮，可沿轨道行走。图 2-20（b）所示为双臂悬挂式。双臂悬挂式结构大多用于为某一机床（如卧式车床、外圆磨床等）上、下料服务，一个臂用于上料，另一个臂用于下料，这种形式可以减少辅助时间，缩短动作循环周期，有利于提高生产率。双臂在横梁上的配置有双臂平行配置、双臂对称交叉配置和双臂一侧交叉配置等形式。具体配置形式，视工件的类型、工件在机床上的位置和夹紧方式、料道与机床间相对位置及运动形式等不同而各异。

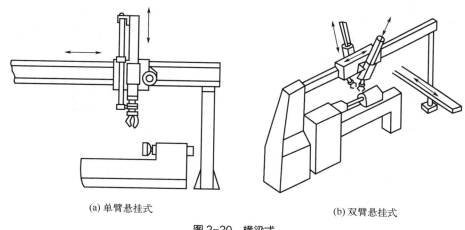

(a) 单臂悬挂式　　　　　　　　　　　　　　　　(b) 双臂悬挂式

图 2-20　横梁式

横梁上配置多个悬伸臂为多臂悬挂式，适用于刚性连接的自动生产线，用于在工位间传送工件。

b．立柱式。立柱式机器人多采用回转型、俯仰型或屈伸型的运动形式，是一种常见的配置形式。一般臂部都可在水平面内回转，具有占地面积小而工作范围大的特点。立柱可固定安装在空地上，也可以固定在床身上。立柱式结构简单，服务于某种主机，承担上、下料或转运等工作。臂的配置形式如图 2-21 所示，可分为单臂配置和双臂配置。

单臂配置是在固定的立柱上配置单个臂，一般臂部可水平、垂直或倾斜安装于立柱顶端。图 2-21（a）为一立柱式浇注机器人，以平行四边形铰接的四连杆机构作为臂部，以此实现俯仰运动。浇包提升时始终保持铅垂状态。臂部回转运动后，可把从熔炉中取出的金属液送至压铸机的型腔。

立柱式双臂配置的机器人多用于一只手实现上料，另一只手实现下料。图 2-21（b）为一双臂同步回转机器人。双臂对称布置，较平稳。两个悬挂臂的伸缩运动采用分别驱动的方式，用来完成较大行程的提升与转位工作。

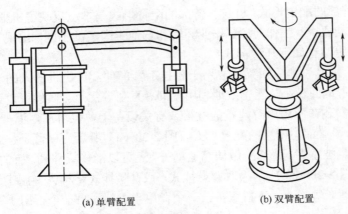

(a) 单臂配置　　　　　　　　　(b) 双臂配置

图 2-21　立柱式

　　c. 机座式。机座式机器人的机身设计成机座式，这种机器人可以是独立的、自成系统的完整装置，可随意安放和搬动，也可以具有行走机构，如沿地面上的专用轨道移动，以扩大其活动范围。各种运动形式均可设计成机座式。手臂有单臂［见图 2-22（a）］、双臂［见图 2-22（b）］和多臂［见图 2-22（c）］的形式，手臂可配置在机座顶端，也可置于机座立柱中间。

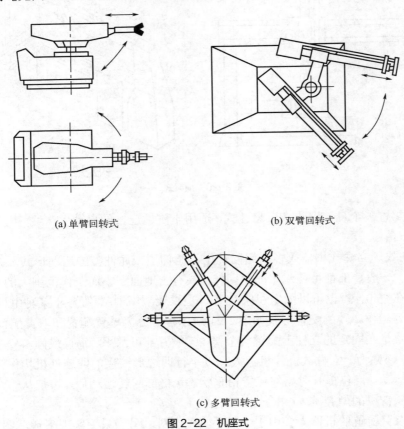

(a) 单臂回转式　　　　　　　　　　　　(b) 双臂回转式

(c) 多臂回转式

图 2-22　机座式

　　d. 屈伸式。屈伸式机器人的臂部由大小臂组成，大小臂间有相对运动，称为屈伸臂。屈伸臂与机身间的配置形式关系到机器人的运动轨迹，可以实现平面运动，也可以做空间运动。

图 2-23（a）为平面屈伸式机器人，其大小臂是在垂直于机床轴线的平面上运动的，借助腕部旋转 90°，把垂直放置的工件送到机床两顶尖间。

图 2-23（b）为空间屈伸式机器人。其小臂相对大臂运动的平面与大臂相对机身运动的平面互相垂直，手臂夹持中心的运动轨迹为空间曲线。它能将垂直放置的圆柱工件送到机床两顶尖间，而不需要腕部做旋转运动。腕部只做小距离的横移，即可将工件送进机床夹头内。该机构占地面积小，能有效地利用空间，可绕过障碍进入目的地，较好地显示了屈伸式机器人的优越性。

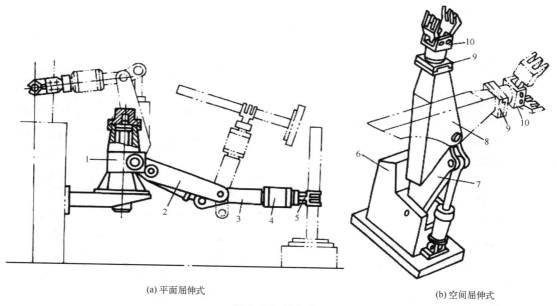

(a) 平面屈伸式　　(b) 空间屈伸式

图 2-23　屈伸式

1—立柱；2，7—大臂；3，8—小臂；4，9—腕部；5，10—手部；6—机身

2.6.4　手腕结构

手腕是连接手臂和手部的结构部件，它的主要作用是确定手部的作业方向。因此它具有独立的自由度，以满足机器人手部完成复杂的姿态。要确定手部的作业方向，一般需要三个自由度，这三个回转方向为：

① 臂转：绕小臂轴线方向的旋转。

② 手转：使手部绕自身的轴线方向旋转。

③ 腕摆：使手部相对于臂部进行摆动。

手腕结构多为上述三个回转方式的组合，组合的方式可以有多种，常用的如图 2-24 所示。图 2-24（a）所示的腕部关节配置为臂转、腕摆、手转结构；图 2-24（b）所示的为双腕摆、手转结构。

腕部结构的设计要满足传动灵活、结构紧凑轻巧、避免干涉。机器人多数将腕部结构的驱动部分安装在小臂上。首先设法使几个电动机的运动传递到同轴旋转的心轴和多套筒上去。运动传入腕部后再分别实现各个动作。机器人手腕具体结构可参考一些文献和设计手册。本节主要介绍一下柔顺手腕。

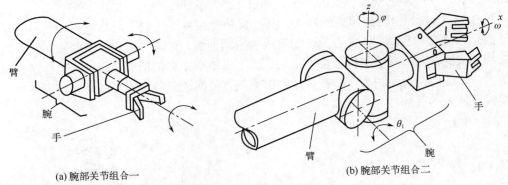

(a) 腕部关节组合一　　　　　　　　　　(b) 腕部关节组合二

图 2-24　腕部关节配置图

　　一般来说，在用机器人进行精密装配作业时，当被装配零件不一致，工件的定位夹具、机器人的定位精度无法满足装配要求时，会导致装配困难。这就提出了装配动作的柔顺性要求。

　　柔顺装配技术有两种。一种是从检测、控制的角度，采取各种不同的搜索方法，实现边校正边装配。如在手爪上装有视觉传感器、力传感器等检测元件，这种柔顺装配称为主动柔顺装配。主动柔顺手腕需装配一定功能的传感器，价格较贵；另外，由于反馈控制响应能力的限制，装配速度较慢。另一种是从机械结构的角度，在腕部配置一个柔顺环节，以满足柔顺装配的需要。这种柔顺装配技术称为被动柔顺装配（即 RCC）。被动柔顺手腕结构比较简单，价格比较便宜，装配速度较快。相比主动柔顺装配技术，它要求装配件要有倾角，允许的校正补偿量受到倾角的限制，轴孔间隙不能太小。

　　图 2-25（a）所示为一个具有水平和摆动浮动机构的柔顺手腕。水平浮动机构由平面、钢球和弹簧构成，实现在两个方向上进行浮动；摆动浮动机构由上、下球面和弹簧构成，实现两个方向的摆动。在装配作业中，如遇夹具定位不准或机器人手爪定位不准时可自行校正。其动作过程如图 2-25（b）所示，在插入装配中，工件局部被卡住时，将会受到阻力，促使柔顺手腕起作用，使手爪有一个微小的修正量，工件便能顺利地插入。

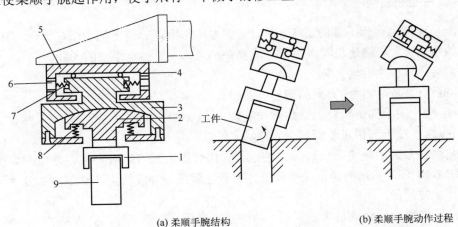

(a) 柔顺手腕结构　　　　　　　　　(b) 柔顺手腕动作过程

图 2-25　柔顺手腕

1—机械手；2—下部浮动件；3—上部浮动件；4—钢球；5—中空固定件；6—螺钉；7, 8—弹簧；9—工件

2.6.5　手部结构

机器人的手部，也称为末端执行器，是最重要的执行机构，从功能和形态上看，它可分为工业机器人的手部和仿人机器人的手部。目前，前者应用较多，也比较成熟。工业机器人的手部是直接装在工业机器人的手腕上用于夹持工件或让工具按照规定的程序完成指定的工作。它和腕部相连处可拆卸，一个机器人有多个末端执行器装置或工具；由于被握持工件的形状、尺寸、重量、材质及表面状态不同，大部分的手部结构都是根据特定的工件要求而专门设计的，各种手部的工作原理不同，故其结构形态各异；通用性较差，一种工具往往只能执行一种作业任务；手部是一个独立的部件，是工业机器人机械系统的三大部件之一。由于工业机器人所能完成的工作非常广泛，手部很难做到标准化，因此在实际应用当中，手部一般都是根据其实际要完成的工作进行定制。常用的有以下几种分类：夹持类手部、吸附类手部、专用手部、工具快换装置、多工位换接装置和仿人机器人的手部。

1）夹持类

夹持类手部除常用的夹钳式外，还有钩托式和弹簧式。此类手部按其手指夹持工件时的运动方式不同，又可分为手指回转型和指面平移型。

（1）夹钳式手部

夹钳式是工业机器人最常用的一种手部形式，在装配流水线上用得较为广泛。它一般由手指（手爪）、驱动机构、传动机构、连接与支承元件组成，工作原理类似于常用的手钳。如图 2-26 所示，夹钳式手部能用手爪的开闭动作实现对物体的夹持。

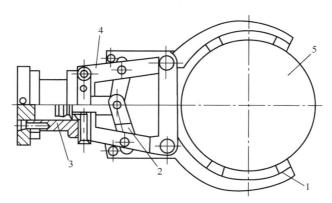

图 2-26　夹钳式手部的组成
1—手指；2—传动机构；3—驱动机构；4—支架；5—工件

① 手指。它是直接与工件接触的构件。手部松开和夹紧工件，就是通过手指的张开和闭合来实现的。一般情况下，机器人的手部只有两个手指，少数有三个或多个手指。它们的结构形式常取决于被夹持工件的形状和特性。

a．指端的形状。指端是手指上直接与工件接触的部位，它的结构形状取决于工件的形状。类型有：固定 V 形指［图 2-27（a）］，滚珠 V 形指［图 2-27（b）］，自定位式 V 形指［图 2-27（c）］，平面指［图 2-27（d）］，尖指或薄、长指［图 2-27（e）］和特形指［图 2-27（f）］。

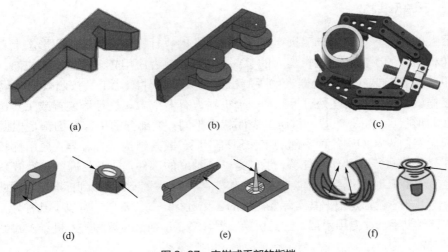

图 2-27　夹钳式手部的指端

固定 V 形指适用于夹持圆柱形工件，特点是夹紧平稳可靠，夹持误差小；滚珠 V 形指可快速夹持旋转中的圆柱形工件；自定位式 V 形指有自定位能力，与工件接触好，浮动件设计应具有自锁性；平面指一般用于夹持方形工件（具有两个平行表面）、板形工件或细小棒料；尖指一般用于夹持小型或柔性工件；薄指用于夹持位于狭窄工作场地的细小工件，以避免和周围障碍物相碰；长指可用于夹持炽热的工件，以避免热辐射对手部传动机构的影响；对于形状不规则的工件，必须设计出与工件形状相适应的专用特形指，才能夹持工件。

b. 指面的形式。根据工件形状、大小及其被夹持部位材质的软硬、表面性质等的不同，手指的指面有光滑指面、齿型指面和柔性指面三种形式。

光滑指面，其指面平整光滑，用来夹持已加工表面，避免已加工的光滑表面受损伤。齿型指面，其指面刻有齿纹，可增加与被夹持工件间的摩擦力，以确保夹紧可靠，多用来夹持表面粗糙的毛坯或半成品。柔性指面，其指面镶衬橡胶、泡沫、石棉等物，有增加摩擦力、保护工件表面、隔热等作用。一般用来夹持已加工表面、炽热件，也适用于夹持薄壁件和脆性工件。

c. 手指的材料。手指的材料选用恰当与否，对机器人的使用效果有很大影响。对于夹钳式手部，其手指的材料可选用一般碳素钢和合金结构钢。

为使手指经久耐用，指面可镶嵌硬质合金；高温作业的手指，可选用耐热钢；在腐蚀性气体环境下工作的手指，可镀铬或进行搪瓷处理，也可选用耐腐蚀的玻璃钢或聚四氟乙烯。

② 传动机构。它是向手指传递运动和动力，以实现夹紧和松开动作的机构。

a. 回转型传动机构。夹钳式手部中较多的是回转型手部，其手指就是一对（或几对）杠杆，再同斜楔、滑槽、连杆、齿轮、蜗轮蜗杆或螺杆等机构组成复合式杠杆传动机构，来改变传力比、传动比及运动方向等。

图 2-28（a）为斜楔杠杆式手部的结构简图。斜楔驱动杆 2 向下运动，克服拉簧 5 的拉力，使杠杆手指装着滚子 3 的一端向外撑开，从而夹紧工件 8。斜楔向上移动，则在拉

簧拉力的作用下，使手指 7 松开。手指与斜楔通过滚子接触可以减少摩擦力，提高机械效率。有时为了简化结构，也可让手指与斜楔直接接触。

图 2-28（b）为滑槽杠杆式手部的结构简图。杠杆形手指 4 的一端装有 V 形指 5，另一端则开有长滑槽。驱动杆 1 上的圆柱销 2 套在滑槽内，当驱动杆同圆柱销一起做往复运动时，即可拨动两个手指各绕其支点（铰销 3）做相对回转运动，从而实现手指对工件 6 的夹紧与松开动作。滑槽杠杆式传动机构的定心精度与滑槽的制造精度有关。因活动环节较多，配合间隙的影响不可忽视。此机构依靠驱动力锁紧，机构本身无自锁性能。

图 2-28（c）为双支点连杆杠杆式手部的结构简图。驱动杆 2 末端与连杆 4 由铰销 3 铰接，当驱动杆 2 做直线往复运动时，则通过连杆推动两杆手指各绕圆柱销 7 做回转运动，从而使手指松开或闭合。该机构的活动环节较多，故定心精度一般比斜楔杠杆式传动差。

图 2-28（d）为齿条齿轮杠杆式手部的结构简图。驱动杆 2 末端制成双面齿条，与扇齿轮 4 相啮合，而扇齿轮 4 与手指 5 固连在一起，可绕支点回转。驱动力推动齿条做直线往复运动，即可带动扇齿轮回转，从而使手指闭合或松开。

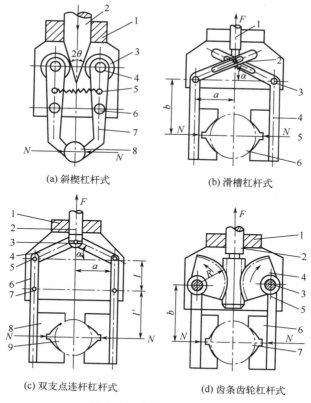

(a) 斜楔杠杆式　　(b) 滑槽杠杆式

(c) 双支点连杆杠杆式　　(d) 齿条齿轮杠杆式

图 2-28　回转型传动机构

（a）1—壳体；2—斜楔驱动杆；3—滚子；4—圆柱销；5—拉簧；6—铰销；7—手指；8—工件
（b）1—驱动杆；2—圆柱销；3—铰销；4—手指；5—V 形指；6—工件
（c）1—壳体；2—驱动杆；3—铰销；4—连杆；5, 7—圆柱销；6—手指；8—V 形指；9—工件
（d）1—壳体；2—驱动杆；3—小轴；4—扇齿轮；5—手指；6—V 形指；7—工件

b. 平移型传动机构。平移型夹钳式手部是通过手指的指面做直线往复运动或平面移动来实现张开或闭合动作的，常用于夹持具有平行平面的工件（如箱体等）。其结构较复杂，不如回转型应用广泛。平移型传动机构据其结构，大致可分为平面平行移动机构和直线往复移动机构两种类型。

图 2-29（a）为一种平移型夹钳式手部的简图，它通过驱动器 1 和驱动元件 2 带动平行四边形铰链机构（3 为主动摇杆，4 为从动摇杆），以实现手指平移。这种机构的构件较多，传动效率较低，且结构内部受力情况不同。

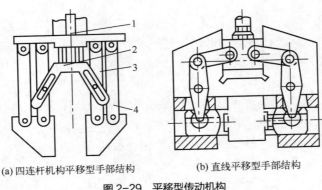

(a) 四连杆机构平移型手部结构   (b) 直线平移型手部结构

图 2-29　平移型传动机构

③ 驱动机构。它是向传动机构提供动力的装置。按驱动方式不同，有液压、气动、电动和机械驱动之分。

④ 支架。使手部与机器人的腕或臂相连接。

此外，还有连接与支承元件，它们将上述有关部分连成一个整体。

（2）钩托式手部

在夹持类手部中，除了用夹紧力夹持工件的夹钳式手部外，钩托式手部是用得较多的一种。它的主要特征是不靠夹紧力来夹持工件，而是利用手指对工件的钩、托、捧等动作来托持工件。应用钩托方式可降低对驱动力的要求，简化手部结构，甚至可以省略手部驱动装置。它适用于在水平面内和垂直面内做低速移动的搬运工作，尤其对大型笨重的工件或结构粗大而重量较轻且易变形的工件更为有利。

钩托式手部可分为无驱动装置型和有驱动装置型。无驱动装置的钩托式手部，手指动作通过传动机构，借助臂部的运动来实现，手部无单独的驱动装置。图 2-30（a）为一种无驱动装置的钩托式手部。手部在臂的带动下向下移动，当手部下降到一定位置时，齿条 1 下端碰到撞块，臂部继续下移，齿条便带动齿轮 2 旋转，手指 3 即进入工件钩托部位。手指托持工件时，销子 4 在弹簧力作用下插入齿条缺口，保持手指的钩托状态并可使手臂携带工件离开原始位置。在完成钩托任务后，由电磁铁将销子向外拔出，手指又呈自由状态，可继续进行下一个工作循环程序。

图 2-30（b）为一种有驱动装置的钩托式手部。其工作原理是依靠机构内力来平衡工件重力而保持托持状态。驱动液压缸 5 以较小的力驱动杠杆手指 6 和 7 回转，使手指闭合至托持工件的位置。手指与工件的接触点均在其回转支点 O_1、O_2 的外侧，因此在手指托持工件后，工件本身的重量不会使手指自行松脱。

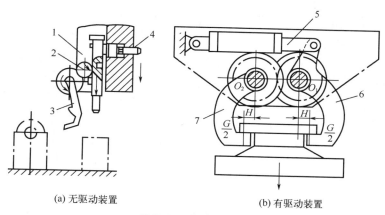

(a) 无驱动装置　　　　　　　(b) 有驱动装置

图 2-30　钩托式手部

1—齿条；2—齿轮；3—手指；4—销子；5—液压缸；6，7—杠杆手指

（3）弹簧式手部

弹簧式手部靠弹簧力的作用将工件夹紧，手部不需要专用的驱动装置，结构简单。它的特点是工件进入手指和从手指中取下工件都是强制进行的。由于弹簧力有限，故只适用于夹持轻小工件。

图 2-31 所示为一种结构简单的簧片手指弹性手爪。手臂带动夹钳向坯料推进时，弹簧片 3 由于受到压力而自动张开，于是工件进入夹钳内，受弹簧作用而自动夹紧。当机器人将工件传送到指定位置后，手指不会将工件松开，必须先将工件固定后，手部后退，强迫手指撑开后留下工件。这种手部只适用于对定心精度要求不高的场合。

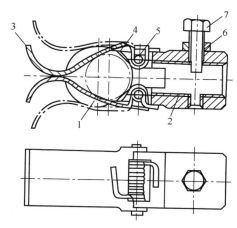

图 2-31　弹簧式手部

1—工件；2—套筒；3—弹簧片；4—扭簧；5—销钉；6—螺母；7—螺钉

2）吸附类

吸附类手部靠吸附力取料。根据吸附力的不同分为气吸和磁吸两种。吸附类手部适用于大平面（单面接触无法抓取）、易碎（玻璃、磁盘）、微小（不易抓取）的物体，因此使用面较大。

气吸式手部是工业机器人常用的一种吸持工件的装置，利用轻型塑胶或塑料制成的皮碗通过抽空与物体接触平面密封型腔的空气而产生的负压真空吸力来抓取和搬运物体。与夹钳式手部相比,其结构简单,重量轻,吸附力分布均匀,对于薄片状物体的搬运更具有优越性,广泛用于非金属材料(如板材、纸张、玻璃等物体)或不可有剩磁的材料的吸附。

气吸式手部的另一个特点是对工件表面没有损伤,且对被吸工件预定的位置精度要求不高;但要求工件上与吸盘接触部位光滑平整、清洁,被吸工件材质致密,没有透气孔隙。

气吸式手部由吸盘、吸盘架和气路组成,是利用吸盘内的压力与大气压之间的压力差而工作的。气吸式末端执行器按形成压力差的方法分类,可分为真空气吸吸附、气流负压气吸吸附、挤压排气负压气吸吸附等。

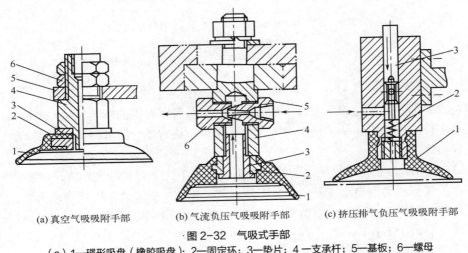

(a) 真空气吸吸附手部　　(b) 气流负压气吸吸附手部　　(c) 挤压排气负压气吸吸附手部

图 2-32　气吸式手部

(a) 1—碟形吸盘(橡胶吸盘);2—固定环;3—垫片;4—支承杆;5—基板;6—螺母
(b) 1—橡胶吸盘;2—心套;3—通气螺钉;4—支承杆;5—喷嘴;6—喷嘴套
(c) 1—橡胶吸盘;2—弹簧;3—推杆

图 2-32 (a) 为真空气吸吸附手部。真空的产生是利用真空泵,真空度较高。其主要零件为碟形吸盘 1,其通过固定环 2 安装在支承杆 4 上,支承杆由螺母 6 固定在基板 5 上。取料时,橡胶吸盘与物体表面接触,橡胶吸盘的边缘起密封作用,又起到缓冲作用,然后抽气,吸盘腔内形成真空,实施吸附取料。放料时,管路接通大气,失去真空,物体放下。为了避免在取放料时产生撞击,有的还在支承杆上配有弹簧缓冲;为了更好地适应物体吸附面的倾斜状况,有的在橡胶吸盘背面设计有球铰链。真空气吸吸附手部工作可靠、吸附力大,但需配备真空泵及其控制系统,费用较高。

图 2-32 (b) 为气流负压气吸吸附手部。利用流体力学的原理,当需要取物时,压缩空气高速流经喷嘴 5,其出口处的气压低于吸盘腔内的气压,于是腔内的气体被高速气流带走而形成负压,完成取物动作。当需要释放时,切断压缩空气即可。气流负压气吸吸附手部需要的压缩空气,在一般工厂内容易取得,因此成本较低。

图 2-32 (c) 为挤压排气负压气吸吸附手部。其工作原理为:取料时橡胶吸盘 1 压紧物体,橡胶吸盘变形,挤出腔内多余空气,手部上升,靠橡胶吸盘恢复力形成负压将物体吸住。释放时,压下推杆 3,使吸盘腔与大气连通而失去负压。挤压排气负压气吸吸附手部结构简单,经济方便,但吸附力小,吸附状态不易长期保持,可靠性比真空气吸吸附和气流负压气吸吸附差,要防止漏气,不宜长期停顿。

磁吸式手部是利用永久磁铁或电磁铁通电后产生的磁力来吸附工件的，其应用比较广泛。磁吸式手部与气吸式手部相同，不会破坏被吸工件表面质量。磁吸式手部比气吸式手部优越的方面是：有较大的单位面积吸力，对工件表面粗糙度及通孔、沟槽等无特殊要求。

磁吸式手部的不足之处是：被吸工件存在剩磁，吸附头上常吸附磁性屑（如铁屑等），影响正常工作。因此对那些不允许有剩磁的零件要禁止使用。对钢、铁等材料制品，温度超过 723℃就会失去磁性，故在高温下无法使用磁吸式手部。磁吸式手部按磁力来源可分为永久磁铁手部和电磁铁手部。电磁铁手部由于供电不同又可分为交流电磁铁手部和直流电磁铁手部。交流电磁铁手部吸力波动，有噪声和涡流损耗；直流电磁铁手部吸力稳定，无噪声和涡流损耗。

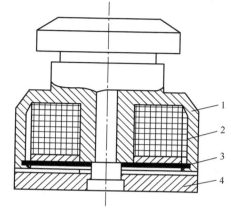

图 2-33　磁吸式手部的结构
1—电磁式吸盘；2—防尘盖；3—线圈；4—外壳体

磁吸式手部结构如图 2-33 所示。在线圈通电瞬间，由于空气间隙的存在，磁阻很大，线圈的电感和启动电流很大，这时产生磁性吸力将工件吸住，一旦断电，磁吸力消失，工件就松开。若采用永久磁铁作为吸盘，则必须强迫性取下工件。如图 2-34 所示为几种电磁式吸盘吸料示意图。

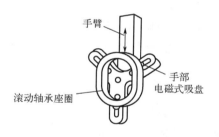

(a) 吸附滚动轴承座圈用的电磁式吸盘

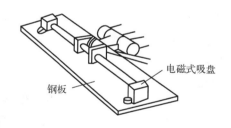

(b) 吸附钢板用的电磁式吸盘

(c) 吸附齿轮用的电磁式吸盘

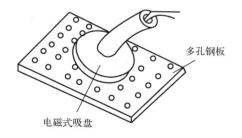

(d) 吸附多孔钢板用的电磁式吸盘

图 2-34　电磁式吸盘吸料示意图

3）专用手部

机器人是一种通用性很强的自动化设备，可根据作业要求完成各种动作，再配上各种专用的末端执行器后，就能完成各种不同的工作。例如，在通用机器人上安装焊枪就成为一台焊接机器人，安装拧螺母机则成为一台装配机器人。目前有许多由专用电动、气动工具改型而成的执行器，如图 2-35 所示，末端执行器有拧螺母机、焊枪、电磨头、电铣头、抛光头、激光切割机等，这些专用末端执行器形成一整套系列供用户选用，使机器人胜任各种工作。

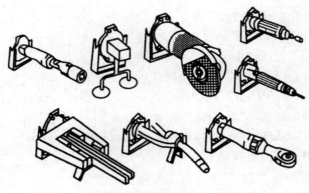

图 2-35　各种专用末端执行器

4）工具快换装置

如图 2-36 所示的机器人工具快换装置，是一种用于机器人快速更换末端执行器的装置，可以在数秒内快速更换不同的手部，使机器人更具有柔性、更高效，被广泛应用于自动化行业的各个领域。工具快换装置分为主侧和工具侧，锁紧大多数使用气体；主侧安装在机器人、CNC 设备或者其他结构上；工具侧则安装在工具上，如抓具、焊枪或毛刺清理工具。

图 2-36　机器人工具快换装置

另外，工具快换装置在一些重要的应用中能够为工具提供备份工具，提高可靠性。相对于人工需数小时更换工具，工具快换装置自动更换备用工具能够在数秒内就完成。生产线更换可以在数秒内完成；维护和修理工具可以快速更换，大大降低了停工时间；通过应用多个手部从而使柔性增强；可使用自动更换功能的单一末端执行器代替笨重复杂的多功能工装执行器。

5）多工位换接装置

某些机器人的作业任务相对较为集中，需要换接一定量的末端执行器，又不必配备数量较多的末端执行器库，这时，可以在机器人手腕上设置一个多工位换接装置。多工位换接装置如图 2-37 所示，就像数控加工中心的刀库一样，可以有棱锥型和棱柱型两种形式。棱锥型换接装置可保证手爪轴线和手腕轴线一致，受力较合理，但其传动机构较为复杂。棱柱型换接装置传动机构较为简单，但其手爪轴线和手腕轴线不能保持一致，受力不良。

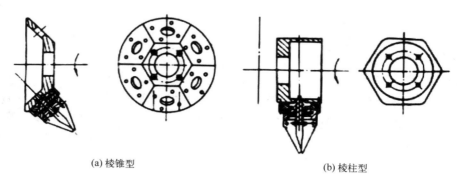

(a) 棱锥型　　　　　　　　　　　　　　　　(b) 棱柱型

图 2-37　多工位换接装置

6）仿人机器人的手部

目前，大部分工业机器人的手部只有两根手指，而且手指上一般没有关节，如图 2-38 所示。因此取料不能适应物体外形的变化，不能使物体表面承受比较均匀的夹持力，所以无法满足对复杂形状、不同材质的物体实施夹持和操作。为了提高机器人手部和手腕的操作能力、灵活性和快速反应能力，使机器人手部能像人手一样进行各种复杂的作业，如装配作业、维修作业、设备操作等，就必须有一个运动灵活、动作多样的灵巧手，即仿人手。图 2-39 所示为仿生多指灵巧手。

图 2-38　一般手部

图 2-39　仿生多指灵巧手

柔性手可对不同外形物体实施抓取，并使物体表面受力比较均匀。图 2-40 所示为多关节柔性手，每个手指由多个关节串接而成。手指传动部分由牵引钢丝绳及摩擦滚轮组成，每个手指由两根钢丝绳牵引：一侧为握紧；一侧为放松。这样的结构可抓取凹凸外形并使物体受力较为均匀。

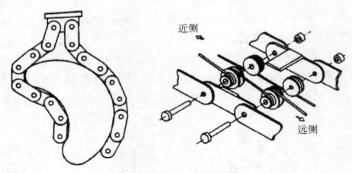

图 2-40　多关节柔性手

机器人手部和手腕最完美的形式是模仿人手的多指灵巧手，多指灵巧手由多个手指组成，每一个手指有 3 个回转关节，每一个关节的自由度都是独立控制的，因此，它能模仿人的手指能完成的各种复杂的动作，如拧螺钉、弹钢琴、做礼仪手势等动作。图 2-41 分别显示了三指灵巧手和四指灵巧手。

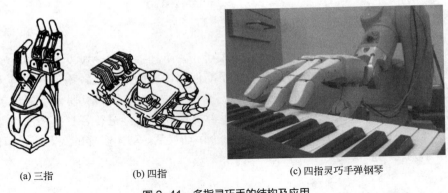

(a) 三指　　　　　(b) 四指　　　　　(c) 四指灵巧手弹钢琴

图 2-41　多指灵巧手的结构及应用

2.7
机器人的传动机构

驱动装置的受控运动必须通过传动装置带动机械臂产生运动，以精确地保证末端执行器所要求的位置、姿态和实现其运动。目前工业机器人广泛采用的机械传动装置是减速器。机器人关节减速器（精密减速器）具有传动链短、体积小、功率大、质量小和易于控制等特点；其主要作用为使机器人伺服电机在一个合适的速度下运转，并精确地将转速降到工业机器人各部分需要的速度，在提高机械本体刚性的同时输出更大的转矩；其类型主要包括 RV 减速器和谐波减速器。此外，机器人传动装置还可采用轴承传动、丝杠传动、齿轮传动、链（带）传动、绳传动等，如图 2-42 所示。

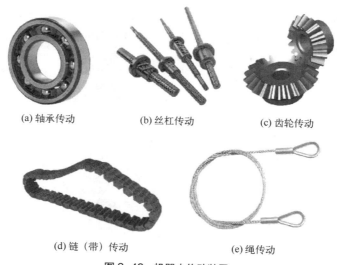

(a) 轴承传动　　　(b) 丝杠传动　　　(c) 齿轮传动

(d) 链（带）传动　　　　(e) 绳传动

图 2-42　机器人传动装置

2.7.1　轴承传动

　　轴承是支承元件，主要功能是支承机械旋转体，用以降低设备在传动过程中的机械载荷摩擦系数。工业机器人的轴承是其关键配套件之一，最适用于工业机器人的关节部位或者旋转部位。等截面薄壁轴承和交叉滚子轴承是工业机器人的应用中较为主要的两大类。工业机器人轴承具有可承受轴向、径向、倾覆等方向的综合载荷，高回转定位精度等特点。

　　① 交叉滚子轴承。如图 2-43 所示为交叉滚子轴承，是圆柱滚子或圆锥滚子在呈 90°的 V 形沟槽滚动面上通过隔离块被相互垂直地排列，可承受径向负荷、轴向负荷及力矩负荷等多方向的负荷。交叉滚子轴承具有出色的旋转精度，内外环是分割的结构，间隙可调整，即使被施加预压，也能获得高精度的旋转运动；操作安装简化，分割的内外环在装入滚子和保持器后，被固定在一起，所以安装时操作非常简单；大幅节省安装空间，内外环尺寸被最大限度地小型化，特别是超薄结构具有接近极限的小型尺寸，并具有高刚性。

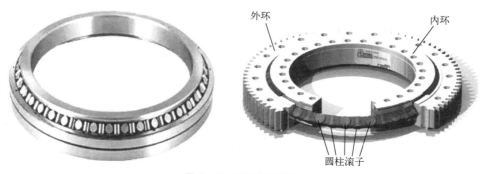

外环　　　　　　　　　　内环

圆柱滚子

图 2-43　交叉滚子轴承

　　② 等截面薄壁轴承。等截面薄壁轴承又叫薄壁套圈轴承，如图 2-44 所示，它精度高、非常安静以及承载能力很强。等截面薄壁轴承可以是深沟球轴承、四点接触轴承、角接触球轴承，大多为正方形。在这些系列中，即使是更大的轴直径和轴承孔，横截面也保持不

变，因此称为等截面。其主要特点为：小外径钢球，得到了低摩擦转矩、高刚性、良好的回转精度；中空轴，确保了轻量化和配线的空间；极薄型的轴承断面，实现了产品的小型化、轻量化。

图 2-44　等截面薄壁轴承

2.7.2　丝杠传动

机器人传动用的丝杠具备结构紧凑、间隙小和传动效率高等特点。

① 滚珠丝杠。滚珠丝杠的丝杠和螺母之间装了很多钢球，丝杠或螺母运动时钢球不断循环，运动得以传递。因此，即使丝杠的导程角很小，也能得到 90% 以上的传动效率。滚珠丝杠可以把直线运动转换成回转运动，也可以把回转运动转换成直线运动。滚珠丝杠按钢球的循环方式分为钢球管外循环方式、靠螺母内部 S 状槽实现钢球循环的内循环方式和靠螺母上部导引板实现钢球循环的导引板方式，如图 2-45 所示。由丝杠转速和导程得到的直线进给速度为：

$$v = 60nl$$

式中，v 为直线运动速度，m/s；l 为丝杠的导程，m；n 为丝杠的转速，r/min。

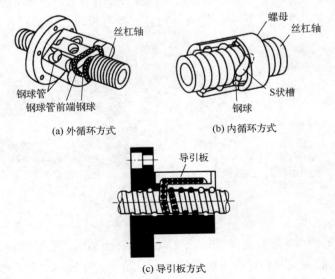

图 2-45　滚珠丝杠的结构

② 行星轮式丝杠。目前已经开发出了以高载荷和高刚性为目的的行星轮式丝杠。该丝杠多用于精密机床的高速进给，从高速性和高可靠性来看，也可用于大型机器人的传动，其原理如图 2-46 所示。螺母与丝杠轴之间有与丝杠轴啮合的行星轮，装有 7～8 套行星轮的系杆可在螺母内自由回转，行星轮的中部有与丝杠轴啮合的螺纹，其两侧有与内齿轮啮合的齿。将螺母固定，驱动丝杠轴，行星轮便边自转边相对于内齿轮公转，并使丝杠轴沿轴向移动。行星轮式丝杠具有承载能力大，由于采用了小螺距，因而丝杠定位精度也高，刚度高且回转精度高等优点。

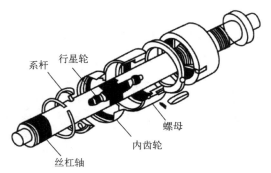

图 2-46　行星轮式丝杠

2.7.3　带传动与链传动

带和链传动用于传递平行轴之间的回转运动，或把回转运动转换成直线运动。机器人中的带和链传动分别通过带轮或链轮传递回转运动，有时还用来驱动平行轴之间的小齿轮。

① 同步带传动（图 2-47）。同步带传动比的计算公式为

$$i = \frac{n_2}{n_1} = \frac{z_1}{z_2}$$

式中，i 为传动比；n_1 是主动轮转速，r/min；n_2 是从动轮转速，r/min；z_1 是主动轮齿数；z_2 是从动轮齿数。

同步带传动的优点：传动时无潜动，传动比较准确且平稳；速比范围大；初始拉力小；轴与轴承不易过载。但是，这种传动机构的制造及安装要求严格，对带的材料要求也较高，因而成本较高。同步带传动适合于电动机与高减速比减速器之间的传动。

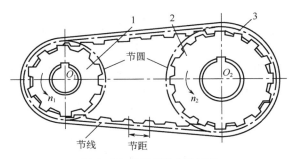

图 2-47　同步带的传动原理
1—主动轮；2—从动轮；3—同步带

② 滚子链传动。滚子链传动属于比较完善的传动机构，由于噪声小，效率高，因此得到了广泛的应用。但高速运动时滚子与链轮之间的碰撞，会产生比较大的噪声和振动，故只有在低速时才能得到满意的效果，即适合于低惯性载荷的关节传动。链轮齿数少，摩擦力会增加，要得到平稳运动，链轮的齿数应大于17，并尽量采用奇数个齿。

2.7.4　齿轮传动

1）齿轮的种类

齿轮靠均匀分布在轮边上的齿的直接接触来传递力矩。通常，齿轮的角速度比和轴的相对位置都是固定的。因此，轮齿以接触柱面为节面，等间隔地分布在圆周上。随轴的相对位置和运动方向的不同，齿轮有多种类型，其中主要的类型如图2-48所示。

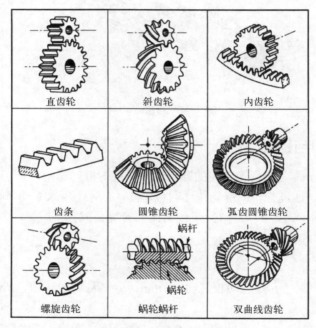

图2-48　齿轮的类型

2）各种齿轮的结构及特点

（1）直齿轮

直齿轮是最常用的齿轮之一。通常，齿轮两齿啮合处的齿面之间存在间隙，称为齿隙（见图2-49）。为弥补齿轮制造误差和消除齿轮运动中温升引起的热膨胀的影响，要求齿轮传动有适当的齿隙，但频繁正反转的齿轮齿隙应限制在最小范围之内。齿隙可通过减小齿厚或拉大中心距来调整。无齿隙的齿轮啮合叫无齿隙啮合。

（2）斜齿轮

如图2-50所示，斜齿轮的齿带有扭曲。它与直齿轮相比具有强度高、重叠系数大和噪声小等优点。斜齿轮传动时会产生轴向力，所以应采用止推轴承或成对地布置斜齿轮，见图2-51。

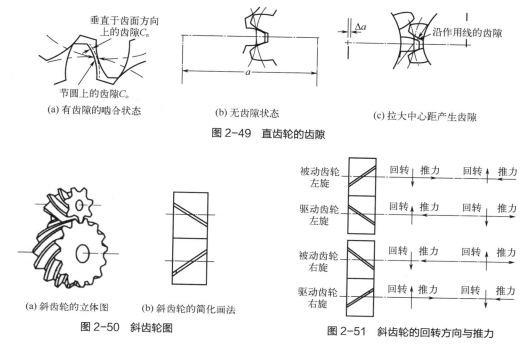

(a) 有齿隙的啮合状态　　　　　　(b) 无齿隙状态　　　　　　(c) 拉大中心距产生齿隙

图 2-49　直齿轮的齿隙

(a) 斜齿轮的立体图　　(b) 斜齿轮的简化画法

图 2-50　斜齿轮图

图 2-51　斜齿轮的回转方向与推力

（3）伞齿轮

伞齿轮用于传递相交轴之间的运动，以两轴相交点为顶点的两圆锥面为啮合面，见图 2-52。齿向与节圆锥直母线一致的称直齿伞齿轮，齿向在节圆锥切平面，内呈曲线的称弧齿伞齿轮。直齿伞齿轮用于节圆圆周速度低于 5m/s 的场合；弧齿伞齿轮用于节圆圆周速度大于 5m/s 或转速高于 1000r/min 的场合，还用在要求低速平滑回转的场合。

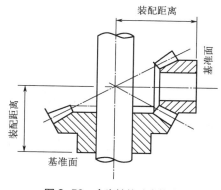

图 2-52　伞齿轮的啮合状态

（4）蜗轮蜗杆

蜗轮蜗杆传动装置由蜗杆和与蜗杆相啮合的蜗轮组成。蜗轮蜗杆能以大减速比传递垂直轴之间的运动。鼓形蜗轮用在大负荷和大重叠系数的场合。蜗轮蜗杆传动与其他齿轮传动相比具有噪声小、回转轻便和传动比大等优点，缺点是其齿隙比直齿轮和斜齿轮大，齿面之间摩擦大，因而传动效率低。

（5）行星齿轮减速器

行星齿轮减速器大体上分为 S-C-P、3S（3K）、2S-C（2K-H）三类，结构如图 2-53 所示。

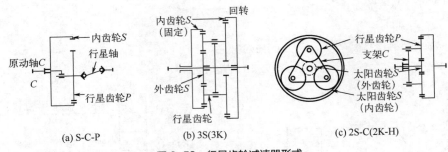

(a) S-C-P　　　　(b) 3S(3K)　　　　(c) 2S-C(2K-H)

图 2-53　行星齿轮减速器形式

① S-C-P（K-H-V）式行星齿轮减速器。S-C-P 由齿轮、行星齿轮和行星齿轮支架组成。行星齿轮的中心和内齿轮中心之间有一定偏距，仅部分齿参加啮合。曲柄轴与输入轴相连，行星齿轮绕内齿轮边公转边自转。行星齿轮公转一周时，行星齿轮反向自转的转速取决于行星齿轮和内齿轮之间的齿数差。

行星齿轮为输出轴时传动比为：

$$i = \frac{Z_S - Z_P}{Z_P}$$

式中，Z_S 为内齿轮（太阳齿轮）的齿数；Z_P 为行星齿轮的齿数。

② 3S 式行星齿轮减速器。3S 式行星齿轮减速器的行星齿轮与两个内齿轮同时啮合，还绕太阳齿轮（外齿轮）公转。两个内齿轮中，固定一个时另一个齿轮可以转动，并可与输出轴相连接。这种减速器的传动比取决于两个内齿轮的齿数差。

③ 2S-C 式行星齿轮减速器。2S-C 式由两个太阳齿轮（外齿轮和内齿轮）、行星齿轮和支架组成。内齿轮和外齿轮之间夹着 2～4 个相同的行星齿轮，行星齿轮同时与外齿轮和内齿轮啮合。支架与各行星齿轮的中心相连接，行星齿轮公转时迫使支架绕中心轮轴回转。

上述行星齿轮机构中，若内齿轮 Z_S 和行星齿轮的齿数 Z_P 之差为 1，可得到最大减速比 $i=1/Z_P$，但容易产生齿顶的相互干涉，这个问题可由下述方法解决：a.利用圆弧齿形或钢球；b.齿数差设计成 2；c.行星齿轮采用可以弹性变形的薄椭圆状（谐波传动）。

2.7.5　谐波传动

如图 2-54 所示，谐波传动机构由谐波发生器（图中 1）、柔轮（图中 2）和刚轮（图中 3）三个基本部分组成。

① 谐波发生器。谐波发生器是在椭圆形凸轮的外周嵌入薄壁轴承制成的部件。轴承内圈固定在凸轮上，外圈靠钢球发生弹性变形，一般与输入轴相连。

② 柔轮。柔轮是杯状薄壁金属弹性体，杯口外圆切有齿，底部称柔轮底，用来与输出轴相连。

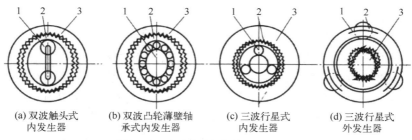

(a) 双波触头式   (b) 双波凸轮薄壁轴   (c) 三波行星式   (d) 三波行星式
内发生器   承式内发生器   内发生器   外发生器

图 2-54 谐波传动机构的组成和类型
1—谐波发生器；2—柔轮；3—刚轮

③ 刚轮。刚轮内圆有很多齿，齿数比柔轮多两个，一般固定在壳体上。

当谐波发生器连续旋转时，产生的机械力使柔轮在变形的过程中形成了一条基本对称的和谐曲线。发生器波数表示，发生器转一周时，柔轮某一点变形的循环次数。其工作原理是：当谐波发生器在柔轮内旋转时，迫使柔轮发生变形，同时进入或退出刚轮的齿间。在发生器的短轴方向，刚轮与柔轮的齿间处于啮入或啮出的过程，伴随着发生器的连续转动，齿间的啮合状态依次发生变化，即啮入—啮合—啮出—脱开—啮入的变化过程。这种错齿运动把输入运动变为输出的减速运动。

谐波传动速比的计算与行星传动速比计算一样。如果刚轮固定，谐波发生器 ω_1 为输入，柔轮 ω_2 为输出，则速比 $i_{12} = \dfrac{\omega_1}{\omega_2} = \dfrac{z_r}{z_g - z_r}$。如果柔轮静止，谐波发生器 ω_1 为输入，刚轮 ω_3 为输出，则速比 $i_{13} = \dfrac{\omega_1}{\omega_3} = \dfrac{z_g}{z_g - z_r}$。其中，$z_r$ 为柔轮齿数；z_g 为刚轮齿数。

柔轮与刚轮的轮齿周节相等，齿数不等，一般取双波发生器的齿数差为2，三波发生器齿数差为3。双波发生器在柔轮变形时所产生的应力小，容易获得较大的传动比。三波发生器在柔轮变形时所需要的径向力大，传动时偏心变小，适用于精密分度。通常推荐谐波传动最小齿数在齿数差为 2 时，$z_{min}=150$，齿数差为 3 时，$z_{min}=225$。

谐波传动的特点是结构简单、体积小、重量轻、传动精度高、承载能力大、传动比大，且具有高阻尼特性。但柔轮易疲劳，扭转刚度低，且易产生振动。此外，也有采用液压静压波发生器和电磁波发生器的谐波传动机构，图 2-55 为采用液压静压波发生器的谐波传动示意图。凸轮 1 和柔轮 2 之间不直接接触，在凸轮 1 上的小孔 3 与柔轮内表面有大约 0.1mm 的间隙。高压油从小孔 3 喷出，使柔轮产生变形波，从而产生减速驱动谐波传动，因为油具有很好的冷却作用，能提高传动速度。

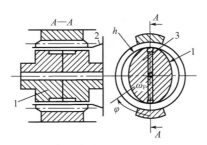

图 2-55 液压静压波发生器谐波传动

2.7.6 RV 减速器

RV 减速器的传动装置采用的是一种新型的二级封闭行星轮系，是在摆线针轮传动基础上发展起来的一种新型传动装置，在机器人领域占有主导地位。RV 减速器具有较高的疲劳强度、刚度和寿命，而且回差精度稳定。世界上许多高精度机器人传动装置多采用 RV 减速器。RV 减速器的特点：传动比范围大，传动效率高，扭转刚度大，远大于一般摆线针轮减速器的输出机构，在额定转矩下弹性回差误差小，传递同等转矩与功率时 RV 减速器较其他减速器体积小。

RV 减速器的结构如图 2-56 所示，主要由太阳轮、行星轮、转臂（曲柄轴）、摆线轮（RV 齿轮）、针齿、刚性盘等零部件组成。

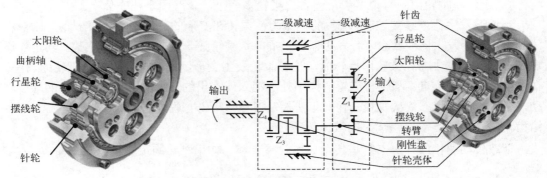

图 2-56 RV 减速器结构示意图

太阳轮用来传递输入功率，且与渐开线行星轮互相啮合；行星轮起功率分流的作用，把功率分流传递给摆线轮行星机构；曲柄轴既可以带动摆线轮产生公转，也可以使摆线轮产生自转；摆线轮在传动机构中实现径向力的平衡，一般要安装两个完全相同的摆线轮；针轮上安装有多个针齿，与壳体固连在一起，统称为针轮壳体；刚性盘是动力传动机构，曲柄轴的输出端通过轴承安装在这个刚性盘上；输出盘与刚性盘相互连接成为一体，输出运动或动力。

如图 2-57 所示为 RV 传动简图。RV 传动装置由第一级渐开线圆柱齿轮行星减速机构和第二级摆线针轮行星减速机构两部分组成。如果渐开线中心轮 1 沿顺时针方向旋转，则渐开线行星轮在公转的同时还进行逆时针方向自转，并通过曲柄轴带动摆线轮进行偏心运动。同时通过曲柄轴将摆线轮的转动等速传给输出机构。

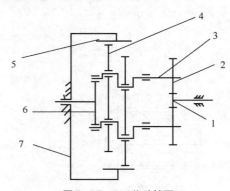

图 2-57 RV 传动简图
1—渐开线中心轮；2—渐开线行星轮；3—曲柄轴；4—摆线轮；5—针齿；6—输出盘；7—针轮壳体（机架）

2.7.7　连杆与凸轮传动

重复完成简单动作的搬运机器人（固定程序机器人）中广泛采用杆、连杆与凸轮机构。例如，从某位置抓取物体放在另一位置上的作业。连杆机构的特点是用简单的机构可得到较大的位移，而凸轮机构具有设计灵活、可靠性高和形式多样等特点。外凸轮机构是最常见的机构，它借助于弹簧可得到较好的高速性能。内凸轮驱动时要求有一定的间隙，其高速性能劣于前者。圆柱凸轮用于驱动摆杆，而摆杆在与凸轮回转方向平行的面内摆动。凸轮机构与连杆机构如图 2-58、图 2-59 所示。

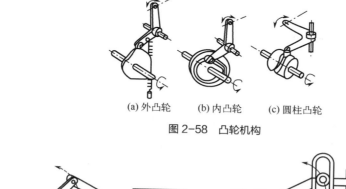

(a) 外凸轮　　　(b) 内凸轮　　　(c) 圆柱凸轮

图 2-58　凸轮机构

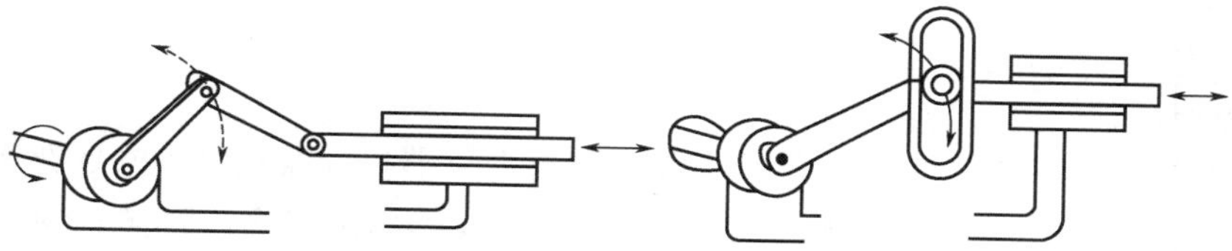

(a) 曲柄式　　　　　　　　　　　(b) 拨叉式

图 2-59　连杆机构

2.8

机器人的位姿问题

机器人的位姿主要是指机器人手部在空间的位置和姿态。机器人的位姿包含两方面问题。

① 正向运动学问题。当给定机器人机构各关节运动变量和构件尺寸参数后，如何确定机器人机构末端手部的位置和姿态。这类问题通常称为机器人机构的正向运动学问题。

② 反向运动学问题。当给定机器人手部在基准坐标系中的空间位置和姿态参数后，如何确定各关节的运动变量和各构件的尺寸参数。这类问题通常称为机器人机构的反向运动学问题。

通常正向运动学问题用于对机器人进行运动分析和运动效果的检验；而反向运动学问题与机器人的设计和控制有密切关系。

2.8.1　机器人坐标系

机器人的各种坐标系都由正交的右手定则来决定，如图 2-60 所示。当围绕平行于 X、

Y、Z 轴线的各轴转动时，分别定义为 A、B、C。A、B、C 分别以 X、Y、Z 的正方向上右手螺旋前进的方向为正方向，如图 2-61 所示。

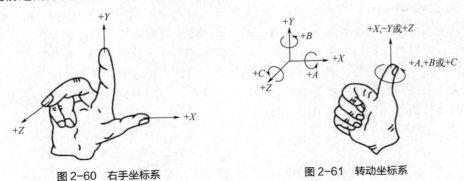

图 2-60　右手坐标系　　　　　　　　图 2-61　转动坐标系

　　① 全局坐标系。全局坐标系是一种通用的坐标系，由 X、Y、Z 轴所定义。其中机器人的所有运动都是通过沿三个主轴方向的同时运动产生的。这种坐标系下，不管机器人处于何种位姿，运动均由三个坐标轴表示而成。这一坐标系通常用来定义机器人相对于其他物体的运动、与机器人通信的其他部件以及机器人的运动路径。

　　② 关节坐标系。关节坐标系是用来表示机器人每一个独立关节运动的坐标系。机器人的所有运动都可以分解为各个关节单独的运动，这样每个关节可以单独控制，每个关节的运动可以用单独的关节坐标系表示。

　　③ 工具坐标系。工具坐标系是用来描述机器人末端执行器相对于固连在末端执行器上的坐标系的运动。由于本地坐标系是随着机器人一起运动的，从而工具坐标系是一个活动的坐标系，它随着机器人的运动而不断改变，因此工具坐标系所表示的运动也不相同，这取决于机器人手臂的位置以及工具坐标系的姿态。

图 2-62 所示为 3 种坐标系示意图。

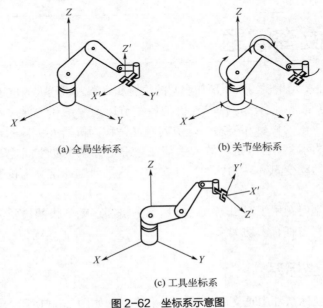

(a) 全局坐标系　　　　　　　　　(b) 关节坐标系

(c) 工具坐标系

图 2-62　坐标系示意图

2.8.2　圆柱坐标式主体机构位姿问题举例

（1）正向运动学问题求解

图 2-63 所示为圆柱坐标式主体机构的组成示意图。构件 2 与机座 1 组成圆柱副，构件 2 相对机座 1 可以输入转动 θ 和移动 h；构件 3 与构件 2 组成移动副，构件 3 相对构件 2 只可输入一个移动 r。

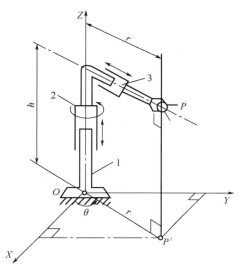

图 2-63　圆柱坐标式主体机构的组成示意图

3 个输入变量为：①转角 θ，从 X 轴开始度量，对着 Z 轴观察逆时针转向为正。②位移 h，从坐标原点沿 Z 轴度量。③位移 r，手部中心点 P 至 Z 轴的距离。

确定手部中心点 P 在基准坐标系中相应的位置坐标 x_P、y_P、z_P。由图 2-63 中的几何关系可得

$$x_P = r\cos\theta$$
$$y_P = r\sin\theta$$
$$z_P = h$$

用列矩阵表示为：

$$\begin{pmatrix} x_P \\ y_P \\ z_P \end{pmatrix} = \begin{pmatrix} r\cos\theta \\ r\sin\theta \\ h \end{pmatrix} \tag{2-1}$$

将给定的 θ、h、r 三个变量瞬时值代入式（2-1），即可解出 x_P、y_P、z_P，从而确定了手部中心点 P 的瞬时空间位置。

（2）反向运动学问题求解

给定手部中心点 P 在空间的点位置 x_P、y_P、z_P，确定应输入的关节变量 θ、h、r 各值。为求逆解，可联立式（2-1）中前两式，得

$$\theta = \arctan \frac{y_{\mathrm{P}}}{x_{\mathrm{P}}} \qquad (2\text{-}2)$$

再将式（2-2）代回式（2-1）可得

$$\left.\begin{array}{l} r = \dfrac{x_{\mathrm{P}}}{\cos\theta} = \dfrac{y_{\mathrm{P}}}{\sin\theta} \\[2mm] h = z_{\mathrm{P}} \end{array}\right\} \qquad (2\text{-}3)$$

将给定的 x_{P}、y_{P}、z_{P} 值代入式（2-2）和式（2-3），即可解出应输入的关节变量 θ、h、r。

2.8.3 球坐标式主体机构位姿问题举例

图 2-64 所示为球坐标式主体机构的组成示意图。立柱 2 与机座 1 和构件 3 分别组成转动副，因此立柱 2 相对机座 1、构件 3 相对立柱 2 分别可输入一个转动（θ、φ）；构件 4 与构件 3 组成移动副，构件 4 相对构件 3 可输入一个移动 r。

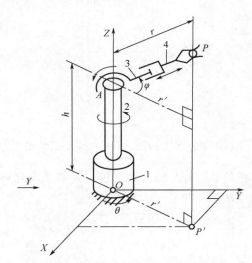

图 2-64 球坐标式主体机构的组成示意图

（1）正向运动学问题求解

三个输入变量为：①转角 θ，从 X 轴开始度量，对着 Z 轴观察逆时针转向为正。②转角 φ，从平行于 OXY 平面内开始度量，朝 Z 轴正方向转动为正。③位移 r，手部中心点 P 至转动中心 A 的距离。

确定手部中心点 P 在基准坐标系中相应的位置坐标 x_{P}、y_{P}、z_{P}。由图 2-64 中的几何关系可得

$$\left.\begin{array}{l} x_{\mathrm{P}} = r'\cos\theta = r\cos\varphi\cos\theta \\ y_{\mathrm{P}} = r'\sin\theta = r\cos\varphi\sin\theta \\ z_{\mathrm{P}} = h + r\sin\varphi \end{array}\right\} \qquad (2\text{-}4)$$

式中的 h 为已知的立柱长度尺寸，用列矩阵表示为

$$\begin{pmatrix} x_P \\ y_P \\ z_P \end{pmatrix} = \begin{pmatrix} r\cos\varphi\cos\theta \\ r\cos\varphi\sin\theta \\ h + r\sin\varphi \end{pmatrix} \tag{2-5}$$

将给定的 θ、φ、r 三个变量瞬时值代入式（2-4），即可解出 x_P、y_P、z_P，从而确定了手部中心点 P 的瞬时空间位置。

（2）反向运动学问题求解

给定手部中心点 P 在空间的点位置 x_P、y_P、z_P，确定应输入的关节变量 θ、φ、r 各值。由图 2-64 中的几何关系可得

$$\left. \begin{aligned} & r = \sqrt{x_P^2 + y_P^2 + (z_P - h)^2} \\ & \tan\theta = \frac{y_P}{x_P} \quad \theta = \arctan\frac{y_P}{x_P} \\ & \tan\varphi = \frac{z_P - h}{r'} \quad r' = \sqrt{x_P^2 + y_P^2} \\ & \varphi = \arctan\frac{z_P - h}{\sqrt{x_P^2 + y_P^2}} \end{aligned} \right\} \tag{2-6}$$

根据式（2-6）即可在给定 x_P、y_P、z_P 的情况下，解出应输入的关节变量 θ、φ、r。

以上对机器人主体机构的位置分析，仅限于三自由度（不计腕部自由度）机构，且只做手部位置的正、逆解，而没有做姿态的正、逆解，目的是使读者对机器人机构的运动学问题有个最基础的了解。对于自由度较多且计入腕部运动的机器人机构，尤其是常见的空间开链关节式机器人，对其进行位姿的正、逆解运算是十分繁琐的，其逆解往往具有多解性。

第 **3** 章

机器人的驱动系统

3.1
机器人的驱动方式

　　驱动系统是机器人结构中的重要部分。驱动器在机器人中的作用相当于人体的肌肉。如果把臂部以及关节想象为机器人的骨骼，那么驱动器就起肌肉的作用，移动或转动连杆可改变机器人的构型。驱动器必须有足够的功率对连杆进行加/减速并带动负载，同时，驱动器必须轻便、经济、精确、灵敏、可靠且便于维护。常见的机器人驱动系统有电气驱动系统、液压驱动系统（或二者结合的电液伺服驱动系统）和气压驱动系统，现在又出现了许多新型的驱动器。

　　液压技术是一种比较成熟的技术，液压驱动具有动力大、力（或力矩）与惯量比大、响应快速、易于实现直接驱动等特点，适于在要求承载能力大、惯量大以及在防爆环境中工作的机器人中应用。但液压系统需进行能量转换（电能转换成液压能），速度控制多数情况下采用节流调速，效率比电气驱动系统低。

　　液压驱动系统对环境产生一定污染，工作噪声也较高，因此在负荷为 100kg 以下的机器人中往往被电动系统所取代。气压驱动系统具有速度快、系统结构简单、维修方便、价格低等特点，适于在中、小负荷的机器人中采用，但因难于实现伺服控制，多用于程序控制的机器人中，如在上、下料和冲压机器人中应用较多。

　　由于低惯量、大转矩的交直流伺服电机及其配套的伺服驱动器（交流变频器、直流脉冲宽度调制器）的广泛采用，电气驱动系统在机器人中被大量选用。该类系统不需能量转换，使用方便，控制灵活，但大多数电动机后面需安装精密的传动机构。直流有刷电动机不能直接用于要求防爆的环境中，成本也较上两种驱动系统高。由于电气驱动系统优点比较突出，因此在机器人中被广泛选用。

驱动系统的驱动方式可以归纳为直线驱动方式和旋转驱动方式两种。

① 直线驱动方式。机器人采用的直线驱动包括直角坐标结构的 X、Y、Z 向驱动，圆柱坐标结构的径向驱动和垂直升降驱动，以及球坐标结构的径向伸缩驱动。直线运动可以直接由气缸或液压缸和活塞产生，也可以采用齿轮齿条、丝杠、螺母等传动方式把旋转运动转换成直线运动。

② 旋转驱动方式。多数普通电动机和伺服电机都能够直接产生旋转运动，但其输出力矩比所需要的力矩小，转速比所需要的转速高。因此，需要采用各种传动装置把较高的转速转换成较低的转速，并获得较大的力矩。有时也采用直线液压缸或直线气缸作为动力源，这就需要把直线运动转换成旋转运动。这种运动的传递和转换必须高效率地完成，并且不能有损于机器人系统所需要的特性，特别是定位精度、重复定位精度和可靠性。运动的传递和转换可以选择齿轮链传动、同步带传动和谐波齿轮等传动方式。

由于旋转驱动具有旋转轴强度高、摩擦小、可靠性好等优点，故在结构设计中应尽量多采用该种驱动方式。但是在行走机构关节中，完全采用旋转驱动实现关节伸缩有如下缺点：旋转运动虽然也能通过转化得到直线运动，但在高速运动时，关节伸缩的加速度不能忽视，它可能产生振动。为了提高着地点选择的灵活性，还必须增加直线驱动系统。因此有许多情况采用直线驱动更为合适。直线气缸仍是目前所有驱动装置中最廉价的动力源，凡能够使用直线气缸的地方，还是应该选用它。有些要求精度高的地方也要选用直线驱动。

3.2
驱动系统的性能

① 刚度和柔性。刚度是材料对抗变形的阻抗，它可以是梁在负载作用下抗弯曲的刚度，或气缸中气体在负载作用下抗压缩的阻抗，甚至是瓶中的酒在木塞作用下抗压缩的阻抗。系统的刚度越大，则使它变形所需的负载也越大；相反，系统柔性越大，则在负载作用下就越容易变形。刚度直接和材料的弹性模量有关，液体的弹性模量高达 $2 \times 10^9 \mathrm{N/m}^2$ 左右，这是非常高的。因此，液压系统刚性很好，没有柔性，相反气动系统很容易压缩，所以是柔性的。

刚性系统对变化负载和压力的响应很快，精度较高。显然，如果系统是柔性的，则在变化负载或变化的驱动力作用下很容易变形（或压缩），因此不精确。类似地，若有小的驱动力作用在液压活塞上，由于它的刚度高，所以和气动系统相比，它反应速度快、精度高，而气动系统在同样的载荷作用下则可能发生变形。另外，系统刚度越高，则在负载作用下的弯曲或变形就越小，所以位置保持的精度便越高。现在考虑用机器人将集成电路片插入集成板，如果系统没有足够的刚度，那么机器人就不能够将集成电路片插入集成板，因为驱动器在阻力作用下会变形。另外，如果零件和孔对得不直，则刚性系统就不能有足够的弯曲来防止机器人或零件损坏，而柔性系统将通过弯曲变形来防止机器人或零件损坏。所以，虽然高的刚度可以使系统反应速度快、精度高，但如果不是正常使用，它也会带来危险。所以，在这两个相互矛盾的性能之间必须进行平衡。

② 重量、功率质量比和工作压强。驱动系统的重量以及功率质量比至关重要。电子系统的功率质量比属中等水平。在同样功率情况下，步进电机通常比伺服电机要重，因此它具有较低的功率质量比。电动机的电压越高，功率质量比越高。气动功率质量比最低，而液压系统具有最高的功率质量比。但必须认识到，在液压系统中，重量由两部分组成：一部分是液压驱动器；另一部分是液压功率源。系统的功率单元由液压泵、储液箱、过滤器、驱动液压泵的电动机、冷却单元、阀等组成，其中，液压泵用于产生驱动液压缸和活塞的高压。驱动器的作用仅在于驱动机器人关节。通常，功率源是静止的，安装在和机器人有一定距离的地方，能量通过连接软管输送给机器人。因此对活动部分来说，液压缸的实际功率质量比非常高。功率源非常重，并且不活动，在计算功率质量比时忽略不计。如果功率源必须和机器人一起运动，则总功率质量比也将会很低。

由于液压系统的工作压强高，所以相应的功率也大，液压系统的压强范围是 379～34475kPa。气缸的压强范围是 689.5～827.4kPa。液压系统的工作压强越高，功率越大，但维护也越困难，并且一旦发生泄漏将更加危险。

3.3
液压与气压驱动系统

液压驱动是较早被机器人采用的驱动方式。世界上首先问世的商品化机器人 Unimate 就是液压机器人。液压驱动主要用于中大型机器人和有防爆要求的机器人（如喷漆机器人）。

1）液压伺服系统（液压驱动系统）

（1）液压伺服系统的组成

液压伺服系统由液压源、驱动器、伺服阀、传感器和控制器等组成，如图 3-1 所示。通过这些元器件的组合，组成反馈控制系统驱动负载。液压源产生一定的压力，通过伺服阀控制液体的压力和流量，从而驱动驱动器。指令与传感器的差被放大后得到电气信号，然后将其输入伺服阀中驱动液压执行器（液压缸），直到偏差为零为止。若传感器信号与指令相同，则负荷停止运动。液压伺服系统以其响应速度快、负载刚度大、功率大等优点在工业控制中得到了广泛的应用。

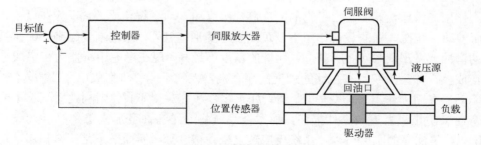

图 3-1　液压伺服系统的组成

（2）液压伺服系统的工作特点

① 在系统的输出和输入之间存在反馈连接，组成了闭环控制系统。反馈介质可以是机械的、电气的、气动的、液压的或它们的组合形式。

② 系统的主反馈是负反馈，即反馈信号与输入信号相反，用两者相比较得到的偏差信号控制液压源，输入到液压元器件的能量使其向减小偏差的方向移动。

③ 系统的输入信号的功率很小，而系统的输出功率可以达到很大，因此它是一个功率放大装置，功率放大所需的能量由液压源供给，供给能量的控制是根据伺服系统偏差大小自动进行的。

（3）液压伺服系统的类型

液压伺服系统主要类型有电液伺服系统、电液比例控制阀、摆动缸等。

电液伺服系统通过电气传动方式，将电气信号输入系统来操纵有关的液压控制元件使其跟随输入信号而动作。这类伺服系统中，电液两部分都采用电液伺服阀作为转换元器件。

电液比例控制阀是一种按输入的电气信号连续地、按比例地对油液的压力、流量或方向进行远距离控制的阀。与手动调节的普通液压阀相比，电液比例控制阀能够提高液压系统参数的控制水平；与电液伺服阀相比，电液比例控制阀在某些性能方面稍差一些，但它结构简单、成本低，所以它广泛应用于要求对液压参数进行连续控制或程序控制，但对控制精度和动态特性要求不太高的液压系统中。电液比例控制阀的构成，从原理上讲相当于在普通液压阀上装一个比例电磁铁以代替原有的控制（驱动）部分。根据用途和工作特点的不同，电液比例控制阀可以分为电液比例压力阀（如比例溢流阀、比例减压阀等）、电液比例流量阀（如比例调速阀）和电液比例方向节流阀 3 大类。

摆动缸，即摆动式液压缸，也称摆动马达。当它通入压力油时，它的主轴输出小于 360°的摆动运动。

2）气压驱动系统

气压驱动系统结构简单、清洁、动作灵敏，具有缓冲作用。但与液压驱动器相比，功率较小、刚度差、噪声大、速度不易控制，所以多用于精度不高的点位控制机器人。气压驱动回路主要由气源装置、执行元器件、控制元器件及辅助元器件 4 部分组成。

3.4
电气驱动系统

伺服系统是以物体的位置、方向、速度等为控制量，以跟踪输入给定值的任意变化为目的，所构成的自动化闭环控制系统。伺服系统是具有负反馈的闭环自动化控制系统，由控制器、伺服驱动器、伺服电机和反馈装置等组成，如图 3-2 所示。

机器人电动伺服系统是利用各种电动机产生的力矩和力，直接或间接地驱动机器人本体以获得机器人的各种运动的执行机构。工业机器人关节驱动电机，要求有最大功率质量比和转矩惯量比、高启动转矩、低惯量和较宽广且平滑的调速范围。特别是像机器人末端执行器（手爪）应采用体积、质量尽可能小的电动机，尤其是要求快速响应时，伺服电机必须具有较高的可靠性和稳定性，并且具有较大的短时过载能力。这是伺服电机在工业机器人中应用的先决条件。

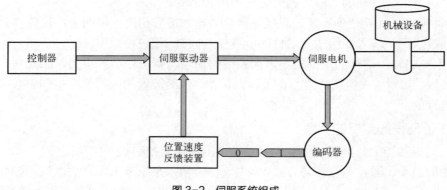

图 3-2　伺服系统组成

机器人对关节驱动电机的要求如下：

① 快速性。电动机从获得指令信号到完成指令所要求的工作状态的时间应短。响应指令信号的时间越短，电气伺服系统的灵敏性越高，快速响应性能越好，一般是以伺服电机的机电时间常数的大小来说明伺服电机快速响应的性能。

② 启动转矩惯量比大。在驱动负载的情况下，要求机器人的伺服电机的启动转矩大，转动惯量小。

③ 控制特性的连续性和直线性。随着控制信号的变化，电动机的转速能连续变化，有时还需转速与控制信号成正比或近似成正比。

④ 调速范围宽，能使用于 1∶1000～1∶10000 的调速范围。

⑤ 体积小、质量小、轴向尺寸短。

⑥ 能经受得起苛刻的运行条件，可进行十分频繁的正反向和加减速运行，并能在短时间内承受过载。

目前，由于高启动转矩、大转矩、低惯量的交直流伺服电机在工业机器人中得到广泛应用，一般负载 1000N 以下的工业机器人大多采用电动伺服系统。所采用的关节驱动电机主要是交流伺服电机、步进电机和直流伺服电机。其中，交流伺服电机、直流伺服电机、直接驱动电机（DD）均采用位置闭环控制，一般应用于高精度、高速度的机器人驱动系统中。步进电机驱动系统多适用于对精度、速度要求不高的小型简易机器人开环系统中。交流伺服电机由于采用电子换向，无换向火花，故在易燃易爆环境中得到了广泛的使用。机器人关节驱动电机的功率范围一般为 0.1～10kW。

如图 3-3 所示为工业机器人电动机驱动原理图。工业机器人电动伺服系统的一般结构为三个闭环控制，即电流环、速度环和位置环等 3 个闭环负反馈 PID 调节系统。

首先最内的 PID 环就是电流环，它完全在伺服驱动器内部进行，通过霍尔装置检测驱动器给电机的各相输出电流，负反馈给电流的设定值，进行 PID 调节，从而达到输出电流尽量接近设定电流。电流环就是控制电机转矩的，所以在转矩模式下驱动器的运算最小，动态响应最快。

第二环是速度环，通过检测的电机编码器的信号来进行负反馈 PID 调节，它的环内

PID 输出直接就是电流环的设定，所以速度环控制时就包含了速度环和电流环，换句话说任何模式都必须使用电流环，电流环是控制的根本，在速度和位置控制的同时系统实际也在进行电流（转矩）的控制以达到对速度和位置的相应控制。

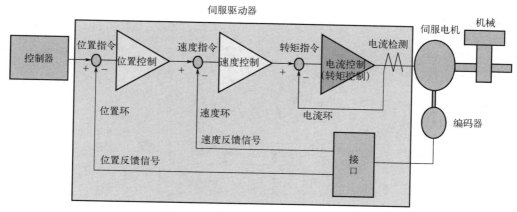

图 3-3　工业机器人电动机驱动原理图

第三环是位置环，它是最外环，可以在驱动器和伺服电机编码器间构建，也可以在外部控制器和电机编码器或者最终负载间构建，要根据实际情况来定。由于位置环内部输出就是速度环的设定，位置控制方式下系统进行了所有 3 个环的运算，此时的系统运算量最大，动态响应也最慢。

影响伺服控制的因素，如图 3-4 所示。

① 速度环主要进行 PI（比例和积分）调节，比例就是增益，要对速度增益和速度积分进行合适的调节才能达到理想的效果。

② 位置环主要进行 P（比例）调节。对此只需要设定位置环的比例增益。当进行位置控制需要调节位置环时，最好先调节速度环。位置环、速度环的参数调节没有什么固定的数值，要根据外部负载的机械传动连接方式、负载的运动方式、负载惯量、对速度/加速度的要求以及电机本身的转子惯量和输出惯量等多条件来决定，调节的简单方法是根据外部负载的情况在大体经验的范围内将增益参数从小往大调，积分时间常数从大往小调，以不出现振动超调的稳态值为最佳值进行设定。

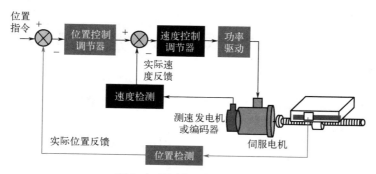

图 3-4　影响伺服控制的因素

伺服电机是指带有反馈的直流电机、交流电机、无刷电机、步进电机。它们通过控制期望的转速（和相应的期望转矩）到达期望转角。为此，反馈装置向伺服电机控制器电路发送信号，提供电动机的角度和速度。如果负荷增大，则转速就会比期望转速低，电流就会增加直到转速和期望值相等。如果信号显示速度比期望值高，电流就会相应减小。如果还使用了位置反馈，转子到达期望的角位置时，位置反馈便会发送信号，关掉电动机。如图 3-5 所示为伺服电机驱动原理框图。

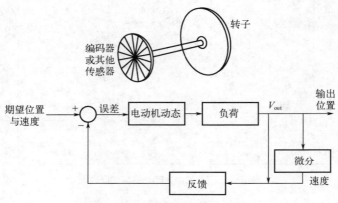

图 3-5　伺服电机驱动原理框图

　　伺服控制器（servo drives）又称为"伺服驱动器""伺服放大器"，是用来控制伺服电机的一种控制器，其类似于变频器作用于普通交流电机，是伺服系统的一部分，主要应用于高精度的定位系统。一般是通过位置、速度和力矩三种方式对伺服电机进行控制，以实现高精度的传动系统定位，目前是传动技术的高端产品。

　　伺服驱动器的基本功能是电动机驱动和信号反馈。现在多数伺服驱动器具有独立的控制系统，一般采用数字信号处理器、高性能单片机、FPGA 等作为主控芯片。控制系统输出的信号为数字信号，并且信号的电流较小，不能直接驱动电机运动。伺服驱动器还需要将数字信号转换为模拟信号，并且进行放大来驱动电机运动。伺服驱动器内部集成了主控系统电路、基于功率器件组成的驱动电路、电流采集电路、霍尔传感器采集电路，以及过电压、过电流、温度检测等保护电路。

　　伺服驱动器均采用数字信号处理器（DSP）作为控制核心，可以实现比较复杂的控制算法，实现数字化、网络化和智能化。功率器件普遍采用以智能功率模块（IPM）为核心设计的驱动电路，IPM 内部集成了驱动电路，同时具有过电压、过电流、过热、欠压等故障检测保护电路，在主回路中还加入了软启动电路，以减小启动过程对驱动器的冲击。首先功率驱动单元通过三相全桥整流电路对输入的三相电或者市电进行整流，得到相应的直流电，再通过三相正弦 PWM 电压型逆变器变频来驱动交流伺服电机。功率驱动单元的整个过程可以简单地理解为 AC-DC-AC 的过程，整流单元（AC-DC）主要的拓扑电路是三相全桥不控整流电路。

　　在一个运动控制系统中"执行机构"和"上位控制"是系统中重要的两个组成部分。"执行机构"部分一般就是步进电机、伺服电机以及直流电机等，用于带动刀具或工件动作，也称之为"四肢"；"上位控制"单元常用的四种方案为单片机系统、专业运动控制 PLC、PC+运动控制卡和专用控制系统。"上位控制"是"指挥""执行机构"动作的，也称之为"大脑"。

随着 PC（Personal Computer）的发展和普及，采用 PC+运动控制卡作为上位控制将是运动控制系统的一个主要发展趋势。这种方案可充分利用计算机资源，用于运动过程、运动轨迹都比较复杂，且柔性比较强的机器和设备。从用户使用的角度来看，基于 PC 机的运动控制卡主要是功能上的差别：硬件接口（输入/输出信号的种类、性能）和软件接口（运动控制函数库的功能函数）。按信号类型一般分为数字卡和模拟卡。数字卡一般用于控制步进电机和伺服电机，模拟卡用于控制模拟式的伺服电机。数字卡可分为步进卡和伺服卡：步进卡的脉冲输出频率一般较低（几百 k 的频率），适用于控制步进电机；伺服卡的脉冲输出频率较高（可达几兆的频率），能够满足对伺服电机的控制。目前随着数字式伺服电机的发展和普及，数字卡逐渐成为运动控制卡的主流。

伺服系统有三种控制方式，即转矩控制（电流环）、速度控制（电流环、速度环）、位置控制（电流环、速度环、位置环），如图 3-6。伺服电机速度控制和转矩控制都是用模拟量来控制的，位置控制是通过发送脉冲来控制的。

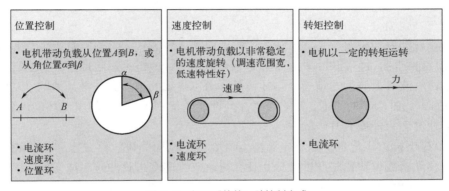

图 3-6　伺服系统的三种控制方式

① 转矩控制。转矩控制方式是通过外部模拟量的输入或直接的地址的赋值来设定电机轴对外输出转矩的大小，主要应用于需要严格控制转矩的场合。具体表现为：例如 10V 对应 5N·m 的话，当外部模拟量设定为 5V 时电机轴输出为 2.5N·m；电机轴负载低于 2.5N·m 时电机正转，等于 2.5N·m 时电机不转，大于 2.5N·m 时电机反转（通常在有重力负载情况下产生）。可以通过即时地改变模拟量的设定来改变设定的力矩大小，也可通过通信方式改变对应的地址的数值来实现。主要应用在对材质的受力有严格要求的缠绕和放卷的装置中，例如绕线装置或拉光纤设备，转矩的设定要根据缠绕半径的变化随时更改，以确保材质的受力不会随着缠绕半径的变化而改变。

② 速度控制。通过模拟量的输入或脉冲的频率都可以进行转动速度的控制，在有上位控制器的外环 PID 控制中速度控制也可以进行定位,但必须把电机的位置信号或直接负载的位置信号反馈给上位控制器以做运算用。位置控制也支持直接负载外环检测位置信号,此时的电机轴端的编码器只检测电机转速,位置信号就由直接的最终负载端的检测装置来提供了,这样的优点在于可以减少中间传动过程中的误差,提高整个系统的定位精度。

③ 位置控制。伺服中最常见的控制，位置控制方式一般是通过外部输入的脉冲的频率来确定转动速度的大小，通过脉冲的数量来确定转动的角度，也有些伺服可以通过通信方式直接对速度和位移进行赋值，由于位置控制可以对速度和位置都有很严格的控制，所

以一般应用于定位装置。应用领域如数控机床、印刷机械等。

　　具体采用什么控制方式要根据客户的要求以及满足何种运动功能来选择。如果对电机的速度、位置都没有要求，只要输出一个恒转矩，当然是用转矩控制。若对位置和速度有一定的精度要求，而对实时转矩不是很关心，用转矩控制不太方便，用速度或位置控制比较好。若上位控制器有比较好的闭环控制功能，用速度控制效果会好一点。若本身要求不是很高，或者基本没有实时性的要求，用位置控制方式对上位控制器没有很高的要求。

　　就伺服驱动器的响应速度来看，转矩控制运算量最小，驱动器对控制信号的响应最快；位置控制运算量最大，驱动器对控制信号的响应最慢。

　　对运动中的动态性能有比较高的要求时，需要实时对电机进行调整。那么如果控制器本身的运算速度很慢（比如 PLC，或低端运动控制器），就用位置控制。如果控制器运算速度比较快，可以用速度控制，把位置环从驱动器移到控制器上，减少驱动器的工作量，提高效率（比如大部分中高端运动控制器）。若有更好的上位控制器，还可以用转矩控制，把速度环也从驱动器上移开，这一般适用于高端专用控制器，而且这时完全不需要使用伺服电机。

　　一般说驱动器控制得好不好，有个比较直观的比较方式，叫响应带宽。当采用转矩控制或者速度控制时，通过脉冲发生器给一个方波信号，使电机不断地正转、反转，不断地调高频率，示波器上显示的是一个扫频信号，当包络线的顶点到达最高值的 70.7%时，表示已经失步，此时频率的高低，就能说明控制性能的优劣了。一般的电流环能做到 1000Hz以上，而速度环只能做到几十赫兹。

　　① 步进电机。步进电机是将电脉冲信号变换为相应的角位移或直线位移的元器件，它的角位移和直线位移量与脉冲数成正比。转速或线速度与脉冲频率成正比。在负载能力的范围内，这些关系不因电源电压、负载大小、环境条件的波动而变化，误差不长期积累，步进电机驱动系统可以在较宽的范围内，通过改变脉冲频率来调速，实现快速启动、正反转制动。作为一种开环数字控制系统，步进电机在小型机器人中得到较广泛应用。但由于其存在过载能力差、调速范围相对较小、低速运动有脉动、不平衡等缺点，故一般只应用于小型或简易型机器人中。步进电机的种类很多，常用的有以下几种：永磁式步进电机、反应式步进电机、永磁感应子式步进电机（混合式步进电机）。

　　② 直流伺服电机。机器人对直流伺服电机的基本要求：宽广的调速范围、机械特性和调速特性均为线性、无自转现象（控制电压降到零时，伺服电机能立即自行停转）、能快速响应。

　　直流伺服电机的特点：a. 稳定性好。直流伺服电机具有轻微下斜的机械特性，能在较宽的调速范围内稳定运行。b. 可控性好。直流伺服电机具有线性的调节特性，能使转速正比于控制电压的大小；转向取决于控制电压的极性；控制电压为零时，转子惯性很小，能立即停止。c. 响应迅速。直流伺服电机具有较大的启动转矩和较小的转动惯量，在控制信号增加、减小或消失的瞬间，直流伺服电机能快速启动、快速增速、快速减速和快速停止。d. 控制功率低，损耗小。e. 转矩大。直流伺服电机广泛应用在宽调速系统和精确位置控制系统中，其输出功率一般为 1～600W（也有的达数千瓦），电压有 6V、9V、12V、24V、27V、48V、110V、220V 等，转速可达 1500～1600r/min。

　　按励磁方式，直流伺服电机分为电磁式直流伺服电机（简称直流伺服电机）和永磁式直流伺服电机。电磁式直流伺服电机如同普通直流电机，分为串励式、并励式和他励式。

直流伺服电机按其电枢结构形式不同，分为普通电枢型、印制绕组盘式电枢型、线绕盘式电枢型、空心杯绕组电枢型和无槽电枢型（无换向器和电刷）。

印制绕组盘式电枢型特点：盘形转子、定子轴向粘接柱状磁钢，转子转动惯量小，无齿槽效应，无饱和效应，输出转矩大。

线绕盘式电枢型特点：盘形转子、定子轴向粘接柱状磁钢，转子转动惯量小，控制性能优于其他直流伺服电机，效率高，输出转矩大。

空心杯绕组电枢型特点：空心杯转子，转子转动惯量小，适用于增量运动伺服系统。

无槽电枢型特点：定子为多相绕组，转子为永磁式，可带转子位置检测传感器，无火花干扰，寿命长，噪声低。

直流伺服电机的主要缺点：接触式换向器不但结构复杂，制造费时，价格昂贵，而且运行中容易产生火花，以及换向器的机械强度不高，电刷易于磨损等，需要经常维护检修；对环境的要求比较高，不适用于化工、矿山等周围环境中有粉尘、腐蚀性气体和易爆易燃气体的场合。

③ 交流伺服电机。交流伺服电机的主要优点：结构简单，制造方便，价格低廉；坚固耐用，惯量小，运行可靠，很少需要维护，可用于恶劣环境等。交流伺服电机主要分为异步型和同步型两种。

异步型交流伺服电机指的是交流感应电动机。它有三相和单相之分，也有笼型和线绕转子型，通常多用笼型三相感应电动机。其结构简单，与同容量的直流电机相比，重量轻 1/2，价格仅为直流电机的 1/3。缺点是不能经济地实现范围很广的平滑调速，必须从电网吸收滞后的励磁电流，因而令电网功率因数变坏。这种笼型转子的异步型交流伺服电机简称为异步型交流伺服电机，用 IM 表示。

同步型交流伺服电机虽较感应电动机复杂，但比直流电机简单。它的定子与感应电动机一样，都装有对称三相绕组。而转子却不同，按不同的转子结构又分电磁式及非电磁式两大类。非电磁式又分为磁滞式、永磁式和反应式等多种。其中磁滞式和反应式存在效率低、功率因数较差、制造容量不大等缺点。数控机床中多用永磁式同步电动机。与电磁式相比，永磁式的优点是结构简单，运行可靠，效率较高；缺点是体积大，启动特性欠佳。但永磁式同步电动机采用高剩磁感应、高矫顽力的稀土类磁铁后，可比直流电机外形尺寸约小 1/2，重量减轻 60%，转子惯量减到直流电机的 1/5。它与异步电动机相比，由于采用了永磁铁励磁，消除了励磁损耗及有关的杂散损耗，所以效率高。又因为没有电磁式同步电动机所需的集电环和电刷等，其机械可靠性与感应（异步）电动机相同，而功率因数却大大高于异步电动机，从而使永磁式同步电动机的体积比异步电动机小些。这是因为在低速时，感应（异步）电动机由于功率因数低，输出同样的有功功率时，它的视在功率却要大得多，而电动机的主要尺寸是据视在功率而定的。

第 4 章

机器人的传感器系统

机器人是通过传感器得到感觉信息的。其中，传感器处于连接外界环境与机器人的接口位置，是机器人获取信息的窗口。要使机器人拥有智能，对环境变化做出反应，首先，必须使机器人具有感知环境的能力，用传感器采集信息是机器人智能化的第一步；其次，如何采取适当的方法，将多个传感器获取的环境信息加以综合处理，控制机器人进行智能作业，则是提高机器人智能程度的重要体现。因此，传感器及其信息处理系统，是构成机器人智能的重要部分，它为机器人智能作业提供决策依据。

4.1
传感器及其特性

（1）传感器

传感器是一种能把特定的被测信号，按一定规律转换成某种"可用信号"输出的器件或装置，以满足信息传输、处理、记录、显示和控制的要求。总而言之，一切获取信息的仪表器件都可称为传感器。一般地，传感器主要由敏感元件（sensitive element）、转换元件（transduction element）及转换电路（transduction circuit）三部分组成，如图 4-1 所示。

图 4-1　传感器的组成结构

（2）传感器的特性

传感器的特性，主要指输出与输入之间的关系。当输入量为常量或变化极为缓慢的变量时，此关系被称为静态特性；当输入量随时间变化时，称为动态特性。

① 传感器的静态特性。传感器的静态特性是指传感器转换的被测量（输入信号）数值是常量（处于稳定状态）或变化极为缓慢的变量时，传感器的输出与输入之间的关系。衡量传感器静态特性的主要指标有线性度、灵敏度、迟滞、重复度、分辨率、稳定性（零点漂移）、温漂等，如图 4-2 所示。

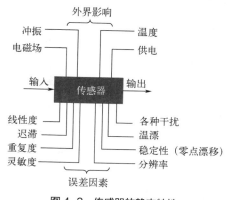

图 4-2　传感器的静态特性

② 传感器的动态特性。实际测量中，许多被测量是随时间变化的动态信号，这就要求传感器的输出不仅能精确地反映被测量的大小，还要能正确地再现被测量随时间变化的规律。传感器的动态性能指标有时域指标和频域指标两种。对于线性系统的动态响应研究，最广泛使用的模型是常系数线性微分方程。

③ 传感器的特点。传感器是能把机器人从内、外部环境中感知的物理量、化学量、生物量等转换为电量输出的装置。通常来讲，机器人的感知就是借助各种传感器识别周边环境，其功能相当于人的眼、耳、鼻、皮肤等。目前，智能机器人可以通过传感器实现某些类似人类的感知功能。服务人类的机器人所应用的计算机视觉已经相当完善，通过各类视觉传感器可实现人脸识别、图像识别、定位、测距等。

传感器的特点包括微型化、数字化、智能化、多功能化、系统化、网络化。

4.2
机器人传感器的分类

机器人所要完成的工作任务不同，所配置的传感器类型、规格也就不同。机器人传感器可按多种方法进行分类，比如分为接触式传感器和非接触式传感器、内部传感器和外部传感器、无源传感器和有源传感器、无扰动传感器和扰动传感器等。

非接触式传感器以某种光或波（如可见光、X 射线、红外线、雷达波、声波、超声波和电磁射线等）形式来测量目标的响应。接触式传感器则以某种实际接触（如力、力矩、压力、位置、温度、电量和磁量等）形式来测量目标的响应。

机器人配置的传感器按用途的不同，可分成两大类：用于检测机器人自身状态的内部传感器和用于检测机器人外部环境参数的外部传感器。如图 4-3 所示为传感器系统在机器人中的主要工作流程。

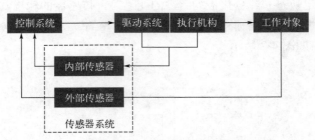

图 4-3　传感器系统在机器人中的主要工作流程

① 内部传感器。内部传感器是用于测量机器人自身状态的功能元器件。具体检测的对象有关节的直线位移、角位移等几何量；速度、加速度、角速度等运动量；倾斜角和振动等物理量。内部传感器常用于控制系统中，作为反馈元件，检测机器人自身的各种状态参数，如关节运动的位置、速度、加速度、力和力矩等。

② 外部传感器。外部传感器可检测机器人所处环境、外部物体状态或机器人与外部物体（即工作对象）之间的关系，以及距离、接近程度等变量，用于机器人的动作引导及物体的识别和处理。常用的外部传感器有力传感器、接近觉传感器、视觉传感器等，可为更高层次的机器人控制提供适应更多场景的能力和辅助功能，也给工业机器人增加了自动检测的能力。一些在特殊领域应用的机器人还可能需要具有温度、湿度、压力、滑动量、化学性质等方面感知能力的传感器。工业机器人传感器的分类（根据检测对象的不同）如图 4-4 所示。

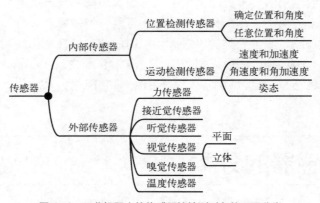

图 4-4　工业机器人的传感器按检测对象的不同分类

4.3
工业机器人传感器的一般要求

工业机器人用于执行各种加工任务，如物料搬运、装配、焊接、喷涂、检测等，不同的任务对工业机器人提出不同的要求。例如，搬运任务和装配任务对传感器的要求主要是力、触觉和视觉；焊接任务、喷涂任务和检测任务对传感器的要求主要是接近觉和视觉。不论哪类工作任务，它们对工业机器人传感器的一般要求如下：

① 精度高、重复性好。机器人传感器的精度直接影响机器人的工作质量，因此用于检测和控制机器人运动的传感器是控制机器人定位精度的基础，机器人能否准确无误地正常工作往往取决于传感器的测量精度。

② 稳定性好、可靠性高。机器人通常在无人监管的条件下代替人工进行操作，万一机器人在工作中出现故障，轻则影响生产正常进行，重则造成严重的事故，所以机器人传感器的稳定性和可靠性是保证机器人能够长期稳定可靠工作的必要条件。

③ 抗干扰能力强。机器人传感器的工作环境往往比较恶劣，因此机器人传感器应当能够承受强电磁干扰、强振动，并能够在一定高温、高压、高污染环境中正常工作。

④ 重量轻、体积小、安装方便可靠。对于安装在机器人手臂、手腕等运动部件上的传感器，重量要轻，否则会加大运动部件的惯性，影响机器人的运动性能。对于工作空间受到某种限制的机器人，在机器人传感器的体积和安装方向方面有所要求也是必不可少的。

⑤ 价格便宜、安全性能好。传感器的价格直接影响到工业机器人的生产成本，传感器价格便宜可降低工业机器人的生产成本。另外，传感器除了要满足工业机器人的控制要求外，还应满足机器人安全工作而不损坏等要求及其他辅助性要求。

4.4
工业机器人传感器的选择要求

通常，工业机器人的工作性质不同，所选用的传感器也不同。下面是工业生产中工业机器人传感器的一般选择要求。

① 根据加工任务的要求选择。在现代工业中，机器人被用于执行各种加工任务，其中比较常见的加工任务有物料搬运、装配、喷涂、焊接、检验等。不同的加工任务对机器人的传感器有不同的要求。比如，选择工业机器人力传感器，主要参考五个方面的因素。第一个因素是负荷重量，即传感器规定范围内的最大负荷重量。第二个因素是作用力的强度。力传感器的接受能力超过其规定范围内的最大负荷时，传感器仍然能够对接收的信号进行解释。第三个因素是整合。由于有些传感器具有非常复杂的与机器人集成的方法，相当于一个捆绑操作传感器，使得控制器和电源不易于使用和安装，通常可将机械、电子和软件部分都集成在一个简单的捆绑操作传感器中。第四个因素是噪声水平。噪声水平代表了可以由传感器检测到的最小的力，即如果传感器有一个高的噪声水平，则不能够检测低于这个水平的力。第五个因素是滞后问题。如果系统不能回到中立位置则系统具有滞后性。

② 根据机器人控制的要求选择。机器人控制需要采用传感器检测机器人的运动位置、速度、加速度等。除了较简单的开环控制机器人外，多数机器人都采用了位置检测传感器

作为闭环控制的反馈元件，机器人根据位置检测传感器反馈的位置信息，对机器人的运动误差进行补偿。不少机器人还装备有速度传感器和加速度传感器。加速度传感器可以检测机器人构件受到的惯性力，使控制能够补偿惯性力引起的变形误差。速度检测用于预测机器人的运动时间，计算和控制由离心力引起的变形误差。

③ 根据辅助工作的要求选择。工业机器人在从事某些辅助工作时，也要求具有一定的感觉能力。辅助工作包括产品的检验和工件的准备等。机器人在外观检验中的应用日益增多，机器人在此方面的主要用途有检查飞边、裂缝（纹）或孔洞的存在，确定表面粗糙度和装饰质量，检查装配体的完成情况等。总而言之，根据辅助工作要求（如产品检验）和工件的准备来选择机器人传感器。

④ 根据安全方面的要求选择。从安全方面考虑，机器人对传感器的要求包括以下两个方面：第一，为了使机器人安全地工作而不受损坏，机器人各个构件的受力都不能超过其受力极限；第二，从保护机器人使用者的角度出发，也要考虑对机器人传感器的安全要求。

4.5
常用机器人内部传感器

4.5.1 位置检测传感器

机器人的位置检测传感器可分为两类：①检测规定的位置，常用 ON/OFF 两个状态值。这种方法用于检测机器人的起始原点、终点位置或某个确定的位置。给定位置检测常用的检测元件有微型开关、光电开关等。规定的位移量或力作用在微型开关的可动部分上，开关的电气触点断开（常闭）或接通（常开）并向控制回路发出动作信号。②测量可变位置和角度，即测量机器人关节直线位移和角位移的传感器是机器人位置反馈控制中必不可少的元器件。常用的有电位器、旋转变压器、编码器等。其中编码器既可以检测直线位移，又可以检测角位移。下面介绍几种常用的位置检测传感器。

① 电位计式位移传感器。该传感器是典型的位置检测传感器，又称为电位差计。它由一个线绕电阻（或薄膜电阻）和一个滑动触点组成。滑动触点通过机械装置受被检测量的控制。当位置量发生变化时滑动触点也发生位移，改变了滑动触点与电位器各端之间的电阻值和输出电压值，电位计式位移传感器通过输出电压值的变化量，检测机器人各关节的位置和位移量。

按照传感器结构的不同，电位计式位移传感器可分为两大类：一类是旋转型电位计式位移传感器，另一类是直线型电位计式位移传感器。如图 4-5 所示是一个电位计式位移传感器的实例。在载有物体的工作台或机器人的另外一个关节下有相同的电阻接触点，当工作台或关节左右移动时，接触点随之左右移动，从而改变与电阻接触的位置。其检测的是以电阻中心为基准位置的移动距离，可以检测出机器人各关节的位置和位移量。

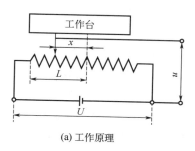
(a) 工作原理

(b) 实物图

图 4-5　电位计式位移传感器

当输入电压为 U，从电阻中心到一端的长度为最大移动距离 L，接触点从中心向左端只移动 x 时，假定电阻右侧的输出电压为 u。图 4-5 的电路中流过一定的电流时，由于电压与电阻的长度成比例，因此，左、右的电压比等于电阻长度比。电位计式位移传感器的位移和电压关系为：

$$x = \frac{L(2u - U)}{U} \tag{4-1}$$

式中，U 为输入电压；L 为接触点最大移动距离；x 为向左端移动的距离。

电位计式位移传感器主要用于直线位移检测，其电阻器采用直线型螺线管或直线型碳膜电阻，滑动触点只能沿电阻的轴线方向做直线运动，具有诸多优点，其主要缺点是易磨损，使得电位计的可靠性和寿命受到一定程度的影响。因此，电位计式位移传感器在机器人上的应用受到了一定的局限。近年来随着光电式编码器价格的降低而逐渐被取代。

② 旋转型电位计式角度传感器。当把电位计式位移传感器的电阻元件弯成圆弧形，滑动触点的一端固定在圆的中心，像时针那样旋转时，由于电阻值随相应的转角变化，就构成了一个简易的角度传感器。旋转型电位计式角度传感器可分为单圈电位器和多圈电位器。由于滑动触点等的限制，单圈电位器的工作范围只能小于 360°，对分辨率也有一定限制。

旋转型电位计式角度传感器由环状电阻器和一个可旋转的电刷共同组成。当电流流过电阻器时，形成电压分布。当电压分布与角度成比例时，则从电刷上提取出的电压值 U 与角度 θ 成比例，如图 4-6 所示。

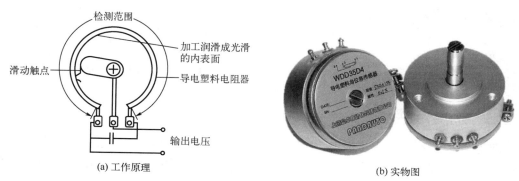
(a) 工作原理

(b) 实物图

图 4-6　旋转型电位计式角度传感器

4.5.2　角度传感器

应用最多的旋转角度传感器是旋转编码器，旋转编码器又称为回转编码器。旋转编码器一般装在机器人各关节的转轴上，用来测量各关节转轴的实时角度。根据检测原理，编码器可分为光电式、磁场式、感应式和电容式。根据刻度方法及信号输出形式，可分为增量式、绝对式以及混合式 3 种。光电式编码器最常用。光电式编码器分为绝对式和增量式两种类型。光电式增量编码器具有结构简单、体积小、价格低、精度高、响应速度快、性能稳定等优点，应用更为广泛，特别是在高分辨率和大量程角速率/位移测量系统中，光电式增量编码器更具优越性。

如图 4-7 所示为光电式增量编码器结构图。在圆盘上刻有规则的透光和不透光的线条，在圆盘两侧，安放发光元件和光敏元件。光电式编码器的光源最常用的是自身有聚光效果的发光二极管。当光电码盘随工作轴一起转动时，光线透过光电码盘和光栅板狭缝，形成忽明忽暗的光信号。光敏元件把此光信号转换成电脉冲信号，通过信号处理电路后，向数控系统输出脉冲信号，也可由数码管直接显示位移量。光电式编码器的测量准确度与码盘圆周上的狭缝输出波形条纹数 n 有关，能分辨的角度 $\alpha=360°/n$，分辨率为 $1/n$。

例如：若码盘边缘的透光槽数为 1024 个，则能分辨的最小角度 $\alpha=360°/1024=0.352°$。为了判断码盘旋转的方向，必须在光栅板上设置两个狭缝，其距离是码盘上的两个狭缝距离的（$m+1/4$）倍，m 为正整数，并设置了两组对应的光敏元件，如图 4-7 中的光敏元件，有时也称为 cos、sin 元件。当检测对象旋转时，同轴或关联安装的光电式编码器便会输出 A、B 两路相位相差 90° 的数字脉冲信号。光电式编码器的输出波形图如图 4-8 所示。为了得到码盘转动的绝对位置，还须设置一个基准点，如图 4-7 中的 Z 相信号缝隙（零位标志）。码盘每转一圈，零位标志对应的光敏元件便产生一个脉冲，称为"一转脉冲"，见图 4-8 中的 C_0 脉冲。

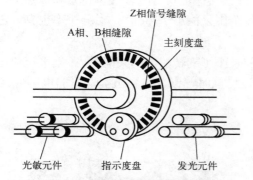

图 4-7　光电式增量编码器结构图

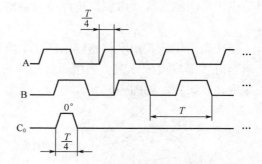

图 4-8　光电式编码器的输出波形图

4.5.3　速度传感器

机器人自动化技术中，旋转运动速度测量较多，且直线运动速度常通过旋转运动速度间接测量。在机器人中，主要测量机器人关节的运行速度。下面重点以角速度传感器为例进行介绍。

目前广泛使用的角速度传感器有测速发电机和增量型旋转编码器两种。测速发电机可以把机械转速变换成电压信号，而且输出电压与输入的转速成正比。增量型旋转编码器既可测量瞬时角度，又可测量瞬时角速度。角速度传感器的输出信号一般有模拟信号和数字信号两种。

（1）测速发电机

测速发电机是应用最广泛，能直接得到代表转速的电压且具有良好实时性的一种速度测量传感器，它主要用于检测机械转速，能把机械转速变换为电压信号。测速发电机的输出电动势与转速成比例，改变旋转方向时输出电动势的极性即相应改变。被测机构与测速发电机同轴连接时，只要检测出输出电动势，就能获得被测机构的转速。按其构造可分为直流测速发电机和交流测速发电机。

直流测速发电机实际上是一种微型直流发电机，按定子磁极的励磁方式分为永磁式和电磁式。永磁式直流测速发电机采用高性能永久磁铁励磁，受温度变化的影响较小，输出变化小，斜率高，线性误差小。这种发电机在 20 世纪 80 年代因新型永磁材料的出现而发展较快。电磁式直流测速发电机采用他励式，不仅复杂且因励磁受电源、环境等因素的影响，输出电压变化较大，应用不多。图 4-9 所示为直流测速发电机的结构原理。

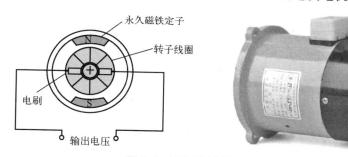

图 4-9　直流测速发电机的结构原理

交流异步测速发电机与交流伺服电机的结构相似，其转子结构有笼型的，也有杯型的，在自动控制系统中多用空心杯转子异步测速发电机。交流同步测速发电机由于输出电压和频率随转速同时变化，且不能判别旋转方向，使用不便，在自动控制系统中很少使用。如图 4-10 所示为交流异步测速发电机的结构原理。

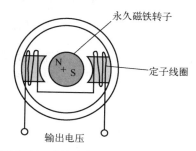

图 4-10　交流异步测速发电机的结构原理

测速发电机属于模拟速度传感器，它的工作原理类似于小型永磁式直流发电机，都是基于法拉第电磁感应定律。当通过线圈的磁通量恒定，位于磁场中的线圈旋转时，线圈两端产生的感应电动势与转子线圈的转速成正比，即：

$$u = kn \qquad (4\text{-}2)$$

式中　　u——测速发电机的输出电压，V；

　　　　n——测速发电机的转速，r/min；

　　　　k——比例系数。

通过以上分析可以看出，测速发电机的输出电压与转子转速呈线性关系。当直流测速发电机带有负载时，电枢绕组便会产生电流而使输出电压下降，它们之间的线性关系将被破坏，使输出产生误差。为了减少误差，测速发电机应保持负载尽可能小，同时要保持负载的性质不变。将测速发电机与机器人关节驱动电机相连就能测出机器人运动过程中的关节转动速度，并能在机器人自动控制系统中作为速度闭环控制系统的反馈元件。机器人速度闭环控制系统的原理图如图 4-11 所示。测速发电机具有线性度好、灵敏度高等特点，目前检测范围一般在 20～40r/min，精度为 0.2%～0.5%。

图 4-11　机器人速度闭环控制系统

（2）增量型旋转编码器

增量型旋转编码器在工业机器人中既可以作为角度传感器测量关节的相对角度，又可作为速度传感器测量关节速度。当作为速度传感器时，既可以在数字方式下使用，又可以在模拟方式下使用。

① 模拟方式。模拟方式下，必须有一个频率-电压变换器（F-V 变换器），用来把编码器测得的脉冲频率转换成与速度成正比的模拟信号，其原理图如图 4-12 所示。频率-电压变换器必须有良好的零输入、零输出特性和较小的温度漂移才能满足测试要求。

图 4-12　模拟方式的增量型旋转编码器测速

② 数字方式。增量型旋转编码器的数字方式测速是指基于数学公式，利用计算机软件计算出速度。由于角速度是转角对时间的一阶导数，若能测得单位时间 Δt 内编码器转过的角度 $\Delta\theta$，则编码器在该时间内的平均转速为：

$$\overline{w} = \frac{\Delta\theta}{\Delta t} \qquad (4\text{-}3)$$

当单位时间取得越短，求得的转速越接近瞬时转速。但是，时间太短时，编码器通过的脉冲数量太少，会导致所得到的速度分辨率下降，在实践中通常采用时间增量测量电路来解决这一问题。

4.5.4　加速度传感器

随着机器人的高速化、高精度化，由机械运动部分刚性不足所引起的振动问题开始得到关注。作为抑制振动问题的对策，有时在机器人各杆件上安装加速度传感器，测量振动加速度，并把它反馈到杆件底部的驱动器上；有时把加速度传感器安装在机器人末端执行器上，将测得的加速度进行数值积分加到反馈环节中，以改善机器人的性能。从测量振动的目的出发，加速度传感器日趋受到重视。

机器人的动作是三维的，而且活动范围很广，因此可在连杆等部位直接安装加速度传感器。虽然机器人的振动频率仅为数十赫兹，但由于共振特性容易改变，所以要求传感器具有低频高灵敏度的特性。机器人常用的加速度传感器有应变片加速度传感器、伺服加速度传感器和压电加速度传感器。

① 应变片加速度传感器。Ni-Cu 或 Ni-Cr 等金属电阻应变片加速度传感器是一个由板簧支承重锤所构成的振动系统，板簧上下两面分别贴两个应变片（见图 4-13）。应变片受振动产生应变，其电阻值的变化通过电桥电路的输出电压被检测出来。除了金属电阻外，硅或锗半导体压阻元件也可用于加速度传感器。半导体应变片的应变系数比金属电阻应变片高 50～100 倍，灵敏度很高，但温度特性差，需要加补偿电路。

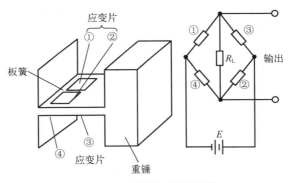

图 4-13　应变片加速度传感器

② 伺服加速度传感器。伺服加速度传感器检测出与上述振动系统重锤位移成比例的电流，把电流反馈到恒定磁场中的线圈，使重锤返回到原来的零位移状态。由于重锤没有几何位移，因此这种传感器与前一种相比，更适用于具有较大加速度的系统。

首先产生与加速度成比例的惯性力 F，它和电流产生的复原力保持平衡。根据弗莱明左手定则，F 和 i 成正比（比例系数为 K），关系式为 $F = ma = Ki$。这样，根据检测的电流可以求出加速度 a。

③ 压电加速度传感器。压电加速度传感器利用具有压电效应的物质，将产生加速度的力转换为电压。这种具有压电效应的物质，受到外力发生机械形变时，能产生电压；反之，外加电压时，也能产生机械形变。压电元件多由具有高介电系数的酸铅材料制成。

设压电常数为 d，则加在元件上的应力 F 和所产生电荷 Q 的关系式为 $Q = dF$。

设压电元件的电容为 C，输出电压为 U，则 $U = Q/C = dF/C$，其中 U 和 F 在很大动态范围内保持线性关系。

压电元件的形变有压缩形变、剪切形变和弯曲形变三种基本模式，如图 4-14 所示。

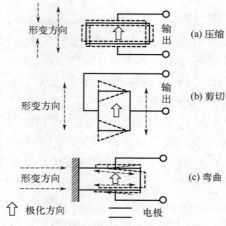

图 4-14　形变的三种基本模式

如图 4-15 是剪切方式的加速度传感器的结构简图。传感器中一对平板形或圆筒形压电元件在轴对称位置上垂直固定着，压电元件的剪切压电常数大于压电常数，而且不受横向加速度的影响，在一定的高温下仍能保持稳定的输出。压电加速度传感器的电荷灵敏度范围很宽，可达 $10^{-2} \sim 10^{-3} pC/ms^{-2}$。

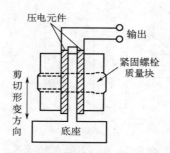

图 4-15　剪切方式的加速度传感器

4.6
常用机器人外部传感器装置

4.6.1　机器视觉系统

人类从外界获得的信息大多数是由眼睛获取的。人类视觉细胞的数量是听觉细胞的 3000 多倍，是皮肤感觉细胞的 100 多倍。如果要赋予机器人较高级的智能，机器人必须通过视觉系统更多地获取周围的环境信息。视觉传感器是固态图像传感器（如 CCD、CMOS）成像技术和 Frame-work 软件结合的产物，它可以识别条形码和任意 OCR 字符。如图 4-16 所示为视觉传感器。

图 4-16　视觉传感器

　　光电式传感器包含一个光传感元件，而视觉传感器具有从一整幅图像中捕获数百万个像素的能力，以往需要多个光电式传感器来完成多项特征的检验，现在可以用一个视觉传感器来检验多项特征，且具有检验面积大、目标位置准确、方向灵敏度高等特点，因此视觉传感器在工业机器人中应用更为广泛。

　　目前，将近 80%的机器视觉系统主要用在检测方面，包括用于提高生产效率、控制生产过程中的产品质量、采集产品数据等。机器视觉自动化设备可以代替人工不知疲倦地进行重复性工作，而且在一些不适合人工作业的危险工作环境或人工视觉难以满足要求的场合，机器视觉系统都可以替代人工视觉。如图 4-17 所示为三维视觉传感器在零件检测中的应用。

图 4-17　三维视觉传感器在零件检测中的应用

　　机器人的视觉传感器主要应用在两个方面。

　　① 装配机器人（机械手）视觉装置。要求视觉系统必须能够识别传送带上所要装配的机械零件，确定该零件的空间位置。根据信息控制机械手的动作，实现准确装配。对机械零件的检查包括检查工件的完好性、量测工件的极限尺寸、检查工件的磨损等。此外，机械手还可以根据视觉系统的反馈信息进行自动焊接、喷涂和自动上下料等。

　　② 行走机器视觉装置。要求视觉系统能够识别室内或室外的景物，进行道路跟踪和自主导航，用于外部危险材料的搬运和野外作业等任务。

　　机器视觉系统是使机器人具有视觉感知功能的系统。机器视觉系统通过图像和距离等传感器来获取环境对象的图像、颜色和距离等信息，然后传递给图像处理器，利用计算机从二维图像中理解和构造出三维模型。它可以通过视觉传感器获取环境的二维图像，并通过视觉处理器进行分析和解释，进而转换为符号，让机器人能够辨识物体并确定位置。工业机器人的视觉处理系统包括图像输入（获取）、图像处理和图像输出等几个部分，实际系统可以根据需要选择其中的若干部件。如图 4-18 所示为机器视觉系统的主要硬件组成。

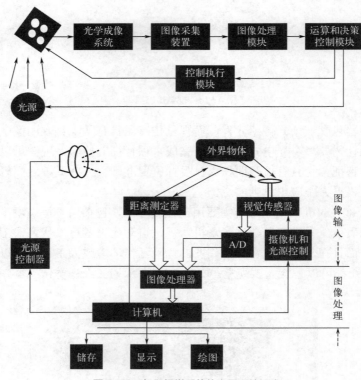

图 4-18　机器视觉系统的主要硬件组成

　　工业机器人的视觉系统包括视觉传感器、摄像机和光源控制、计算机、图像处理器、听觉传感器和安全传感器等部分。

（1）视觉传感器

　　视觉传感器是将景物的光信号转换成电信号的器件，主要是指利用照相机对目标图像信息进行收集与处理，然后计算出目标图像的特征，如位置、数量、形状等，并将数据和判断结果输出到传感器中。大多数机器视觉系统都不必通过胶卷等媒介物，而是直接把景物摄入。

　　视觉传感器的主要组成有照相机、图像传感器等。其中，图像传感器主要有 CCD 和 CMOS 两种。CCD 成像品质较高，且具有一维图像摄成的线阵 CCD 和二维平面图像摄成的面阵 CCD，目前二维线性传感器的分辨率达到 6000 像素以上。与普通光电式传感器相比，视觉传感器具有灵活性更高、检验范围更大、体积小和重量轻等优点，在工业中的应用越来越广泛。

　　由视觉传感器得到的电信号，经 A/D 转换器转换成数字信号，称为数字图像。一个画面可一般分成 256×256 像素、512×512 像素或 1024×1024 像素，像素的灰度可用 4 位或 8 位二进制数来表示。一般情况下，这么大的信息量对机器人系统来说是足够的。对于要求比较高的场合，还可使用彩色摄像系统或在黑白摄像管前面加上红、绿、蓝等滤光器的方法得到颜色信息和较好的反差。

（2）摄像机和光源控制

机器人的视觉系统直接把景物转化成图像输入信号，因此取景部分应当能根据具体情况自动调节光圈的焦点，以便得到一张容易处理的图像，为此应能调节以下几个参量：

① 焦点能自动对准要观测的物体；

② 根据光线强弱自动调节光圈；

③ 自动转动摄像机，使被摄物体位于视野中央；

④ 根据目标物体的颜色选择滤光器。

此外，还应当能调节光源的方向和强度，使目标物体能够被看得更清楚。

（3）计算机

由视觉传感器得到的图像信息通过计算机存储和处理，根据各种目的输出处理结果。20 世纪 80 年代以前，由于微型计算机的内存量小，内存的价格高，因此往往另加一个图像存储器来存储图像数据。现在，除了某些大规模视觉系统之外，一般都使用微型计算机或小型机。除了通过显示器显示图形之外，还可用打印机或绘图仪输出图像，且使用转换精度为 8 位的 A/D 转换器即可。数据量大时，要求更快的转换速度，目前已在使用 100MB以上的 8 位 A/D 转换芯片。

（4）图像处理器

一般计算机都是串行运算的，处理二维图像耗费时间较长。在使用要求较高的场合，可设置一种专用的图像处理器以缩短计算时间。图像处理器只是对图像数据做一些简单、重复的预处理，数据进入计算机后，再进行各种运算。

（5）听觉传感器

类似视觉，听觉也是立体的，方便人类判断声音的方向和距离。利用听觉可选择适当的运动形式，尤其是当视觉丧失或者视线受阻时，如汽车驾驶过程中，可能还未看到汽车，但已经听到汽车驶来的声音，驾驶人可通过听觉作出判断。例如：许多富有经验的汽车维修工，只需听发动机运转的声音，即可正确辨别是否存在问题。听觉传感器也是机器人的重要感觉器官之一。由于计算机技术及语音学的发展，现在已经实现用听觉传感器代替人耳，通过语音处理及识别技术识别讲话人，还能正确理解一些简单的语句。人用语言指挥机器人，比用键盘指挥机器人更方便。机器人对人发出的各种声音进行检测，执行向其发出的命令，如果是在危险时发出的声音，机器人还必须对此产生回避的行动。听觉传感器实际上就是传声器。过去使用的基于各种各样原理的传声器，现在已经变成了小型、廉价且具有高性能的驻极体电容传声器。

在听觉系统中，最重要的是语音识别。在识别输入语音时，可以分为特定人的语音识别及非特定人的语音识别，而对特定人说话方式的识别率比较高。为了便于存储标准语音波形及选配语音波形，需要对输入的语音波形频带进行适当的分割，将每个采样周期内各频带的语音特征能量抽取出来。

（6）安全传感器

安全传感器是指能感受（或响应）规定的被测量并按照一定规律转换成可用信号输出

的器件或装置，它由直接响应被测量的敏感元件和产生可用信号输出的转换元件以及相应电子电路组成。这种符合安全标准的传感器称为安全传感器。如图 4-19 为安全传感器的应用示意图。安全传感器产品分为安全开关、安全光栅、安全门系统等。工业机器人与人协作，首先要保证作业人员的安全，使用摄像头、激光等的目的是告诉机器人周围的状况。最简单的例子就是电梯门上的激光安全传感器，当激光测到障碍物时，会立即停止关门并倒回，以避免碰撞。

图 4-19　安全传感器的应用示意图

采用机器视觉系统，工业机器人将具有以下优势。

① 可靠性。非接触式测量不仅满足狭小空间装配过程的检测，同时提高了系统安全性。

② 精度和准确度高。采用机器视觉可提高测量精度。人工目测受测量人员主观意识的影响，而机器视觉这种精确的测量仪器排除了这种干扰，提高了测量结果的准确性。

③ 灵活性。视觉系统能够进行各种测量。当使用环境变化后，只需软件做相应变化或者升级就可以适应新的需求。

④ 自适应性。机器视觉可以不断获取多次运动后的图像信息，反馈给运动控制器，直至最终结果准确，实现自适应闭环控制。

4.6.2　触觉传感器

人类的触觉能力相当强大。人不但能够捡起一个物体，而且无须眼睛也能识别其外形甚至辨认出是何物。许多小型物体完全可以依靠人的触觉辨认出来，如螺钉、开口销、圆销等。如果要求机器人能够进行复杂的装配工作，它也需要具备这种能力。

工业机器人的触觉功能是感受接触、冲击、压迫等机械刺激，可以用在抓取物体时感知其形状、软硬等物理性质。一般把感知与外部直接接触而产生的力觉、接触觉、压觉及滑觉等的传感器统称为触觉传感器，通过触觉传感器与被识别物体相接触或相互作用来完成对物体表面特征和物理性能的感知；为使机器人准确地完成工作，需时刻检测机器人与对象物体的配合关系。机器人触觉可分为接近觉、压觉、滑觉和力觉等，如图 4-20 所示。触头可装配在机器人的手指上，用来判断工作中的各种状况。

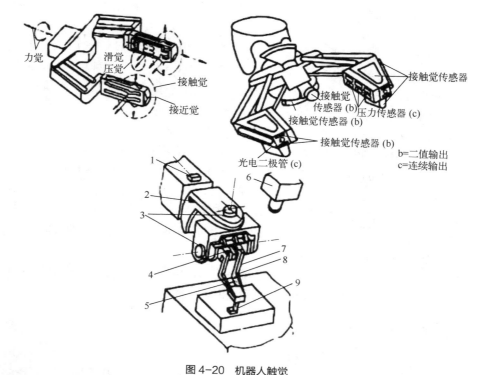

图 4-20　机器人触觉

1—声波安全传感器；2—安全传感器（拉线形状）；3—位置、速度、加速度传感器；4—超声波测距传感器；
5—多方向接触觉传感器；6—电视摄像头；7—多自由度力传感器；8—握力传感器；9—触头

目前，还难以实现材质感觉的感知，如丝绸的皮肤触感。下面分别介绍常见的四种触觉传感器。

（1）力传感器

机器人作业是一个机器人与周围环境交互的过程。作业过程有两类：一类是非接触式的，如弧焊、喷涂等，基本不涉及力；另一类工作则是通过接触才能完成的，如拧螺钉、点焊、装配、抛光、加工等。目前，已有将视觉和力传感器用于非事先定位的轴孔装配，其中视觉完成大致的定位，装配过程靠孔的倒角作用不断产生力反馈得以顺利完成。例如高楼清洁机器人，当它擦玻璃时，显然用力不能太大也不能太小，即要求机器人作业时具有力控制功能。当然，对于机器人的力传感器，不仅仅是上面描述的对机器人末端执行器与环境作用过程中发生的力进行测量，还包括机器人自身运动控制过程中的力反馈测量、机械手抓握物体时的握力测量等。

力觉是指对机器人的指、肢和关节等在运动中所受力的感知，用于感知夹持物体的状态，校正由于手臂变形引起的运动误差，保护机器人及零件不会损坏。力和力矩传感器用来检测设备的内部力或与外界环境的相互作用力，力不是可直接测量的物理量，而是通过其他物理量间接测量出来的。

力传感器对装配机器人具有重要意义，通常将机器人的力传感器分为关节力传感器、腕力传感器、指力传感器三类。

① 关节力传感器。关节力传感器安装在关节驱动器上，它测量驱动器本身的输出力

和力矩，用于控制过程的力反馈。这种传感器信息量单一，结构比较简单，是一种专用的力传感器。

② 腕力传感器。腕力传感器安装在末端执行器和机器人最后一个关节之间，它能直接测出作用在末端执行器上的各向力和力矩。从结构上来说，这是一种相对复杂的传感器，它能获得手爪三个方向的受力（力矩），信息量较大。由于其安装部位在末端执行器和机器人手臂之间，比较容易形成通用化的产品系列。

如图 4-21 所示为 Draper 实验室研制的六维腕力传感器的结构，它将一个整体金属环周壁铣成按 120° 周向分布的三根细梁。其上部圆环上有螺孔与手臂相连，下部圆环上的螺孔与手爪连接，传感器的测量电路置于空心的弹性构架体内。该传感器结构比较简单，灵敏度也较高，但六维力（力矩）的获得需要解耦运算，传感器的抗过载能力较差，较易受损。

③ 指力传感器。指力传感器安装在机器人手指关节上（或指上），用来测量夹持物体时的受力情况。指力传感器一般测量范围较小，同时受手爪尺寸和重量的限制，在结构上要求小巧，也是一种专用的力传感器。

如图 4-22 所示为一种安装在末端执行器上的力传感器，用于防止作业中的碰撞，机器人如果感知到压力，将发送信号，限制或停止机器人的运动。

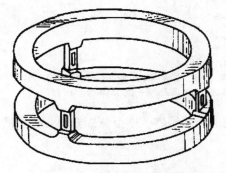

图 4-21　Draper 的腕力传感器

图 4-22　安装在末端执行器上的力传感器

（2）接触觉传感器

接触觉传感器安装在工业机器人的运动部件或末端执行器上，用以判断机器人部件是否与对象物体发生接触，以保证机器人运动的正确性，实现合理把握运动方向或防止发生碰撞等。接触觉传感器的输出信号通常是"0"或"1"，最经济实用的形式是各种微动开关。常用的微动开关由滑柱、弹簧、基板和引线构成，具有性能可靠、成本低、使用方便等特点。简单的接触觉传感器以阵列形式排列组合，它以特定次序向控制器发送接触和形状信息。如图 4-23 所示为一种机械式接触觉传感器示例。

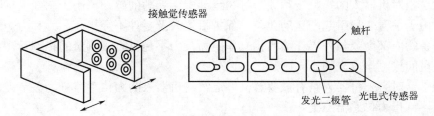

图 4-23　机械式接触觉传感器示例

接触觉传感器可以提供的物体信息如图 4-24 所示。当接触觉传感器与物体接触时，依据物体的形状和尺寸，不同的接触觉传感器将以不同的次序对接触做出不同的反应。控制器就利用这些信息来确定物体的大小和形状。如图 4-24 中给出了三个分别接触立方体、圆柱体和不规则形状物体的简单例子。每个物体都会使接触觉传感器产生一组唯一的特征信号，由此可确定接触的物体。

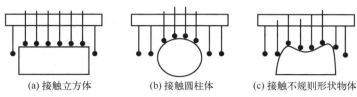

(a) 接触立方体　　　　(b) 接触圆柱体　　　　(c) 接触不规则形状物体

图 4-24　接触觉传感器提供的物体信息

常见的接触觉传感器有：

① 单向微动开关——当规定的位移或力作用到可动部分（称为执行器）时，开关的触点断开或接通而发出相应的信号。

② 接近开关。非接触式接近觉传感器有高频振荡式、磁感应式、电容感应式、超声波式、气动式、光电式、光纤式等多种接近开关。

③ 光电开关——由 LED 光源和光敏二极管或光电晶体管等光敏元件相隔一定距离构成的透光式开关。当充当基准的遮光片通过光源和光敏元件间的缝隙时，光射不到光敏元件上，光路被切断，从而起到开关的作用。光电开关的特点是非接触式检测，精度较高。

（3）压力传感器

压觉是指用手指把持物体时感受到的压力感觉。压力传感器是接触觉传感器的延伸，机器人的压力传感器安装在手爪上面，可以在把持物体时检测到物体与手爪间产生的压力及其分布情况，压力传感器的原始输出信号是模拟量。压力传感器类型很多，如压阻型、光电型、压电型、压敏型和压磁型等，其中常用的为压电传感器。压电元件是指如施加压力就会产生电信号（即产生压电现象）的元件。

压电现象的工作机理是在显示压电效果的物质上施力时，由于物质被压缩而产生极化作用（与压缩量成比例），如在两端接上外部电路，电流就会流过，所以通过检测这个电流就可构成压力传感器。

如果把多个压电元件和弹簧排列成平面状，就可识别各处压力的大小以及压力的分布，由于压力分布可表示物体的形状，所以也可用作识别物体。通过对压觉的巧妙控制，机器人即可抓取豆腐及鸡蛋等软物体。如图 4-25 所示为机械手用压力传感器抓取塑料吸管。

（4）滑觉传感器

机器人在抓取不知属性的物体时，其自身应能确定最佳握紧力的给定值。当握紧力不够时，要能检测被握紧物体的滑动，利用该检测信号，在不损害物体的前提下，考虑最可靠的夹持方法，实现此功能的传感器称为滑觉传感器。滑觉传感器主要用于检测物体接触面之间相对运动的大小和方向，判断是否握住物体及应该用多大的夹紧力等。机器人的握力应满足既不使物体产生滑动而握力又为最小的临界握力，如果能在刚开始滑动之后便立即检测出物体和手指间产生的相对位移，随即增加握力就能使滑动迅速停止，那么就可以用最小的临界握力抓住该物体。滑觉传感器有滚动式和球式两种，还有一种通过振动检测滑觉的传感器。

如图 4-26 所示为贝尔格莱德大学研制的机器人专用滑觉传感器，它由一个金属球和触针组成，金属球表面有许多间隔排列的导电和绝缘小格，触针头很细，每次只能触及一个格。当工件滑动时，金属球也随之转动，在触针上输出脉冲信号。脉冲信号的频率反映了滑移速度，脉冲信号的个数对应滑移的距离。触针头面积小于球面上露出的导体面积，它不仅可做得很小，而且检测灵敏。球与物体相接触，无论滑动方向如何，只要球一转动，传感器就会产生脉冲输出。该球体在冲击力作用下不转动，因此抗干扰能力强。

图 4-25　机械手用压力传感器抓取塑料吸管

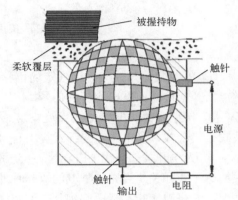

图 4-26　机器人专用滑觉传感器

4.6.3　接近觉传感器

接近觉传感器是指机器人手与对象物体的距离在几毫米到十几厘米时，就能检测与对象物体的表面距离、斜度和表面状态的传感器。接近觉传感器采用非接触式测量元件，一般安装在工业机器人的末端执行器上。其至少有两方面的作用：一是在接触到对象物体之前获得位置、形状等信息，为后续操作做好准备；二是提前发现障碍物，对机器人运动路径提前规划，以免发生碰撞。常见的接近觉传感器可分为电磁式（感应电流式）、光电式（反射或透射式）、电容式、气压式和超声波式等。如图 4-27 所示为各种接近觉传感器的感知物理量。

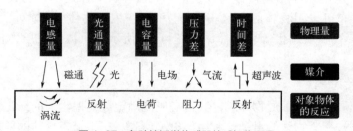

图 4-27　各种接近觉传感器的感知物理量

① 电磁式接近觉传感器。如图 4-28 所示为电磁式接近觉传感器。在线圈中通入高频电流，就产生磁场，这个磁场接近金属物体时，会在金属物体中产生感应电流（即涡流），

涡流大小随与对象物体表面的距离而变化，该涡流变化反作用于线圈，通过检测线圈的输出可反映出传感器与被接近金属间的距离。由于工业机器人的工作对象大多是金属部件，因此电磁式接近觉传感器的应用较广，在焊接机器人中可用它来探测焊缝。

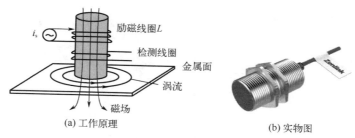

图 4-28　电磁式接近觉传感器

② 光电式接近觉传感器。光电式接近觉传感器是把光信号（红外光、可见光及紫外光）转变成为电信号的器件。它可用于检测直接引起光量变化的非电量，如发光强度、光照度、辐射测温、气体成分分析等，也可用来检测能转换成光量变化的其他非电量，如零件直径、表面粗糙度、应变、位移、振动、速度、加速度，还可用于物体的形状、工作状态的识别等。光电式接近觉传感器由发射器和接收器两部分组成，发射器可设置在内部，也可设置在外部，接收器能够感知光线的有无。发射器及接收器的配置准则是：发射器发出的光只有在物体接近时才能被接收器接收，除非能反射光的物体处在传感器作用范围内，否则接收器就接收不到光线，也就不能产生信号。如图 4-29 所示为光电式接近觉传感器。这种传感器具有非接触性、响应快速、维修方便、测量精度高等特点，目前应用较多，但其信号处理较复杂，使用环境也受到限制。

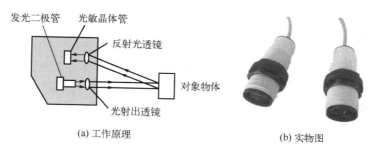

图 4-29　光电式接近觉传感器

③ 电容式接近觉传感器。电容式接近觉传感器可检测任何固体和液体材料，外界物体靠近时这种传感器会引起电容量的变化，由此反映距离信息。如图 4-30 所示，电容式接近觉传感器本身作为一个极板，被接近物作为另一个极板，将该电容接入电桥电路或 RC 振荡电路，利用电容极板距离的变化引起电容量的变化，可检测出与被接近物的距离。电容式接近觉传感器对物体的颜色、构造和表面都不敏感且实时性好。

④ 气压式接近觉传感器。由气压式接近觉传感器中一根细的喷嘴喷出气流，如果喷嘴靠近物体，则内部压力发生变化，这一变化可用压力计测量出来。只要物体存在，就能通过检测反作用力检测气流喷出时的压力大小。如图 4-31 所示，在该机构中，气源送出压力为 P 的气流，离物体的距离 x 越小，气流喷出的面积越窄小，气缸内的压力 P 越大。如

果事先求出距离和压力的关系，即可根据压力 P 测定距离。它可用于检测非金属物体，适用于测量微小间隙。

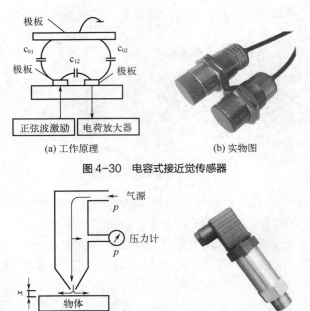

图 4-30　电容式接近觉传感器

(a) 工作原理　　　(b) 实物图

图 4-31　气压式接近觉传感器

(a) 工作原理　　　(b) 实物图

⑤ 超声波式接近觉传感器。超声波是指频率在 20kHz 以上的电磁波，超声波的方向性较好，可定向传播。超声波式接近觉传感器适用于较远距离和较大物体的测量，与电磁式和光电式接近觉传感器不同，这种传感器对物体材料和表面的依赖性较低，在机器人导航和避障中应用十分广泛。超声波式接近觉传感器是由发射器和接收器构成的，几乎所有超声波式接近觉传感器的发射器和接收器都是利用压电效应制成的。

4.6.4　距离传感器

（1）距离传感器的原理

距离传感器与接近觉传感器的不同之处在于距离传感器可测量较长距离，它可以探测障碍物和物体表面的形状。常用的测量方法是三角测距法和测量传输时间法。

① 三角测距法的原理。发射器以特定角度发射光线时，接收器才能检测到物体上的光斑，利用发射角的角度可以计算出距离，如图 4-32 所示。

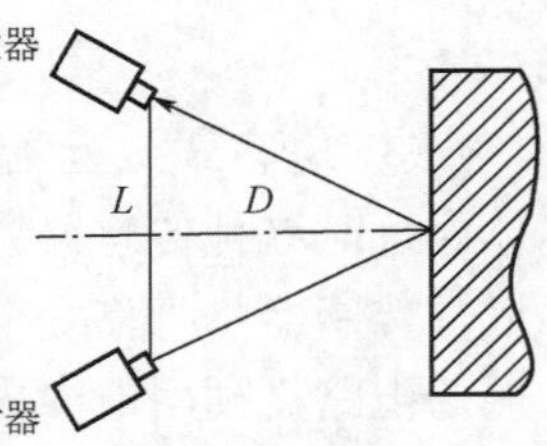

图 4-32　三角测距法的测量原理

三角测距法就是把发射器和接收器按照一定距离安装，然后与被探测点形成三角形的三个顶点，由于发射器和接收器的距离已知，仅当发射器以特定角度发射光线时，接收器才能检测到物体上的光斑，当发射角度已知时，反射角度也可以被检测到，因此被探测点到发射器的距离就可以求出。

② 测量传输时间法的原理。信号传输的距离包括从发射器到物体和从物体到接收器两部分。传感器与物体之间的距离也就是信号传输距离的一半，如果传输速度已知，通过测量信号的传输时间即可计算出与物体的距离。

（2）超声波距离传感器

超声波是由机械振动产生的，可以在不同的介质中以不同的速度传播，其频率高于20kHz。由于超声波指向性强、能量消耗缓慢且在介质中传播的距离较远，因而超声波经常用于距离的测量，如测距仪和物位测量仪等都可以通过超声波来实现。利用超声波检测具有检测迅速、设计方便、计算简单、易于实时控制、测量精度较高的特点，因此在移动机器人的研制上得到了广泛的应用。

超声波距离传感器的检测方式有脉冲回波式和频率调制连续波式（FW-CW）两种。

① 脉冲回波式。脉冲回波式又叫作时间差测距法。在时间差测距法测量中，先将超声波用脉冲调制后向某一方向发射，根据经被测物体反射回来的回波延迟时间 Δt，计算出与被测物体的距离 S。假设空气中的声速为 v，则被测物体与传感器间的距离 S 为

$$S = v\frac{\Delta t}{2} \tag{4-4}$$

② 频率调制连续波式。频率调制连续波式是利用连续波对超声波信号进行调制，将由被测物体反射延迟时间 Δt 后得到的接收波信号与发射波信号相乘，仅取出其中的低频信号就可以得到与距离 S 成正比的差频信号 f_r。设调制信号的频率为 f_m，调制频率的带宽为 Δf，超声波在介质中的传播速度为 v，则可求得传感器与被测物体的距离 S 为

$$S = \frac{f_r v}{4 f_m \Delta f} \tag{4-5}$$

（3）激光距离传感器

激光距离传感器是利用激光二极管对准被测目标发射激光脉冲，经被测目标反射后向各方向散射，部分散射光返回传感器接收器，被光学系统接收后成像到雪崩光敏二极管上。雪崩光敏二极管是一种内部具有放大功能的光学传感器，因此它能检测极其微弱的光信号。记录并处理从激光脉冲发出到返回被接收所经历的时间，即可测出目标距离。

（4）红外距离传感器

红外距离传感器是用红外线作为测量介质的测量系统，主要包括辐射计、搜索和跟踪系统、热成像系统、红外测距和通信系统、混合系统五类。辐射计用于辐射和光谱测量；搜索和跟踪系统用于搜索和跟踪红外目标，确定其空间位置并对它的运动进行跟踪；热成像系统可产生整个目标红外辐射的分布图像；红外测距和通信系统就是传感器发射出一束红外光，照射到物体后形成一个反射的过程，反射到传感器后接收信号；混合系统是指以上各类系统中的两个或者多个的组合。

红外距离传感器按探测机理可分成光子探测器和热探测器。红外距离传感器的原理基于红外光，采用直接延迟时间测量法、间接幅值调制法和三角测距法等方法测量到物体的距离。

红外距离传感器具有一对红外信号发射与接收二极管，其发射出一束红外光，在照射

到物体后形成一个反射的过程，反射到传感器后接收信号，然后利用发射与接收的时间差数据，经信号处理器处理后计算出传感器到物体的距离。它不仅可以用于自然表面，也可以加反射板，且测量距离远，具有很高的频率响应，能适应恶劣的工业环境。当作为红外式接近觉传感器使用时，其特点在于发送器与接收器尺寸都很小，可以方便地安装于机器人的末端执行器，容易检测出工作空间内某物体存在与否，但作为距离的测量仪器仍有很复杂的问题。

4.6.5 其他传感器

（1）听觉传感器

听觉传感器主要用于感受和解释在气体（非接触式感受）、液体或固体（接触式感受）中的声波，可完成简单的声波存在检测、复杂的声波频率分析以及对连续自然语言中单独语音和词汇的辨识。

可把人工语音感觉技术用于机器人。在工业环境中，机器人能感觉某些声音是有用的，有些声音（如爆炸）可能意味着危险，另一些声音（如叫声）可能用作命令。声音识别系统已越来越多地获得应用。

① 特定人的语音识别系统。特定人语音的识别方法是将事先指定的人的声音中的每一个字音的特征矩阵存储起来，形成一个标准模板，然后再进行匹配。它首先要记忆一个或几个语音特征，而且被指定人讲话的内容也必须是事先规定好的有限的几句话。特定人的语音识别系统可以识别讲话的人是否是事先指定的人，讲的是哪一句话。

② 非特定人的语音识别系统。非特定人的语音识别系统大致可以分为语言识别系统、单词识别系统及数字音（0~9）识别系统。非特定人的语音识别系统则需要对一组有代表性的人的语音进行训练，找出同一词音的共性，这种训练往往是开放式的，能对系统进行不断的修正。在系统工作时，将接收到的声音信号用同样的办法求出它们的特征矩阵，再与标准模板相比较，看它与哪个模板相同或相近，从而识别该信号的含义。

（2）味觉传感器

味觉是指酸、咸、甜、苦、鲜等人类味觉器官的感觉。酸味是由氢离子引起的，比如盐酸、柠檬酸；咸味主要是由 NaCl 引起的；甜味主要是由蔗糖、葡萄糖等引起的；苦味是由奎宁、咖啡因等引起的；鲜味是由海藻中的谷氨酸钠、鱼和肉中的肌苷酸二钠、蘑菇中的鸟苷酸二钠等引起的。

在人类的味觉系统中，舌头表面味蕾上味觉细胞的生物膜可以感受味觉。味觉物质被转换为电信号，经神经纤维传至大脑。味觉传感器与传统的只检测某种特殊的化学物质的化学传感器不同，如 pH 计可以用于酸度检测，导电计可用于碱度检测，比重计或屈光度计可用于甜度检测等，这些传感器只能检测味觉溶液的某些物理、化学特性，并不能模拟实际的生物味觉敏感功能，测量的物理值要受到非味觉物质的影响。此外，这些物理特性还不能反映各味觉之间的关系（如抑制效应等）。

实现味觉传感器的一种有效方法是使用类似于生物系统的材料做传感器的敏感膜，电子舌用类脂膜作为味觉传感器，它能够以类似人的味觉感受方式检测味觉物质。从不同的机理看，味觉传感器采用的技术原理大致分为多通道类脂膜技术、基于表面等离子体共振技术、表面光伏电压技术等。味觉识别模式已由最初的神经网络模式发展到混沌识别。混沌是一种遵循一定非线性规律的随机运动，它对初始条件敏感，混沌识别具有很高的灵敏度，因此应用越来越广。目前，较典型的电子舌系统有新型味觉传感器芯片和 SH-SAW 味觉传感器。

（3）嗅觉传感器

对于人类而言，无须任何其他器官，凭嗅觉就能区分许多物体和现象。嗅觉能帮助人们辨识那些看不见或者隐藏的东西，如气体。嗅觉传感器主要用于检测空气中的化学成分、浓度等，主要采用气体传感器及射线传感器等。目前，主要采用三种方法实现机器人的嗅觉功能：

① 在机器人上安装单个或者多个气体传感器，再配置相应处理电路实现嗅觉功能。
② 研究者自行研制简易的嗅觉装置。
③ 采用商业的电子鼻产品，如 A Loutfi 用机器人进行的气味识别研究。

（4）温度传感器

温度传感器有接触式和非接触式两种，均可用于工业机器人。当机器人自主运行时，或工作场合需要准确测量温度信号时，可采用温度传感器进行温度检测。两种常用的温度传感器为热敏电阻和热电偶，这两种传感器必须和被测物体保持实际接触才能工作。热敏电阻的阻值与温度成正比变化，热电偶能够产生一个与两温度差成正比的小电压。

（5）触须传感器

触须传感器由须状触头及其检测部分构成，触头由具有一定长度的柔性软条丝构成，它与物体接触所产生的弯曲由在根部的检测单元检测。与昆虫触角的功能一样，触须传感器的功能是识别接近的物体，用于确认所设定动作的结束，以及根据接触状况发出回避动作的指令或搜索对象物体的存在。

4.7
工业机器人传感器应用案例

4.7.1　焊接机器人的传感器系统

焊接机器人根据应用场合不同可分为点焊机器人、弧焊机器人和其他焊接机器人。点焊机器人和弧焊机器人都需要利用位置检测传感器和速度传感器进行控制。工作中，弧焊机器人的焊枪保持一定的角度始终指向焊缝，所以弧焊机器人要求运动轨迹精准；而点焊机器人一般实现点到点的运动，一台机器人要进行多点焊接，对运动轨迹要求不高，但要求路径优化，运动过程快速、平稳。

焊接机器人必须利用传感器精确地检测出焊缝（坡口）的位置和形状信息，然后传送给控制器进行处理。大规模集成电路、半导体技术、光纤及激光的迅速发展，促进了焊接技术向自动化、智能化方向发展，并出现了多种用于焊缝跟踪的传感器，它们主要是检测电磁、机械、发光强度等各物理量的传感器。在电弧焊接过程中，存在着强烈的弧光、电磁干扰以及高温辐射、烟尘、飞溅等，伴随着传热传质和物理化学冶金反应，工件会产生热变形，因此用于电弧焊接的传感器必须具有很强的抗干扰能力。

弧焊用传感器可分为电弧式、接触式和非接触式三大类，按工作原理可分为机械、机电、电磁、电容、射流、超声波、红外、光电、激光、视觉、电弧、光谱及光纤式等，按用途可分为焊缝跟踪、焊接条件控制（熔宽、熔深、熔透、成形面积、焊速、冷却速度和干伸长）及其他（如温度分布、等离子体粒子密度、熔池行为）等。据日本焊接协会所做的调查，在日本、欧洲国家及其他发达国家，用于焊接过程的传感器有 80% 是用于焊缝跟踪的。目前，我国用得较多的是电弧式、机械式和光电式。如图 4-33 所示为弧焊机器人的传感器系统。

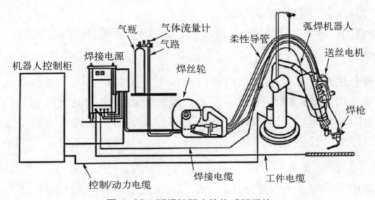

图 4-33　弧焊机器人的传感器系统

1）电弧传感器系统

（1）摆动电弧传感器

摆动电弧传感器从焊接电弧自身直接提取焊缝位置偏差信号，实时性好，不需要在焊枪上附加任何装置，焊枪运动的灵活性和可达性最好，尤其符合焊接过程低成本自动化的要求。摆动电弧传感器的基本工作原理是：当电弧位置变化时，电弧自身电参数相应发生变化，从中反映出焊枪导电嘴至工件坡口表面距离的变化量，进而根据电弧的摆动形式及焊枪与工件的相对位置关系，推导出焊枪与焊缝间的相对位置偏差量。电参数的静态变化和动态变化都可以作为特征信号被提取出来，实现高低及水平两个方向的跟踪控制。

目前，广泛采用测量焊接电流 I、电弧电压 U 和送丝速度 v 的方法来计算工件与焊丝之间的距离 H，$H = f(I, U, v)$，并应用模糊控制技术实现焊缝跟踪。摆动电弧传感器结构简单、响应速度快，主要适用于对称侧壁的坡口（如 V 形坡口），而对于无对称侧壁或根本就无侧壁的接头形式，如搭接接头、不开坡口的紧密对接接头等形式，现有的摆动电弧传感器则不能识别。

（2）旋转电弧传感器

摆动电弧传感器的摆动频率一般只能达到 5Hz，限制了电弧传感器在高速和薄板搭接接头焊接中的应用。与摆动电弧传感器相比，旋转电弧传感器的高速旋转提高了焊枪位置偏差的检测灵敏度，极大地改善了跟踪的精度。

高速旋转扫描电弧传感器的结构如图 4-34 所示，采用空心轴电动机直接驱动，在空心轴上通过同轴安装的同心轴承支承导电杆。在空心轴的下端偏心安装调心轴承，导电杆安装于该轴承内孔中，偏心量由滑块调节。当电动机转动时，下调心轴承将拨动导电杆作为圆锥母线绕电动机轴线做公转（即圆锥摆动）。气、水管线直接连接到下端，焊丝连接到导电杆的上端。该传感器采用递进式光电码盘，利用分度脉冲进行电动机转速的闭环控制。

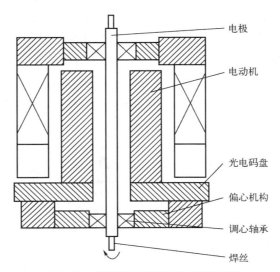

图 4-34　高速旋转扫描电弧传感器的结构

在弧焊机器人的第六个关节上，安装一个焊炬夹持件，将原来的焊炬卸下，把高速旋转扫描电弧传感器安装在焊炬夹持件上。焊缝纠偏系统如图 4-35 所示，高速旋转扫描电弧传感器的安装姿态与原来的焊炬姿态一样，即焊丝端点的参考点的位置及角度保持不变。

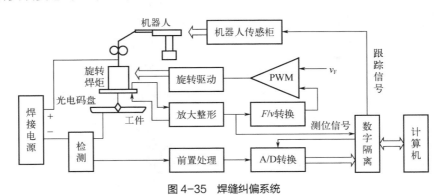

图 4-35　焊缝纠偏系统

（3）电弧传感器的信号处理

电弧传感器的信号处理主要采用极值比较法和积分差值法，在比较理想的条件下可得到满意的结果，但在非 V 形坡口及非射流过渡焊时，坡口识别能力差，信噪比低，应用遇到很大困难。为进一步扩大电弧传感器的应用范围、提高其可靠性，在建立传感器物理数学模型的基础上，利用数值仿真技术，采取空间变换，用特征谐波的向量作为偏差量的大小及方向的判据。

2）超声波传感跟踪系统

超声波传感跟踪系统中使用的超声波传感器分为接触式超声波传感器和非接触式超声波传感器两种类型。

（1）接触式超声波传感器

接触式超声波传感器的原理如图 4-36 所示，两个超声波探头置于焊缝两侧，距焊缝距离相等。两个超声波传感器同时发出具有相同性质的超声波，根据接收超声波的声程来控制焊接熔深，比较两个超声波的回波信号，确定焊缝的偏离方向和大小。

（2）非接触式超声波传感器

非接触式超声波传感器分为聚焦式和非聚焦式，两种传感器的焊缝识别方法不同。聚焦式超声波传感器是在焊缝上方以左右扫描的方式检测焊缝，而非聚焦式超声波传感器是在焊枪前方以旋转的方式检测焊缝。

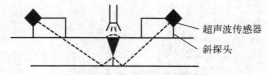

图 4-36　接触式超声波传感器的原理

① 非聚焦式超声波传感器要求焊接工件能在 45°方向反射回波信号，焊缝的偏差在超声波声束的覆盖范围内，适用于 V 形坡口焊缝和搭接接头焊缝。如图 4-37 所示为 P-50 机器人的焊缝跟踪装置，超声波传感器位于焊枪前方的焊缝上面，沿垂直于焊缝的轴线旋转，超声波传感器始终与工件呈 45°，旋转轴的中心线与超声波声束中心线交于工件表面。

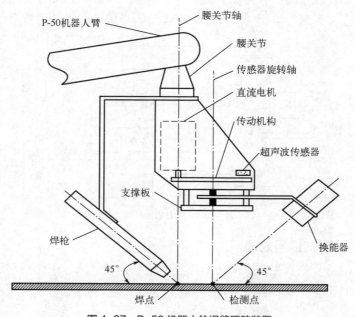

图 4-37　P-50 机器人的焊缝跟踪装置

焊缝偏差的几何示意图如图 4-38 所示，传感器的旋转轴位于焊枪正前方，代表焊枪的即时位置。超声波传感器在旋转过程中总有一个时刻超声波声束处于坡口的法线方向，此时传感器的回波信号最强，且传感器及其旋转中心线组成的平面恰好垂直于焊缝方向。焊缝的偏差可以表示为

$$\delta = r - \sqrt{(R-D)^2 - h^2}$$

(4-6)

式中，δ 是焊缝的偏差；r 是超声波传感器的旋转半径；R 是传感器检测到的探头和坡口间的距离；D 是坡口中心线到旋转中心线间的距离；h 是传感器到工件表面的垂直高度。

② 聚焦式超声波传感器与非聚焦式超声波传感器相反，聚焦式超声波传感器采用扫描焊缝的方法检测焊缝偏差，不要求焊缝笼罩在超声波的声束之内，而是将超声波声束聚焦在工件表面，声束越小，检测精度越高。超声波传感器发射信号和接收信号的时间差作为焊缝的纵向信息，通过计算超声波从传感器发射到接收的声程时间 t_s，可得传感器与工件之间的垂直距离 H，从而实现焊枪与工件高度之间距离的检测。焊缝左右偏差的检测，通常采用寻棱边法，其基本原理是：在超声波声程检测原理基础上，利用声波反射原理进行检测信号的判别和处理，即当声波遇到工件时会发生反射，声波入射到工件坡口表面时，由于坡口表面与入射波的角度不是 90°，因此其反射波就很难返回到传感器，即传感器接收不到回波信号，利用声波这一特性，可判别是否检测到了焊缝坡口的边缘。焊缝左右偏差检测的原理如图 4-39 所示。

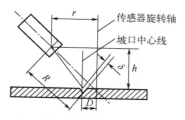

图 4-38 焊缝偏差的几何示意图

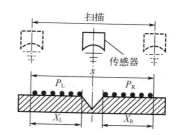

图 4-39 焊缝左右偏差检测的原理

假设传感器从左向右进行扫描，在扫描过程中可以检测到一系列传感器与工件表面之间的垂直高度。假设 H_i 为传感器扫描过程中测得的第 i 点的垂直高度，H_0 为允许偏差，如果满足

$$\left| H_i - H_0 \right| < \Delta H$$

(4-7)

则得到焊缝坡口左边工件平面的信息。当传感器扫描到焊缝坡口左棱边时，会出现两种情况。第一种情况，传感器检测不到垂直高度 H，这是因为对接 V 形坡口斜面把超声波回波信号反射出探头所能检测的范围；第二种情况，该点高度偏差大于允许偏差，即

$$\left| \Delta y \right| - \left| H - H_0 \right| \geqslant \Delta H$$

(4-8)

若连续 D 个点没有检测到垂直高度或满足式 (4-8)，则说明检测到了焊缝的左侧棱边。在此之前传感器在焊缝左侧共检测到 P_L 个超声波回波。当传感器扫描到焊缝坡口右边工件表面时，超声波传感器又接收到回波信号或者检测高度的偏差满足式 (4-8)，并且有连续 D

个检测点满足此要求，则说明传感器已检测到焊缝坡口右侧工件。假设 H_j 为传感器扫描过程中测得的第 j 点的垂直高度，H_0 为允许偏差。如果满足式（4-9），则得到焊缝坡口右边工件平面的信息，即

$$|\Delta y| - |H_j - H_0| \leqslant \Delta H \tag{4-9}$$

式中，H_j 是传感器扫描过程中测得的第 j 点的垂直高度。

当传感器扫描到右边终点时，采集到的右侧水平方向的检测点共 P_R 个。根据 P_L、P_R 即可算出焊炬的横向偏差方向及大小，控制系统根据检测到的横向偏差的大小、方向进行纠偏调整。

3）视觉传感跟踪系统

视觉是观察焊缝或熔池最直接、最有效的手段。有经验的焊工在进行焊条电弧焊作业时，大部分信息来自于视觉。对于自动化焊接，视觉传感器能带来最丰富的焊缝信息。

机器人焊接视觉传感技术包括机器人初始焊接位置定位导引、焊缝跟踪、工件接头识别、熔池几何形状实时传感、熔滴过渡形式检测、焊接电弧行为检测等。

在弧焊过程中，存在弧光、电弧热、飞溅以及烟雾等多种强烈的干扰，这是使用任何视觉传感方法首先需要解决的问题。在弧焊机器人中，根据使用的照明光的不同，可以把视觉传感方法分为被动视觉和主动视觉两种。被动视觉是指利用弧光或普通光源和摄像机组成的系统，而主动视觉一般是指使用具有特定结构的光源与摄像机组成的视觉传感器系统。

（1）被动视觉

在大部分被动视觉方法中，电弧本身就是监测位置，所以没有因热变形等因素所引起的超前检测误差，并且能够获取接头和熔池的大量信息，这对于焊接质量自适应控制非常有利。但是，直接观测法容易受到电弧的严重干扰，信息的真实性和准确性有待提高。被动视觉较难获取接头的三维信息，也不适用于埋弧焊。

（2）主动视觉

为了获取接头的三维轮廓，人们研究了基于三角测量原理的主动视觉方法。由于采用的光源能量大都比电弧能量小，一般把这种传感器安装在焊枪前面以避开弧光直射的干扰。主动光源一般为单光面或多光面的激光或扫描的激光束，简单起见，分别称为结构光法和激光扫描法。由于光源是可控的，所获取的图像受到的环境干扰可滤掉，真实性好，图像的底层处理稳定、简单、实时性好。

① 结构光视觉传感器。目前，结构光视觉传感器应用较为成熟，可用于检测坡口信息、焊缝轮廓和焊枪高度等。如图 4-40 所示为焊枪一体式的结构光视觉传感器结构。激光束经过柱面镜形成单条纹结构光。由于 CCD 摄像机与焊枪保持合适的位置关系，避开了电弧光直射的干扰。由于结构光法中的敏感器件都是面型的，实际应用中所遇到的问题主要是当结构光照射在使用钢丝刷去除氧化膜或磨削过的铝板或其他金属板表面时，会产生强烈的二次反射，这些光也成像在敏感器件上，往往会使后续的处理失败。另一个问题是激光器的发光强度分布不均匀，由于获取的图像需要经过较为复杂的后续处理，精度也会降低。

② 激光扫描视觉传感器。同结构光法相比，激光扫描法中光束集中于一点，因而信

噪比要大得多。目前，用于激光扫描三角测量的敏感器件主要有二维面型 PSD、线型 PSD 和 CCD。如图 4-41 为面型 PSD 位置检测传感器与激光扫描器组成的接头跟踪传感器的结构原理图。采用转镜进行扫描，扫描速度较高。通过测量电动机的转角，增加了一维信息，可以测量出接头的轮廓尺寸。

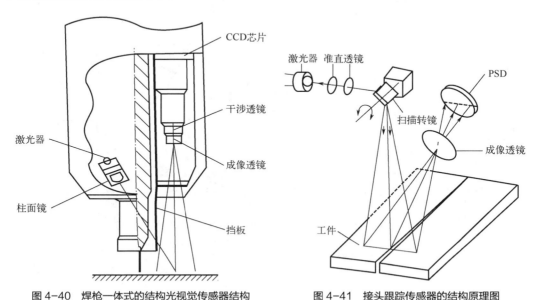

图 4-40　焊枪一体式的结构光视觉传感器结构　　　　图 4-41　接头跟踪传感器的结构原理图

4.7.2　机器人手爪多传感器系统

机器人手爪是机器人执行精巧和复杂任务的重要组成部分。机器人为了能够在存在着不确定性的环境下进行灵巧的操作，其手爪必须具有很强的感知能力，手爪通过传感器来获得环境的信息，以实现快速、准确、柔顺地触摸、抓取、操作工件等。

机器人手爪配置的传感器主要包括视觉传感器、接近觉传感器、力/力矩传感器、位置检测/姿态传感器、速度/加速度传感器、温度传感器及滑觉传感器等。

美国的 Luo 和 Lin 在由 PUMA560 机器人手臂控制的夹持型手爪的基础上提出了视觉、接近觉、位置检测、力/力矩及滑觉等多传感器信息集成的手爪。机器人手爪配置多个传感器，感知信息中存在的内在联系。若对不同传感器采用单独孤立的处理方式将割断信息之间的内在联系，丢失信息有机组合后所蕴含的信息；同时，凭单个传感器的信息判断得出的决策可能是不全面的。因此，采用多传感器信息融合方法是提高机器人操作能力和保持其安全状态的一条有效途径。

（1）手爪传感器系统

Luo 和 Lin 开发的手爪多传感器集成系统如图 4-42 所示，系统获取信息的四个阶段如图 4-43 所示。

① 远距离传感。获取远距离场景中的有用信息，包括位置、姿态、视觉纹理、色彩、形状、尺寸等物体特征信息以及环境温度和辐射水平。为了完成这一任务，系统包含温度传感器和全局视觉传感器及距离传感器等。

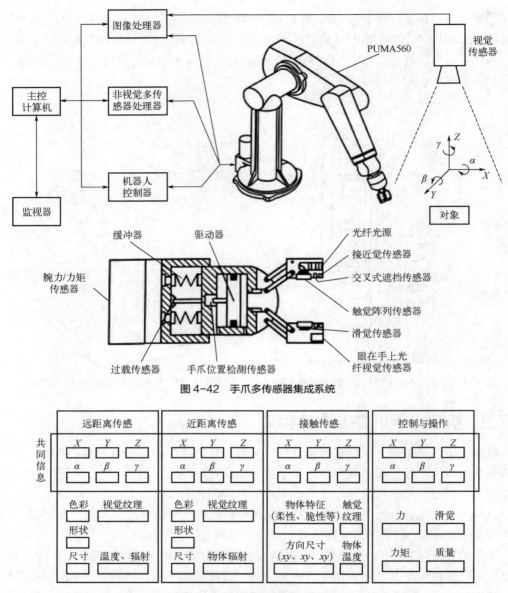

图 4-42　手爪多传感器集成系统

远距离传感			近距离传感			接触传感			控制与操作		
X	Y	Z	X	Y	Z	X	Y	Z	X	Y	Z
α	β	γ	α	β	γ	α	β	γ	α	β	γ
色彩	视觉纹理		色彩	视觉纹理		物体特征（柔性、脆性等）	触觉纹理		力	滑觉	
形状			形状								
尺寸	温度、辐射		尺寸	物体辐射		方向尺寸（xy、xy、xy）	物体温度		力矩	质量	

（图左侧竖排）共同信息

图 4-43　系统获取信息的四个阶段

②　近距离传感。近距离传感将进一步完成位置、姿态、色彩、物体辐射、视觉纹理信息等的测量，以便更新第一阶段的同类信息。系统包含各种接近觉传感器、视觉传感器、角度传感器等。

③　接触传感。当距离物体十分近时，上述传感器无法使用，此时通过触觉传感器获取物体的位置和姿态信息以便进一步证实第二阶段信息的准确性，通过接触传感可以得到更精确、详细的物体特征信息。

④　控制与操作。系统一直在不断地获取操作物体所需的全部信息，系统模块包括数据获取单元、知识库单元（机器人数据库、传感器数据库）、数据预处理单元、补偿单元、数据处理单元、决策和执行任务单元（力/力矩、滑觉、物体质量等）。

（2）手爪信息融合

如图 4-44 所示为手爪多传感器信息的融合过程（贝叶斯最佳估计），融合过程分为 3 步：

① 采集多传感器的原始数据，采用 Fisher 模型进行局部估计。

② 对统一格式的传感器数据进行比较，发现可能存在误差的传感器，进行置信距离测试，建立距离矩阵和相关矩阵，最后得到最接近、一致的传感器数据，并用图形表示。

③ 运用贝叶斯模型进行全局估计（最佳估计），融合多传感器数据，同时对其他不确定的传感器数据进行误差检测，修正传感器的误差。

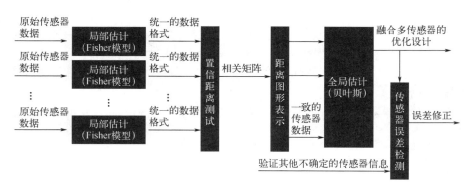

图 4-44 手爪多传感器信息的融合过程

4.7.3 多传感器信息融合装配机器人

在自动化生产线上，被装配工件的初始位置不固定，属于环境不确定的情况。机器人进行工件抓取或者装配作业时，使用力和位置的混合控制是不可行的，一般使用位置、力反馈和视觉融合的控制来进行抓取或装配工作。

多传感器信息融合装配系统主要由末端执行器、CCD 视觉传感器、超声波传感器、柔性腕力传感器及相应的信号处理单元等构成。CCD 视觉传感器安装在末端执行器上，构成了手眼视觉；超声波传感器的接收和发送探头固定在机器人末端执行器上，由 CCD 视觉传感器获取待识别和抓取物体的二维图像，并引导超声波传感器获取深度信息；柔性腕力传感器安装于机器人的手腕。多传感器信息融合装配系统的结构图如图 4-45 所示。

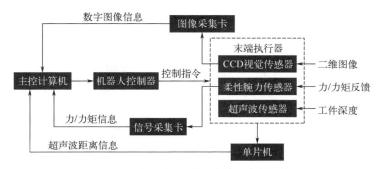

图 4-45 多传感器信息融合装配系统的结构

图像处理主要完成对物体外形的准确描述，包括图像边缘提取、周线跟踪、特征点提取、曲线分割及分段匹配、图形描述与识别。CCD 视觉传感器获取的物体图像经过处理后，可提取对象的某些特征，如物体的形心坐标、面积、曲率、边缘、角点及短轴方向等，根据这些特征信息，可得到对物体形状的基本描述。

由于 CCD 视觉传感器获取的图像不能反映工件的深度信息，因此，对于二维图像相同仅高度略有差异的工件，只用视觉信息是不能正确识别的。在图像处理的基础上，由视觉信息引导超声波传感器对待测点的深度进行测量，获取物体的深度（高度）信息，或沿工件待测面移动，超声波传感器不断采集距离信息，扫描得到距离曲线，根据距离曲线分析工件的边缘或外形。计算机将视觉信息和深度信息融合推理后，进行图像匹配、识别，并控制机械手以合适的位姿准确地抓取物体。

安装在机器人末端执行器上的超声波传感器由发射和接收探头构成，根据声波反射的原理，检测由待测点反射回的声波信号，经处理后得到工件的深度信息。为了提高检测精度，在接收单元电路中采用可变阈值检测、峰值检测、温度补偿和相位补偿等技术，可获得较高的检测精度。

柔性腕力传感器测试末端执行器所受力（力矩）的大小和方向，从而确定末端执行器的运动方向。

第 **5** 章

机器人的控制系统

5.1
机器人的控制基础

5.1.1　机器人控制系统的特点

　　控制系统（控制器）是工业机器人的三大核心零部件之一，是工业机器人的大脑，控制系统的水平高低直接决定了机器人性能的优劣。学习工业机器人技术，需要理解相关控制系统的基本知识和技能。当前，业界一般公认所谓工业机器人"四大家族"品牌是 ABB、FANUC、安川、KUKA，新松、广州数控、华中数控、固高科技、汇川技术等国产工业机器人也取得了良好的市场份额，他们都把控制器的主导权掌握在自己手中。

　　机器人的控制系统主要对机器人工作过程中的动作顺序、应到达的位置及姿态、路径轨迹及规划、动作时间间隔以及末端执行器施加到物体上的力和转矩等进行控制。目前广泛使用的工业机器人中，控制器多为微型计算机，外部有控制柜封装。这类机器人一般用示教再现的工作方式，机器人的作业路径、运动参数由操作者手把手示教或通过程序设定，机器人重复再现示教的内容；机器人配有内部传感器，用来感知运行速度、角度等，还可以配备视觉、力传感器用来感知外部环境。

　　近年来，智能机器人的研究如火如荼。这类机器人处理的信息量大，控制算法复杂。同时配备了多种内部、外部传感器，不但能感知内部关节运行速度及力的大小，还能对外部的环境信息进行感知、反馈和处理。与一般的伺服系统或过程控制系统相比，TiP 机器人控制系统具有如下特点。

　　①　与机构运动学及动力学密切相关。机器人末端执行器的状态可以在各种坐标系下进行描述，应当根据需要，选择不同的参考坐标系，并做适当的坐标变换。经常要求解运动学

正问题和逆问题，除此之外还要考虑惯性力、外力（包括重力）及科氏力、向心力的影响。

② 多变量控制系统。一个机器人一般有 3~6 个自由度，比较复杂的机器人有十几个，甚至几十个自由度。每个自由度一般包含一个伺服机构，它们必须协调起来，组成一个多变量控制系统。

③ 计算机控制系统。把多个独立的伺服系统有机地协调起来，使其按照人的意志行动，赋予机器人一定的"智能"，这个任务只能由计算机来完成。因此，机器人控制系统必须是一个计算机控制系统。同时，计算机软件担负着艰巨的任务。

④ 耦合非线性控制系统。描述机器人状态和运动的数学模型是一个非线性模型，随着状态的不同和外界环境的变化，其参数也在变化，各变量之间还存在耦合。因此，仅仅利用位置闭环是不够的，还要利用速度闭环甚至加速度闭环。系统中经常使用重力补偿、前馈、解耦或自适应控制等方法。

⑤ 寻优控制系统。机器人的动作往往可以通过不同的方式和路径来完成，因此存在一个"最优"的问题。较高级的机器人可以用人工智能的方法，用计算机建立起庞大的信息库，借助信息库进行控制、决策、管理和操作。根据传感器和模式识别的方法获得对象及环境的工况，按照给定的指标要求，自动地选择最佳的控制规律。

总而言之，机器人控制系统是一个与运动学和动力学原理密切相关的、耦合的、非线性的、能自动寻优的多变量计算机控制系统。由于它的特殊性，经典控制理论和现代控制理论都不能照搬使用。

5.1.2 机器人控制系统的主要功能

机器人控制系统是机器人的重要组成部分，用于实现对机器人的控制，以完成特定的工作任务，其基本功能如下。

① 具有位置伺服功能。实现对工业机器人的位置、速度、加速度等的控制，对于连续轨迹运动的工业机器人，还必须具有轨迹的规划与控制功能。

② 方便的人机交互功能。操作人员通过人机接口（示教器、操作面板、显示屏等），采用直接指令代码对工业机器人进行作业指示，使工业机器人具有作业知识的记忆、修正和工作程序的跳转功能，存储作业顺序、运动路径、运动方式、运动速度和与生产工艺有关的信息。

③ 具有对外部环境（包括作业条件）的检测和感觉功能。为使工业机器人具有对外部状态变化的适应能力，工业机器人应具有对诸如视觉、力觉、接触觉等有关信息进行采集、识别、判断和理解等的功能。在自动化生产线中，工业机器人应具有与其他设备交换信息，协调工作的能力。

④ 具有故障诊断和安全保护功能。运行时进行系统状态监视、故障状态下的安全保护和故障自诊断。

5.1.3 工业机器人控制系统的基本组成与结构

（1）工业机器人控制系统的基本组成

机器人的控制系统由控制计算机、示教盒和操作面板等组成，如图 5-1 所示。

① 控制计算机。控制计算机是控制系统的调度指挥机构。一般为微型计算机，微处理器有 32 位、64 位等。

② 示教盒。示教盒示教机器人的工作轨迹和参数设定，以及所有人机交互操作，拥有独立的 CPU 以及存储单元，与主计算机之间以串行通信方式实现信息交互。

③ 操作面板。操作面板由各种操作按键、状态指示灯构成，只完成基本功能操作。

④ 磁盘存储。存储机器人工作程序的外围存储器。

⑤ 数字和模拟量输入/输出。数字和模拟量输入/输出是指各种状态和控制命令的输入/输出。

⑥ 打印机接口。打印机接口用于记录需要输出的各种信息。

⑦ 传感器接口。传感器接口用于信息的自动检测，实现机器人柔性控制，一般为力觉、接触觉和视觉传感器。

⑧ 轴控制器。轴控制器用于完成机器人各关节位置、速度和加速度的控制。

⑨ 辅助设备控制。辅助设备控制用于和机器人配合的辅助设备控制，如手爪变位机等。

⑩ 通信接口。通信接口用于实现机器人和其他设备的信息交换，一般有串行接口、并行接口等。

⑪ 网络接口。Ethernet 接口可通过以太网实现数台或单台机器人的直接 PC 通信，数据传输速率高达 10Mbit/s，可直接在 PC 上用库函数进行应用程序编程，支持 TCP/IP 通信协议，通过 Ethernet 接口将数据及程序装入各个机器人控制器中。

⑫ Fieldbus 接口。支持多种流行的现场总线规格，如 Device.NET、AB Remote I/O、Interbus-s、profibus-DP、M-NET 等。

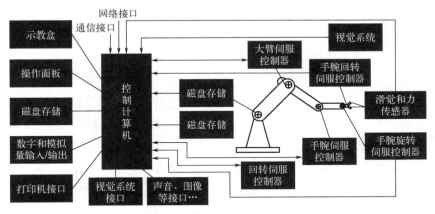

图 5-1　工业机器人控制系统组成框图

（2）工业机器人控制系统的基本结构

一个典型的工业机器人控制系统，主要由上位计算机、运动控制器、驱动器、电动机、执行机构和反馈装置构成，如图 5-2 所示。

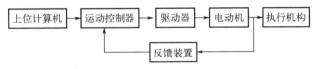

图 5-2　工业机器人控制系统的基本结构

　　一般地，工业机器人控制系统基本结构的构成方案有三种：基于 PLC 的运动控制、基于 PC 和运动控制卡的运动控制、纯 PC 控制。

　　① 基于 PLC 的运动控制。如图 5-3 所示。

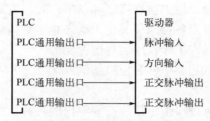

图 5-3　基于 PLC 的运动控制

基于 PLC 的运动控制包括两种方式：

　　a．利用 PLC 的某些输出口，使用脉冲输出指令来产生脉冲，从而驱动电动机，同时使用通用 I/O 或者计数部件来实现电动机的闭环位置控制。

　　b．使用 PLC 外部扩展的位置模块来进行电动机的闭环位置控制。

　　② 基于 PC 和运动控制卡的运动控制。运动控制器以运动控制卡为主，工控 PC 只提供插补运算和运动指令，运动控制卡完成速度控制和位置控制，如图 5-4 所示。

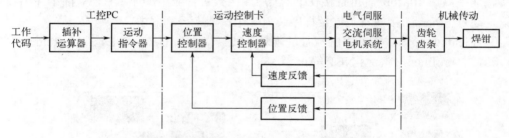

图 5-4　基于 PC 和运动控制卡的运动控制

　　③ 纯 PC 控制。如图 5-5 为完全 PC 结构的机器人控制系统。在高性能工业 PC 和嵌入式 PC（配备专为工业应用而开发的主板）的硬件平台上，可通过软件程序实现 PLC 和运动控制等功能，从而实现机器人需要的逻辑控制和运动控制。

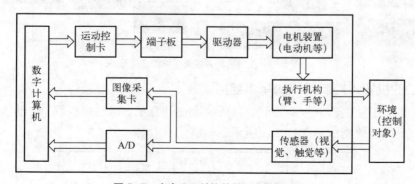

图 5-5　完全 PC 结构的机器人控制系统

　　通过高速的工业总线进行 PC 与驱动器的实时通信，能显著地提高机器人的生产效率和灵活性。不过，在提供灵活的应用平台的同时，也大大提高了开发难度且延长了开发周期。由于其结构的先进性，这种结构代表了未来机器人控制结构的发展方向。

随着芯片集成技术和计算机总线技术的发展，专用运动控制芯片和运动控制卡越来越多地作为机器人的运动控制器。这两种形式的运动控制器控制方便灵活，成本低，都以通用 PC 为平台，借助 PC 的强大功能来实现对机器人的运动控制。前者利用专用运动控制芯片与 PC 总线组成简单的电路来实现，后者直接做成专用的运动控制卡。这两种形式的运动控制器内部都集成了机器人运动控制所需的许多功能，有专用的开发指令，所有的控制参数都可由程序设定，使机器人的控制变得简单，易实现。

运动控制器都从主机（PC）接收控制命令，从位置检测传感器接收位置信息，向伺服电机功率驱动电路（驱动器）输出运动命令。对于伺服电机位置闭环系统来说，运动控制器主要完成了位置环的作用，可称为数字伺服运动控制器，适用于包括机器人和数控机床在内的一切交、直流和步进电机伺服控制系统。

专用运动控制器的使用使得原来由主机完成的大部分计算工作由运动控制器内的芯片来完成，使控制系统硬件设计简单，与主机之间的数据通信量减少，解决了通信中的瓶颈问题，提高了系统效率。

5.1.4　机器人控制的主要技术

（1）关键技术

机器人控制的关键技术包括以下方面。

① 开放性模块化的控制系统体系结构。采用分布式 CPU 计算机结构，分为机器人控制器（RC）、运动控制器（MC）、光电隔离 I/O 控制板、传感器处理板和编程示教盒等。RC 和编程示教盒通过串口/CAN 总线进行通信。RC 的主计算机完成机器人的运动规划、插补和位置伺服以及主控逻辑、数字 I/O、传感器处理等功能，而编程示教盒完成信息的显示和按键的输入。

② 模块化与层次化的控制器软件系统。软件系统建立在基于开源的实时多任务操作系统上，采用分层和模块化结构设计，以实现软件系统的开放性。整个控制器软件系统分为硬件驱动层、核心层和应用层 3 个层次。这 3 个层次分别面对不同的功能需求，对应不同层次的开发，系统中各个层次内部由若干功能相对独立的模块组成，这些功能模块相互协作，共同实现该层次所提供的功能。

③ 机器人的故障诊断与安全维护技术。通过各种信息，对机器人故障进行诊断，并进行相应维护，是保证机器人安全性的关键技术。

④ 网络化机器人控制器技术。目前，由于机器人的应用工程由单台机器人工作站向机器人生产线发展，使得机器人控制器的联网技术变得越来越重要。控制器上具有串口、现场总线及以太网的联网功能，可用于机器人控制器之间和机器人控制器同上位机的通信，便于对机器人生产线进行监控、诊断和管理。

（2）机器人示教

用机器人代替人进行作业时，必须预先对机器人发出指示，规定机器人应该完成的动作和作业的具体内容。这个过程就称为对机器人的示教或对机器人的编程。对机器人的示教有不同的方法。要想让机器人实现人们所期望的动作,必须赋予机器人各种信息:第一是机器人动作顺序的信息及外围设备的协调信息;第二是机器人工作时的附加条件信息;第三是机器人的位置和姿态信息。前两个方面在很大程度上与机器人要完成的工作以及相关的工艺要求有关,所以本书重点介绍有关机器人位置和姿态的示教。位置和姿态的示教大致有以下两种方式。

① 直接示教。直接示教就是人们常说的手把手示教,由人直接搬动机器人的手臂对机器人进行示教,如示教盒示教或操作杆示教等。在这种示教中,为了示教方便及获取信息快捷而准确,人们可选择在不同的坐标系下示教,如可在关节坐标系、直角坐标系、工具坐标系、工件坐标系或用户自定义的坐标系下示教。

② 离线示教。离线示教是指不对实际作业的机器人直接进行示教,而是脱离实际作业环境生成示教数据,间接地对机器人进行示教。在离线示教(离线编程)中,通过使用计算机内存储的模型(CAD 模型),不要求机器人实际产生运动,便能在示教结果的基础上对机器人的运动进行仿真,从而确定示教内容是否恰当及机器人是否按人们期望的方式运动。早期对工业机器人的控制主要是通过示教再现方式进行的,控制装置由凸轮、挡块、插销板、穿孔纸带、磁鼓、继电器等机电元器件构成。20 世纪 80 年代以来的工业机器人,则主要使用微型计算机系统综合实现上述控制功能。本章介绍的工业机器人控制系统都是以计算机控制为前提的。

5.1.5 机器人操作系统

机器人操作系统是工业机器人控制系统的"软部分",实质上都是采用了嵌入式实时操作系统(RTOS)。

① VxWorks。VxWorks 操作系统是美国 Wind River(风河系统公司)于 1983 年设计开发的一种嵌入式实时操作系统,是 Tornado 嵌入式开发环境的关键组成部分。VxWorks 使用可裁剪微内核结构,可进行高效的任务管理、灵活的任务间通信、微秒级的中断处理,支持多种物理介质及标准、完整的 TCP/IP 网络协议等。工业机器人是实时性要求极高的工业装备,ABB、KUKA 等均选用 VxWorks 作为主控制器操作系统。

② Windows CE。Windows CE 是美国微软公司推出的嵌入式实时操作系统,与 Windows 系列有较好的兼容性,无疑是 Windows CE 推广的一大优势。Windows CE 为建立针对掌上设备、无线设备的动态应用程序和服务提供了一种功能丰富的操作系统平台,它能在多种处理器体系结构上运行,并且通常适用于那些对内存占用空间具有一定限制的设备。相比于 VxWorks,Windows CE 实质上是软实时操作系统,但其丰富的开发资源对于示教器系统等的开发具有较好的优势,如 ABB 等公司采用 Windows CE 开发示教器系统。

③ 嵌入式 Linux。由于嵌入式 Linux 源代码公开,因此人们可以任意修改,以满足自己的应用。其中大部分都遵从 GPL,GPL 是开放源代码和免费的,可以稍加修改后应用于用户自己的系统;有庞大的开发人员群体,无须专门的人才,只要懂 Unix/Linux 和 C 语言即可;支持的硬件数量庞大。嵌入式 Linux 和普通 Linux 并无本质区别,计算机上用到的硬件嵌入式 Linux 几乎都支持,而且各种硬件的驱动程序源代码都可以得到,为用户

编写自己专有硬件的驱动程序带来很大方便。众多中小型机器人公司和科研院所选择嵌入式 Linux 作为机器人操作系统。

④ μC/OS-II。μC/OS-II是著名的源代码公开的实时内核，是专为嵌入式应用设计的，可用于 8 位、16 位和 32 位单片机或数字信号处理器（DSP）。它的主要特点是公开源代码、可移植性好、可固化、可裁剪、占先式内核、确定性等。该系统在教学机器人、服务机器人、工业机器人科研等领域得到较多的应用。

5.2
典型工业机器人的控制系统

5.2.1　国外工业机器人的控制系统

① ABB。ABB 是总部位于瑞士的全球知名工业机器人品牌。1974 年，ABB 第一台机器人诞生，IRC5 为目前最新推出的控制系统。ABB 机器人大部分用于焊接、喷涂及搬运。

ABB IRC5 的主控制器采用了 x86 架构，运行实时 VxWorks 操作系统，负责机器人任务规划、外部通信、参数配置等上层任务；伺服驱动部分由单独的轴控制完成，配备独立的放大模块；示教器 FlexPendant 采用 Arm+Windows CE 的架构方案，通过 TCP/IP 与主控制器实现通信。IRC5 的控制系统由电机、变压器、计算机控制模块（主计算机）、串口测量板、齿轮箱、编码器、轴计算机、驱动板等组成，如图 5-6 所示。

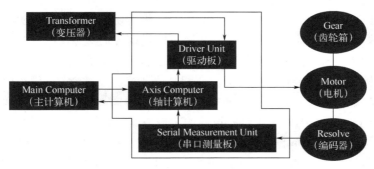

图 5-6　ABB 公司 IRC5 的控制系统

② KUKA。库卡（KUKA）机器人有限公司于 1995 年成立于德国巴伐利亚州的奥格斯堡，是世界领先的工业机器人制造商之一。KUKA 业务主要集中在机器人本体、系统集成、焊接设备和物流自动化方面，广泛应用于汽车领域，拥有奔驰、宝马等核心客户。我国企业美的集团在 2017 年 1 月顺利收购 KUKA 94.55%的股权。KUKA 最新的控制系统 KRC4 使用了基于 x86 的硬件平台，运行"VxWorks+Windows"系统，把能软件化的功能全部用软件来实现，包括伺服控制（Servo Control）、安全管理（Safety Controller）、软 PLC（Soft PLC）等，其结构如图 5-7 所示。示教器的实现方式与 ABB 不同，KRC4 人机交互界面运行在主控制器上，示教器使用远程桌面登录主控制器来访问人机交互界面，同时使

用 EtherCAT 等总线传输安全信号，减少接线和安全配件，提高可靠性。因此，KUKA 控制器既可以提供良好的人机交互界面，又能提供精确的实时控制。

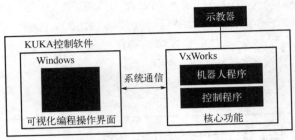

图 5-7　KUKA 控制系统的结构

③ FANUC。FANUC 作为日本机器人的主要品牌之一，其控制系统在控制原理上与其他品牌机器人大致相同，但其控制部分的组成结构有着自己的风格，体现了亚洲人的使用习惯。和其他品牌工业机器人的控制系统一样，FANUC 机器人的控制系统主要分为硬件和软件两部分。硬件部分主要有控制单元、电源装置、用户接口电路、存储电路、关节伺服驱动单元和传感单元；软件部分主要包括机器人轨迹规划算法和关节位置控制算法的程序实现以及整个系统的管理、运行和监控等功能。

FANUC 工业机器人的控制系统采用 32 位 CPU 控制，以提高机器人运动插补运算和坐标变换的速度；采用 64 位数字伺服驱动单元，同步控制 6 轴运动，运动精度大大提高，最多可控制 12 轴，进一步改善了机器人的动态特性；支持离线编程技术，技术人员可通过离线编程软件设置参数，优化机器人运动程序；控制器内部结构相对集成化，这种集成方式具有结构简单、整机价格便宜且易维护保养等特点。

④ 安川。YASKAWA（安川）是日本知名机器人公司，MOTOMAN UP6 是其 MOTOMAN 系列工业机器人中的一种，其运动控制系统采用专用的计算机控制系统。该计算机控制系统能完成系统伺服控制、操作台和示教编程器控制、显示服务、自诊断、I/O 通信控制、坐标变换、插补计算、自动加速和减速计算、位置控制、轨迹修正、多轴脉冲分配、平滑控制原点和减速点开关位置检测、反馈信号同步（倍频、分频、分向控制）等众多功能。MOTOMAN UP6 采用示教再现的工作方式。在示教和再现过程中，计算机控制系统均处于边计算边工作的状态，且系统具有实时中断控制和多任务处理功能。在工作过程中数据的传输、方式的切换、过冲报警、升温报警等多种动作的处理都能随机发生。控制系统封装成控制柜的形式，控制柜名称为 YASNACXRC。

5.2.2　国产工业机器人的控制系统

目前，在工业机器人领域，我国企业已经拥有了一定的话语权。国内存在一批在运动控制领域长期深入研究的企业，具有大量资金投入和长时间的市场验证，国产控制系统（控制器）已经拥有了自己的技术特点和市场基础。

① 新松 SRC C5 等系列控制器。新松机器人公司隶属中国科学院，是一家以机器人技术为核心，致力于全智能产品及服务的高科技上市企业，是我国机器人产业前 10 名的核心牵头企业，是国家机器人产业化基地。新松 SRC C5 是其新一代机器人智能控制系统，

有如下特点。

a. SRC C5 智能控制系统支持虚拟仿真、机器视觉（2D/3D）、力觉传感等多种智能技术的应用，新松工业机器人可以通过不同行业的工艺软件包，在焊接、搬运、码垛、磨抛、装配、喷涂等多个领域作业。

b. 采用全新的控制柜设计，SRC C5 智能控制系统在软、硬件性能得到提升的同时，体积缩减 43%，重量降低 32%，柜内机器人控制器、安全控制器、伺服驱动器高度融合，全方位保障作业安全性。

c. 采用触摸屏横版示教盒，具有高灵敏度的触屏体验，适用于新型系统所有机型。集成通电按钮、模式选择开关、状态指示灯、急停按钮，更加快捷方便。示教器线缆与控制柜通过快插连接器连接，能够快速插拔，可以实现示教器与机器人一对多的组合方式。

② 广州数控 GSK-RC 等系列控制器。在丰富的机床数控技术积累的基础上，广州数控掌握了机器人控制器、伺服驱动、伺服电机的完全知识产权，其中 GSK-RC 是广州数控自主研发生产、具有独立知识产权的机器人控制器。

③ 华中数控 CCR 等系列控制器。从 1999 年开始，华中数控就开发出了华中 I 型机器人的控制系统和教育机器人，经过二十多年发展，华中数控已掌握了多项机器人控制和伺服电机的关键核心技术，在控制器、伺服驱动器和电动机三大核心部件领域均具备了很大的技术优势。CCR 系列是华中数控自主研发的重要机器人控制系统。

④ 固高科技 GUC 等系列控制器。固高深耕于运动控制领域，从 2001 年开始研发 4 轴机器人控制器，2006 年涉足 6 轴机器人控制器，是国内较早研究机器人控制器的企业之一。截至目前，固高 GUC 系列控制系统涵盖了从 3 轴到 8 轴各类型机器人，其中技术难度最大的 8 轴机器人控制系统已经可以实现批量生产。从 2010 年开始，固高科技逐渐提出了驱控一体化的产品体系架构，并推出 6 轴驱控一体机。

⑤ 汇川技术 IMC100 等系列控制器。汇川技术是专门从事工业自动化控制产品的研发、生产和销售的高新技术企业，公司掌握了高性能矢量变频技术、可编程序控制器（PLC）技术、伺服技术和永磁同步电动机等核心平台技术。2013 年，公司开始拓展到控制器领域，2014 年推出了基于 EtherCAT 总线的 IM100 机器人控制器，目前其主要市场包括小型六关节、小型 SCARA 以及并联机器人等新兴领域。

5.3
工业机器人控制的分类

5.3.1　工业机器人控制系统类型

工业机器人控制结构的选择，是由工业机器人所执行的任务决定的，对不同类型的机器人已经发展了不同的控制综合方法。工业机器人控制的分类没有统一的标准。如按运动坐标控制的方式来分，有关节空间运动控制、直角空间运动控制；如按控制系统对工作环境变化的适应程度来分，有程序控制系统、适应性控制系统、人工智能控制系统；如按同时控制机器人数目的多少来分，可分为单控系统、群控系统；如按控制系统硬件结构的控制方式来分，有集中控制系统、主从控制系统和分散控制系统。

下面按控制系统硬件结构的控制方式不同，对工业机器人控制方式做具体分析。

① 集中控制系统。集中控制系统用一台计算机实现全部控制功能，结构简单，成本低，但实时性差，难以扩展，在早期的机器人中常采用这种结构。基于计算机的集中控制系统，充分利用了计算机资源开放性的特点，开放性好，多种控制卡、传感器设备等都可以通过标准 PCI 插槽或通过标准串口、并口集成到控制系统中。集中控制系统的优点是：硬件成本较低，便于信息的采集和分析，易于实现系统的最优控制，整体性与协调性较好，基于计算机的系统硬件扩展较为方便。其缺点是：由于工业机器人控制涉及位置控制、速度控制、加速度控制、轨迹规划等各种数据，对实时性要求较高，集中控制系统在实时性方面存在缺陷。

② 主从控制系统。主从控制系统采用主、从两级处理器实现系统的全部控制功能，主 CPU 实现管理、坐标变换、轨迹生成和系统自诊断等，从 CPU 实现所有关节的动作控制。主从控制系统实时性较好，适用于高精度、高速度控制，但其系统扩展性较差，维修困难。

③ 分散控制系统。分散控制系统是指按系统的性质和方式将系统控制分成几个模块，每一个模块各有不同的控制任务和控制策略，各模块之间可以是主从关系，也可以是平等关系。这种方式实时性好，易于实现高速、高精度控制，易于扩展，可实现智能控制，是目前流行的方式。该系统灵活性好，控制系统的危险性降低，采用多处理器的分散控制有利于系统功能的并行执行，提高了系统的处理效率，缩短了响应时间。分散控制系统的控制框图如图 5-8 所示。

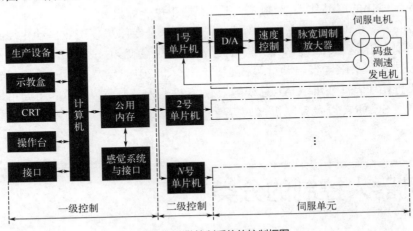

图 5-8　分散控制系统的控制框图

两级分散控制系统通常由上位机、下位机和网络组成。上位机可以进行不同的轨迹规划和控制算法，下位机进行插补细分、控制优化等的研究和实现。上位机和下位机通过通信总线相互协调工作，通信总线可以是 RS-232、RS-485、IEEE-488 以及 USB 总线等形式。现在，以太网和现场总线技术的发展为机器人提供了更快速、稳定、有效的通信服务。尤其是现场总线，它应用于生产现场，在微机化测量控制设备之间实现双向多节点数字通信，从而形成了新型的网络集成式全分布控制系统——现场总线控制系统（Field bus Control System，FCS）。在工厂生产网络中，将可以通过现场总线连接的设备统称为现场设备。从系统论的角度来说，工业机器人作为工厂的生产设备之一，也可归于现场设备。在机器人系统中引入现场总线技术后，更有利于机器人在工业生产环境中的集成。

对于具有多自由度的工业机器人而言，集中控制对各个控制轴之间的耦合关系处理得很好，可简单地进行补偿。但是，当轴的数量增加到使控制算法变得很复杂时，其控制性能会恶化。而且，当系统中轴的数量或控制算法变得很复杂时，可能会导致系统的重新设计。与之相比，分散控制的每一个运动轴都由一个控制器处理，这意味着系统有较少的轴间耦合和较高的系统重构性。

下面按运动控制方式的不同，对工业机器人控制方式做具体分析。

① 位置控制方式。工业机器人位置控制又分为点位控制和连续轨迹控制两类，如图 5-9 所示。

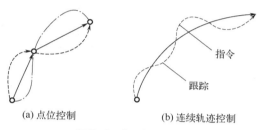

(a) 点位控制　　　　　　(b) 连续轨迹控制

图 5-9　位置控制方式

a．点位控制。这类控制的特点是仅控制离散点上工业机器人末端执行器的位姿，要求尽快而无超调地实现相邻点之间的运动，但对相邻点之间的运动轨迹一般不做具体规定。例如，在印制电路板上安插元件、点焊、搬运及上下料等工作，都采用点位控制方式。要尽快且无超调地实现相邻点之间的运动，就要求每个伺服系统为一个临界阻尼系统。点位控制的主要技术指标是定位精度和完成运动所需的时间。

b．连续轨迹控制。这类运动控制的特点是连续控制工业机器人末端执行器的位姿，使某点按规定的轨迹运动。例如，在弧焊、喷漆、切割等场所的工业机器人控制均属于这一类。连续轨迹控制一般要求速度可控、轨迹光滑且运动平稳。连续轨迹控制的技术指标：轨迹精度和平稳性。

② 速度控制方式。对工业机器人的运动控制来说，在位置控制的同时，有时还要进行速度控制。例如，在连续轨迹控制方式的情况下，工业机器人按预定的指令，控制运动部件的速度和实行加、减速，以满足运动平稳、定位准确的要求，如图 5-10 所示。由于工业机器人是一种工作情况（行程负载）多变、惯性负载大的运动机械，要处理好快速与平稳的矛盾，必须控制启动加速和停止前的减速这两个过渡运动区段。

③ 力（力矩）控制方式。在进行装配或抓取物体等作业时，工业机器人末端执行器与作业对象的表面接触，除了要求准确定位之外，还要求使用适度的力或力矩进行工作，这时就要采取力（力矩）控制方式。力（力矩）控制是对位置控制的补充，这种方式的控制原理与位置控制原理也基本相同，只不过输入量和反馈量不是位置信号，而是力（力矩）信号，因此系统中有力（力矩）传感器。

117

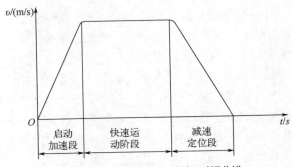

图 5-10　机器人行程的速度-时间曲线

5.3.2　工业机器人的伺服控制

① 工业机器人的伺服驱动器。工业机器人一般采用交流伺服系统作为执行单元来完成机器人特定的轨迹运动，并满足在运行速度、动态响应、位置精度等方面的技术要求。因而，交流伺服系统是工业机器人的重要核心部件。工业机器人的伺服系统包括伺服驱动器和伺服电机，伺服驱动器接收上位控制器指令并进行处理后，发送至伺服电机，驱动伺服电机运转，伺服电机自带的编码器发送反馈信号给伺服驱动器，形成相应的控制系统。伺服系统的组成框图如图 5-11 所示，工业机器人伺服系统的实物如图 5-12 所示。

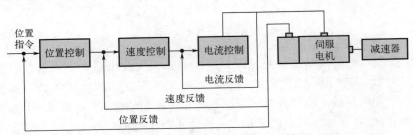

图 5-11　工业机器人伺服系统的组成框图

图 5-12　工业机器人伺服系统的实物

工业机器人的伺服驱动器是指控制机器人伺服电机的专用控制器，可通过位置、速度和电流三种方式对工业机器人的伺服电机进行闭环控制。随着国内外工业机器人的快速发展，工业机器人的伺服驱动器作为机器人的核心部件之一，也取得了突飞猛进的发展。但是，国内伺服驱动器仍然和国外伺服驱动器有一定的差距，必须持续提高伺服驱动器的性能和可靠性，才能不断提高我国工业机器人的技术水平。

工业机器人的伺服驱动器可按照功率等级、电动机编码器类型、总线控制方式等进行分类。

按照功率等级可分为 400W 伺服驱动器、1kW 伺服驱动器、2kW 伺服驱动器、5.5kW 伺服驱动器、7.5kW 伺服驱动器、11kW 伺服驱动器、18kW 伺服驱动器等。

按照电动机编码器类型可分为增量型旋转编码器伺服驱动器、旋转变压器伺服驱动器、磁编码器伺服驱动器和高精度编码器伺服驱动器等。

按照总线控制方式可分为 EtherCAT 总线伺服驱动器、Powerlink 总线伺服驱动器和 Mechatrolink 总线伺服驱动器等。

上位控制器和伺服驱动器采用脉冲指令和总线通信的方式进行通信，近年来又出现了新型模式，即上位控制器的运动控制保持不变，把伺服驱动器和伺服电机做一体化集成，称为 ALL in ONE，这样电动机与驱动器的线缆就得到了极大的节约，运动控制和伺服驱动达成一体化的集成。

传统模式由于空间相对分散，上层中央控制器和底层执行机构的相对物理距离比较远，而采用 ALL in ONE 方式可以控制几十台甚至上百台设备，使用非常方便。

另外，驱控一体化已经成为工业机器人等装备的发展趋势，即把控制器和驱动器集成在一起，其优势为体积小、重量轻、部署灵活、成本低、可靠性高，可高效处理完成复杂的机器人算法，通过共享内存传输更多控制、状态信息，通信速度高达 100Mbit/s；不足之处在于高集成度开发难度较大，以及高集成度系统扩展性欠缺。

② 工业机器人伺服控制的基本流程。工业机器人的控制方式有不同的分类，如按被控对象不同，可分为位置控制、速度控制、加速度控制、力控制、力矩控制、力和位置混合控制等，而实现机器人位置控制是工业机器人的基本控制任务。由于机器人是由多轴（关节）组成的，因此每轴的运动都将影响机器人末端执行器的位姿。如何协调各轴的运动，使机器人末端执行器完成作业要求的轨迹，是个关键问题。关节控制器（下位控制器）是执行计算机，负责伺服电机的闭环控制及实现所有关节的动作协调。它在接收主控制器（上位控制器）送来的各关节下一步期望达到的位置后，又做一次均匀细分，使运动轨迹更为平滑，然后将各关节下一步期望值逐渐点送给伺服电机，同时检测光电码盘信号，直至准确到位。工业机器人的位置控制如图 5-13 所示。

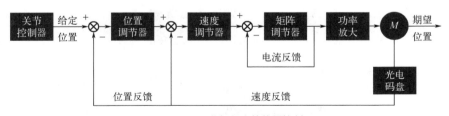

图 5-13　工业机器人的位置控制

③ 工业机器人伺服驱动器控制方式的选用方法。目前，机器人伺服驱动器一般都有速度控制方式、转矩控制方式和位置控制方式三种控制方式。这三种控制方式的选用方法具备通用性。

伺服驱动器的三种控制方法中，速度控制和转矩控制都是用模拟量来控制的，位置控制是通过发脉冲来控制的，具体采用什么控制方式要根据实际控制情况，可参照 3.4 节相应内容。

5.3.3 工业机器人的视觉控制

（1）机器视觉系统的构成

机器视觉是指用机器代替人眼来做测量和判断。机器视觉系统是指通过机器视觉产品（即图像摄取装置，分为 CMOS 和 CCD 两种）将被摄取目标转换成图像信号，传送给专用的图像处理系统，再根据像素分布和亮度、颜色等信息，转变成数字化信号。图像系统对信号进行各种运算来抽取目标的特征，进而根据判别的结果来控制现场的设备动作。

按照相机的类型，视觉系统一般可以分为模拟相机、数码相机和智能相机三类，如图 5-14、图 5-15、图 5-16 所示。

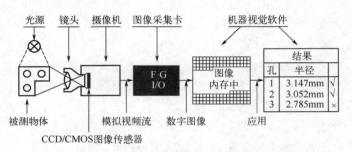

图 5-14　采用模拟相机的视觉系统构成

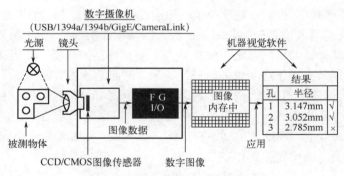

图 5-15　采用数码相机的视觉系统构成

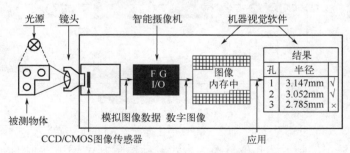

图 5-16　采用智能相机的视觉系统构成

工业相机是机器视觉系统中应用的一个关键组件，其本质功能是将光信号转变成工业相机的电信号。选择合适的相机也是机器视觉系统设计中的重要环节，相机直接决定了所采集到的图像分辨率、图像质量等，同时也与整个系统的运行模式直接相关。工业相机又俗称工业摄像机，与传统的民用相机（摄像机）相比，它具有高的图像稳定性、高传输能力和高抗干扰能力等，目前市面上的工业相机大多是基于 CCD 和 CMOS 芯片的相机。

智能相机并不是一台简单的相机，而是一种高度集成化的微小型机器视觉系统，其将图像的采集处理与通信功能集成于单一相机内，从而提供了具有多功能、模块化、高可靠性、易于实现的机器视觉解决方案。同时，由于应用了最新的 DSP、FPGA 及大容量存储技术，其智能化程度不断提高，可满足多种机器视觉领域的应用需求。

（2）工业机器人的视觉系统

机器人视觉系统是指使机器人具有视觉感知功能的系统。机器人视觉可以通过视觉传感器获取环境的图像，并通过视觉处理器进行分析和解释，进而转换为符号，让机器人能够辨识物体，并确定其位置。机器人视觉广义上称为机器视觉，其基本原理与计算机视觉类似。

目前，工业机器人的视觉系统是在机器视觉系统的基础上增加了机器人、控制器等硬件。

机器人视觉系统的软件由以下几个部分组成。

① 计算机系统软件。选用不同类型的计算机，就有不同的操作系统和它所支持的各种语言、数据库等。

② 机器人视觉信息处理算法，如图像预处理、分割、描述、识别和解释等算法。

③ 机器人控制软件。

（3）手眼系统标定

① 相机标定。空间物体表面基点的三维几何位置与其在图像中对应点之间的相互关系是由摄像机成像几何模型决定的，这些几何模型参数就是相机参数，必须由实验和计算来确定，该过程称为相机标定。

相机标定的方法有很多，一般分为三类：

第一类：传统的标定技术。此类标定方法需要提供较多的已知条件，如特定的标定物以及一组已知坐标的特征基元，结合拍摄所得二维图像中的特定标定物以及提供的特征基元之间的投影关系进行几何运算完成相机标定。传统的标定技术已经相当成熟，提出了很多比较好的方法。

第二类：自标定技术。采用与传统标定技术完全不同的标定方式，放弃使用标定物，仅通过对相机获取的图像序列进行求解。虽然自标定技术不需要使用标定物，减少了一些工作量，但是总体来说相机自标定技术增加了计算难度和计算量，实时性不高并且结果精度不甚理想。

第三类：基于主动视觉的标定技术。基于主动视觉的标定技术利用相机获得的二维图像以及相机运动过程中的轨迹等运动参数来计算相机的内外参数。

② 手眼相对关系标定。手眼标定求取的是相机坐标系与机器人末端执行器坐标系之间的相对关系。目前，一般采用的方法是：在机器人末端执行器处于不同位置和姿态下，对相机相对于靶标的外参数进行标定，根据相机相对于靶标的外参数和机器人末端执行器的位置和姿态，计算获得相机相对于机器人末端执行器的外参数。相机坐标系与机器人末端执行器坐标系的相对关系具有非线性和不稳定性，如何获取手眼关系的有意义解成为研

究关注的焦点之一。由于求解的方法不同，出现了许多不同的手眼标定方法。

（4）机器视觉的伺服系统

视觉伺服控制系统的运动学闭环由视觉反馈与相对位姿估计环节构成，相机不断采集图像，通过提取某种图像特征并进行视觉处理后得出机器人末端执行器与目标物体的相对位姿估计。视觉伺服控制系统根据任务描述和机器人及目标物体的当前状态，决定机器人相应的操作并进行轨迹规划，产生相应的控制指令，最后驱动机器人运动。

根据视觉系统反馈的误差信号定义在三维笛卡儿空间还是图像特征空间，可将视觉伺服控制系统分为基于位置的视觉伺服控制模式（PUBVS）和基于图像的视觉伺服控制模式（IBV5）。

① 基于位置的视觉伺服控制。基于位置的视觉伺服控制系统其反馈信号在三维任务空间中以直角坐标形式定义，其视觉伺服控制的结构如图 5-17 所示。其原理是通过对图像特征的提取，并结合已知的目标几何模型及相机模型，在三维笛卡儿坐标系中对期望位姿进行估计。然后，以机械手反馈位姿与期望位姿之差（e）作为视觉控制器的输入，进行轨迹规划并计算出控制量（u），驱动机械手向目标运动，最终实现定位、抓取功能。这类系统将位姿估计与控制器的设计分离开来，实现起来更加容易，但控制精度在很大程度上依赖于期望位姿的估计精度，因此需要精确地标定相机及手眼关系。

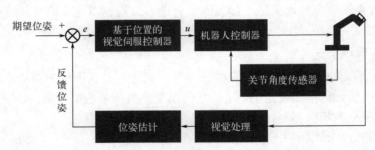

图 5-17　基于位置的视觉伺服控制的结构

② 基于图像的视觉伺服控制。基于图像的视觉伺服控制系统其误差信号直接用图像特征来定义，是以图像平面中当前图像特征与期望图像特征间的误差量来设计控制器的，其视觉伺服控制的结构如图 5-18 所示。其基本原理是由该误差信号（e）计算出控制量（u），并将其变换到机器人运动空间中去，从而驱动机械手向目标拆解运动，完成伺服任务。

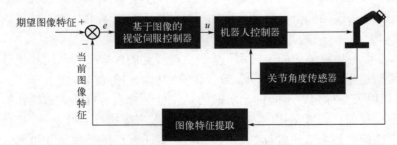

图 5-18　基于图像的视觉伺服控制的结构

图像特征可以是简单的几何特性，如点、线、圆、正方形、区域面积等，最经常使用的是点特征，点对应于物体的拐点、洞、物体或区域的质心。为快速提取图像特征，多数系统采用特殊设计的目标、有明显特征的物体等。实际应用中依赖于寻找图像上的明显突变处，它对应于物体的拐点或边缘。由于并不是整个图像的数据都是有用的，所以提取特征的过程可只对感兴趣的区域进行操作。区域的大小可依据实际情况（如跟踪或处理速度）来决定，区域的位置则可实时估计。

与基于位置的视觉伺服控制系统相比，基于图像的视觉伺服控制系统中的误差信号与图像特征参数相关联，定义在图像空间中，这种系统不需要精确的物体模型，并且对相机及手眼标定的误差鲁棒，缺点是控制信息定义在图像空间，因此末端执行器的轨迹不再是直线，而且会出现奇异现象。除此之外，由于需要计算的反映图像特征变化速度与机器人关节运动速度之间关系的图像是雅可比矩阵，计算量较大，实时性较差。

5.3.4　工业机器人的力控制

工业机器人在进行喷涂、点焊、搬运等作业时，其末端执行器（喷枪、焊枪、手爪等）始终不与工件相接触，因此只需对机器人进行精准的位置控制即可。然而，当机器人在进行装配、加工、抛光等作业时，要求机器人末端执行器与工件接触并保持一定大小的力。这时，如果只对机器人实施位置控制，有可能由于机器人的位姿误差或工件放置的偏差，造成机器人与工件之间没有接触或损坏工件。对于这类作业，一种比较好的控制方案是：除了在一些自由度方向进行位置控制外，还需要在另一些自由度方向控制机器人末端执行器与工件之间的接触力，从而保证二者之间的正确接触。

由于力是在两物体相互作用后才产生，因此力控制是将环境考虑在内的控制问题。为了对机器人实施力控制，需要分析机器人末端执行器与环境的约束状态，并根据约束条件制订控制策略，此外，还需要在机器人末端执行器上安装力传感器，用来检测机器人与物体的接触力。控制系统根据预先制订的控制策略对这些力信息做出处理后，控制机器人在不确定环境下进行与该环境相适应的操作，从而使机器人完成复杂的作业任务。

机器人控制中需解决四大关键问题：位置伺服、碰撞冲击及稳定性、未知环境的约束、力传感器。

（1）位置伺服

机器人的力控制最终通过位置控制来实现，所以位置控制是机器人实现力控制的基础，力控制研究的目的之一是实现精密装配。另外，约束运动中机器人终端与刚性环境相接触时，微小的位移量往往产生较大的约束力，因此位置控制的高精度是机器人力控制的必要条件。经过几十年的发展，单独的位置控制已达到较高水平。因此，针对力控制中力/位置之间的强耦合，必须有效解决力/位置混合后的位置控制。

（2）碰撞冲击及稳定性

稳定性是机器人研究中的难题，现有的研究主要从碰撞冲击和稳定性两方面进行研究。

① 碰撞冲击。机器人力控制过程中，必然存在机器人与环境从非接触到接触的自然转换，理想状况是当接触到环境后立即停止运动，尽可能避免大的冲击，但由于惯性大且实时性差，极难达到较好效果。根据能量关系建立起碰撞冲击动力学模型并设计出力调节

器，实质是用比例控制器加上积分控制器和一个平行速度反馈补偿器，有望获得较好的力跟踪特性。

② 稳定性。在力控制中普遍存在响应速度和系统稳定的矛盾，因此提高系统响应速度和防止系统不稳定是力控制研究中亟待解决的问题之一。科学家研究了腕力传感器刚度对力控制中动力学的影响，提出了在高刚度环境中使用柔软力传感器能获得稳定的力控制，并研究了驱动刚度在动力学模型中的作用。

（3）未知环境的约束

在力控制研究中，表面跟踪为极常见的典型依从运动。但环境的几何模型往往不能精确得到，多数情况是未知的。因此，对未知环境的几何特征做在线估计，或者根据机器人在该环境下作业时的受力情况实时确定力控方向（表面法向）和位控方向（表面切向），实际为机器人力控制的重要问题。

（4）力传感器

传感器直接影响着力控制性，精度（分辨率、灵敏度和线性度等）高、可靠性好和抗干扰能力强是机器人力传感器研究的目标。就安装部位而言，力传感器可分为关节式力传感器、手腕式力传感器和手指式力传感器。

手指式力传感器，一般通过应变片或压阻敏感元件测量多维力而产生输出信号，常用于小范围作业，如灵巧手抓鸡蛋等实验，精度高、可靠性好，渐渐成为力控制研究的一个重要方向，但多指协调复杂。

关节式力传感器使用应变点进行力反馈，由于力反馈是直接加在被控制关节上，且所有的硬件用模拟电路实现，避开了复杂计算难题，响应速度快。从实验结果看，控制系统具有高增益和宽频带，但通过实验和稳定性分析发现，减速机构摩擦力影响力反馈精度，因而使得关节控制系统产生极限环。

手腕式力传感器被安装于机器人手爪与机器人手腕的连接处，它能够获得在机器人手爪实际操作时大部分的力信息，具备精度（分辨率、灵敏度和线性度等）高、可靠性好、使用方便的特点，所以是力控制研究中常用的一种力传感器。

5.4
工业机器人的运动轨迹控制

由机器人的运动学和动力学可知，只要知道机器人的关节变量，就能根据其运动方程确定机器人的位置，或者已知机器人的期望位姿，就能确定相应的关节变量和速度。路径和轨迹规划与受到控制的机器人从一个位置移动到另一个位置的方法有关。需要研究在运动段之间如何产生受控的运动序列，这里所述的运动段可以是直线运动或者是依次的分段运动。路径和轨迹规划既要用到机器人的运动学，也要用到机器人的动力学。轨迹规划方法一般是在机器人初始位置和目标位置之间用多项式函数来"内插"或"逼近"给定的路径，并产生一系列"控制设定点"。路径端点一般是在笛卡儿坐标系中给出的。如果需要某些位置的关节坐标，则可调用运动学的逆问题求解程序，进行必要的转换。在给定的两端点之间，常有多条可能的轨迹。而轨迹控制就是控制机器人手部沿着一定的目标轨迹运动。因此，目标轨迹的给定方法和控制机器人手部使之高精度地跟踪目标轨迹的方法是轨迹控制的两个主要内容。

5.4.1　路径和轨迹

　　路径是机器人位姿的一定序列，不考虑机器人位姿参数随时间变化的因素。对于点位作业，需要描述它的起始状态和目标状态；对于曲面加工，不仅要规定操作臂的起始点和终止点，而且还要指明两点之间的若干中间点（称路径点）必须沿特定的路径运动（路径约束），这类称为连续路径运动或轮廓运动。路径指的是机器人以最快和最直接的方式（省时省力）从一个端点移到另一个端点。通常用于重点考虑终点位置，而对中间的轨迹和速度不做主要限制的场合。实际工作路径可能与示教时不一致。

　　机器人轨迹泛指工业机器人在运动过程中的运动轨迹，即运动点的位移、速度和加速度。轨迹即机器人能够平滑地跟踪某个规定的路径。机器人在作业空间要完成给定的任务，其手部运动必须按一定的轨迹（trajectory）进行。轨迹的生成一般是先给定轨迹上的若干个点，将其经运动学逆解映射到关节空间，对关节空间中的相应点建立运动方程，然后按这些运动方程对关节进行插值，从而实现作业空间的运动要求，这一过程通常称为轨迹规划。工业机器人轨迹规划属于机器人底层规划，基本不涉及人工智能的问题。

　　对于路径控制通常只给出机械手末端的起点和终点，有时也给出一些中间经过点，所有这些点统称为路径点。应注意这里所说的"点"，不仅包括机械手末端的位置，而且包括方位，因此描述一个点通常需要 6 个量。通常希望机械手末端的运动是光滑的，即它具有连续的一阶导数，有时甚至要求具有连续的二阶导数。不平滑的运动容易造成机构的磨损和破坏，甚至可能激发机械手的振动。因此规划的任务便是要根据给定的路径点规划出通过这些点的光滑的运动轨迹。

　　机器人运动轨迹的描述一般是对其手部位姿的描述，此位姿值可与关节变量相互转换。控制轨迹也就是按时间控制手部或工具中心走过的空间路径。对于轨迹控制，机械手末端的运动轨迹是根据任务的需要给定的，但是它也必须按照一定的采样间隔，通过逆向运动学计算，将其变换到关节空间，然后在关节空间中寻找光滑函数来拟合这些离散点。最后，还有在机器人的计算机内部解决如何表示轨迹，以及如何实时地生成轨迹的问题。

5.4.2　轨迹规划

（1）轨迹规划目的

　　轨迹规划的目的是将操作人员输入的简单的任务描述变为详细的运动轨迹描述。例如，对一般的工业机器人来说，操作员可能只输入机械手末端的目标位置和方位，而规划的任务便是要确定出达到目标的关节轨迹的形状、运动的时间和速度等。如图 5-19 所示是一个工业机器人的任务规划器。

（2）轨迹规划的一般性问题

　　通常将操作臂的运动看作是工具坐标系 $\{T\}$ 相对于工件坐标系 $\{S\}$ 的一系列运动。

这种描述方法既适用于各种操作臂，也适用于同一操作臂上装夹的各种工具。对于移动工作台（例如传送带），这种方法同样适用。这时，工件坐标系 $\{S\}$ 位姿随时间而变化。

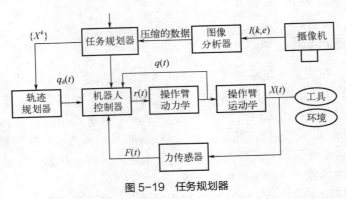

图 5-19 任务规划器

例如，如图 5-20 所示将销插入工件孔中的作业可以借助工具坐标系的一系列位姿 P_i（$i=1$，2，$\cdots$，n）来描述。这种描述方法不仅符合机器人用户考虑问题的思路，而且有利于描述和生成机器人的运动轨迹。

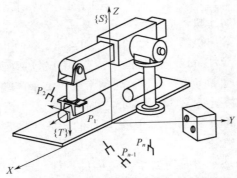

图 5-20 机器人将销插入工件孔中的作业描述

用工具坐标系相对于工件坐标系的运动来描述作业路径是一种通用的作业描述方法。它把作业路径描述与具体的机器人、手爪或工具分离开来，形成了模型化的作业描述方法，从而使这种描述既适用于不同的机器人，也适用于在同一机器人上装夹不同规格的工具。在轨迹规划中，为叙述方便，也常用点来表示机器人的状态，或用它来表示工具坐标系的位姿，例如作业起始点、作业终止点就分别表示工具坐标系的起始位姿及终止位姿。

对点位作业（pick and place operation）的机器人（如用于上下料），需要描述它的起始状态和目标状态，即工具坐标系的起始值 $\{T_0\}$ 和目标值 $\{T_f\}$。在此，用"点"这个词表示工具坐标系的位置和姿态（简称位姿），例如起始点和目标点等。对于另外一些作业，如弧焊和曲面加工等，不仅要规定操作臂的起始点和终止点，而且要指明两点之间的若干中间点（称路径点），必须沿特定的路径运动（路径约束）。这类称为连续路径运动（continuous-path motion）或轮廓运动（contour motion），而前者称点到点运动（PTP，即 point-to-point motion）。

轨迹规划既可在关节空间也可在直角空间中进行，但是所规划的轨迹函数都必须连续和平滑，使得操作臂的运动平稳。在关节空间进行规划是将关节变量表示成时间的函数，并规划它的一阶和二阶时间导数；在直角空间进行规划是指将手部位姿、速度和加速度表示为时间的函数。而相应的关节位移、速度和加速度由手部的信息导出。通常通过运动学逆解得出关节位移，用逆雅可比求出关节速度，用逆雅可比及其导数求解关节加速度。

用户根据作业给出各个路径节点后，规划器的任务包含：解变换方程、进行运动学逆解和插值运算等。在关节空间进行规划时，大量工作是对关节变量的插值运算。

（3）轨迹的生成方式

运动轨迹的描述或生成有以下几种方式。

① 示教再现运动。这种运动由人手把手示教机器人，定时记录各关节变量，得到沿路径运动时各关节的位移时间函数 $q(t)$；再现时，按内存中记录的各点的值产生序列动作。

② 关节空间运动。这种运动直接在关节空间里进行。由于动力学参数及其极限值直接在关节空间里描述，所以用这种方式求最短时间运动很方便。

③ 空间直线运动。这是一种直角空间里的运动，它便于描述空间操作，计算量小，适宜简单的作业。

④ 空间曲线运动。这是一种在描述空间中用明确的函数表达的运动，如圆周运动、螺旋运动等。

（4）轨迹规划的过程

① 对机器人的任务、运动路径和轨迹进行描述。

② 根据已经确定的轨迹参数，在计算机上模拟所要求的轨迹。

③ 对轨迹进行实际计算，即在运行时间内按一定的速率计算出位置、速度和加速度，从而生成运动轨迹。

（5）机器人轨迹控制过程

机器人的基本操作方式是示教再现，即首先教机器人如何做，机器人记住了这个过程，于是它可以根据需要重复这个动作。操作过程中，不可能把空间轨迹的所有点都示教一遍使机器人记住，这样太繁琐，也浪费很多计算机内存。实际上，对于有规律的轨迹，仅示教几个特征点，计算机就能利用插补算法获得中间点的坐标，如直线需要示教两点，圆弧需要示教三点，通过机器人逆向运动学算法，由这些点的坐标求出机器人各关节的位置和角度（θ_1，θ_2，…，θ_n），然后由后面的角度位置闭环控制系统实现要求的轨迹上的一点。继续插补并重复上述过程，从而实现要求的轨迹。

机器人轨迹控制过程如图 5-21 所示。

图 5-21　机器人轨迹控制过程

在规划中，不仅要规定机器人的起始点和终止点，而且要给出中间点（路径点）的位姿及路径点之间的时间分配，即给出两个路径点之间的运动时间。

轨迹规划器可被看作黑箱，其输入包括路径的"设定"和"约束"，输出是操作臂末端手部的"位姿序列"，表示手部在各个离散时刻的中间形位。操作臂最常用的轨迹规划方法有两种：第一种要求用户对于选定的轨迹节点（插值点）上的位姿、速度和加速度给出一组显式约束（如连续性和光滑程度等），轨迹规划器从一类函数（如 n 次多项式）中选取参数化轨迹，对节点进行插值，并满足约束条件；第二种方法要求用户给出运动路径的解析式，如直角空间中的直线路径，轨迹规划器在关节空间或直角空间中确定一条轨迹来逼近预定的路径。第一种方法中，约束的设定和轨迹规划均在关节空间进行。由于对操作臂手部（直角坐标形位）没有施加任何约束，用户很难弄清手部的实际路径，因此可能会与障碍物相碰。第二种方法的路径约束是在直角空间中给定的，而关节驱动器是在关节空间中受控的。因此，为了得到与给定路径十分接近的轨迹，首先不许采用某种函数逼近的方法将直角坐标路径约束转化为关节坐标路径约束，然后确定满足关节坐标路径约束的参数化路径。

简言之，机器人的工作过程，就是通过规划，将要求的任务变为期望的运动和力，由控制环节根据期望的运动和力的信号，产生相应的控制作用，以使机器人输出实际的运动和力，从而完成期望的任务。这一过程的表述如图 5-22 所示。机器人实际运动的情况通常还要反馈给规划级和控制级，以便对规划和控制的结果做出适当的修正。

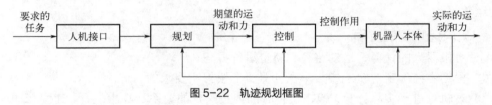

图 5-22 轨迹规划框图

如图 5-22 中，要求的任务由操作人员输入给机器人。为了使机器人操作方便、使用简单，允许操作人员给出尽量简单的描述。图 5-22 中，期望的运动和力是进行机器人控制所必需的输入量，它们是机械手末端在每一个时刻的位姿和速度，对于绝大多数情况，还要求给出每一时刻期望的关节位移和速度，有些控制方法还要求给出期望的加速度等。

（6）关节空间法

为了在关节空间形成所要求的轨迹，首先运用运动学反解将路径点转换成关节矢量角度值，然后对每个关节拟合一个光滑函数，使之从起始点开始，依次通过所有路径点，最后到达目标点。对于每一段路径，各个关节的运动时间均相同，而这样可保证所有关节同时到达路径点和终止点，从而得到工具坐标系应有的位置和姿态。但尽管每个关节在同一段路径中的运动时间相同，但各个关节函数之间却是相互独立的。

总之，关节空间法是以关节角度的函数来描述机器人的轨迹的。关节空间法不必在直角坐标系中描述两个路径点之间的路径形状，计算简单。再者，由于关节空间与直角空间之间不是连续的对应关系，因而不会发生机构的奇异性问题。

在关节空间中进行轨迹规划，需要给定机器人在起始点、终止点处手臂的形位。对关节进行插值时，应满足一系列约束条件。在满足所有约束条件的情况下，可以选取不同类型的关节插值函数，生成不同的轨迹。插值方法有三次多项式插值、过路径点的三次多项式插值、高阶多项式插值、用抛物线过渡的线性插值和过路径点的用抛物线过渡的线性插值。

　　假设机器人的初始位姿是已知的，通过求解逆向运动学方程可以求得机器人期望的手部位姿对应的形位角。若考虑其中某一关节的运动开始时刻 t_i 的角度为 θ_i，希望该关节在时刻 t_f 运动到新的角度 θ_f。轨迹规划的一种方法是使用多项式函数以使得初始和末端的边界条件与已知条件相匹配。这些已知条件为 θ_i 和 θ_f 及机器人在运动开始和结束时的速度，这些速度通常为 0 或其他已知值。这 4 个已知信息可用来求解下列三次多项式方程中的 4 个未知量：

$$\theta(t) = c_0 + c_1 t + c_2 t^2 + c_3 t^3 \tag{5-1}$$

这里初始和末端的边界条件是：

$$\begin{cases} \theta(t_i) = \theta_i \\ \theta(t_f) = \theta_f \\ \dot{\theta}(t_i) = 0 \\ \dot{\theta}(t_f) = 0 \end{cases} \tag{5-2}$$

对式（5-1）求一阶导数得到

$$\dot{\theta}(t) = c_1 + 2c_2 t + 3c_3 t^2 \tag{5-3}$$

将初始和末端边界条件代入式（5-1）和式（5-3）得到

$$\begin{cases} \theta(t_i) = c_0 = \theta_i \\ \theta(t_f) = c_0 + c_1 t_f + c_2 t_f^2 + c_3 t_f^3 \\ \dot{\theta}(t_i) = c_1 = 0 \\ \dot{\theta}(t_f) = c_1 + 2c_2 t_f + 3c_3 t_f^3 = 0 \end{cases} \tag{5-4}$$

　　通过联立求解这 4 个方程，得到方程中的 4 个未知数值，便可算出任意时刻的关节位置，控制器则据此驱动关节到达所需的位置。尽管每一关节是用同样的步骤分别进行轨迹规划的，但是所有关节从始至终都是同步驱动。

（7）笛卡儿空间法

① 物体对象的描述。相对于固定坐标系，物体上任一点用相应的位置矢量表示，任一方向用方向余弦表示，给出物体的几何图形及固定坐标系后，只要规定固定坐标系的位姿，便可重构该物体。

② 作业的描述。在这种轨迹规划系统中，作业是由操作臂终端手爪位姿的笛卡儿坐标节点序列规定的，因此节点是指表示手爪位姿的齐次变换矩阵。相应的关节变量可用运动学反解程序计算。

③ 两个节点之间的"直线"运动。操作臂在完成作业时，手爪的位姿可以用一系列节点 p 来表示。因此，在直角空间中进行轨迹规划的首要问题是由两节点 p_i 和 p_{i+1} 所定义的路径起点和终点之间，如何生成一系列中间点。两节点间最简单的路径是在空间中的直线移动和绕某轴的转动。若运动时间给定之后，则可产生一个使线速度和角速度受控的运动。

④ 两段路径之间的过渡。为了避免两段路径衔接点处速度不连续，当由一段轨迹过渡到下一段轨迹时，需要加速或减速。

⑤ 运动学反解的有关问题。有关运动学反解的问题主要涉及笛卡儿路径上解的存在性（路径点都在工作空间之内与否）、唯一性和奇异性。

a. 第一类问题：中间点在工作空间之外。在关节空间中进行规划不会出现这类问题。

b. 第二类问题：在奇异点附近关节速度激增。PUMA 这类机器人具有两种奇异点：工作空间边界奇异点和工作空间内部的奇异点。在处于奇异位姿时，与操作速度（笛卡儿空间速度）相对应的关节速度可能不存在（无限大）。可以想象，当沿笛卡儿空间的直线路径运动到奇异点附近时，某些关节速度将会趋于无限大。实际上，所容许的关节速度是有限的，因而会导致操作臂偏离预期轨迹。

c. 第三类问题：起始点和目标点有多重解。问题在于起始点与目标点若不用同一个反解，这时关节变量的约束和障碍约束便会产生问题。

正因为笛卡儿空间轨迹存在这些问题，现有的多数工业机器人的控制系统具有关节空间和笛卡儿空间两种方法。用户通常使用关节空间法，只是在必要时，才采用笛卡儿空间法。

（8）机器人手部路径的轨迹规划

① 操作对象的描述。由前述可知，任一刚体相对参考系的位姿是用与它固连的坐标系来描述的。刚体上相对于固连坐标系的任一点用相应的位置矢量 P 表示；任一方向用方向余弦表示。给出刚体的几何图形及固连坐标系后，只要规定固连坐标系的位姿，便可重构该刚体在空间的位姿。如图 5-23 所示的螺栓，其轴线与固连坐标系的 Z 轴重合。螺栓头部直径为 32mm，中心取坐标原点，螺栓长 80mm，直径 20mm，则可根据固连坐标系的位姿，重构螺栓在空间的位姿和几何形状。

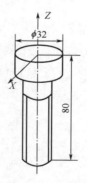

图 5-23　操作对象的描述

② 作业的描述。机器人的作业过程可用手部位姿节点序列来规定，每个节点可用工具坐标系相对于工件坐标系的齐次变换来描述。相应的关节变量可用逆向运动学方程计算。如图 5-24 所示的机器人插螺栓作业，要求把螺栓从槽中取出并放入托架的一个孔中，用符号表示沿轨迹运动的各节点的位姿，使机器人能沿虚线运动并完成作业。设定 $P_i(i=0，1，2，3，4，5)$ 为气动手爪必须经过的直角坐标节点。参照这些节点的位姿将作业描述为如表 5-1 所示的手部的一连串运动和动作。

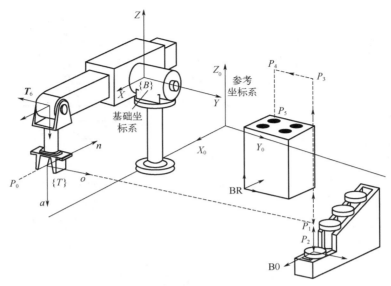

图 5-24　机器人插螺栓作业的轨迹

表 5-1　螺栓的抓紧和插入过程

节点	P_0	P_1	P_2	P_2	P_3	P_4	P_5	P_5	P_6
运动	INIT	MOVE	MOVE	GRASP	MOVE	MOVE	MOVE	RELEASE	MOVE
目标	原始	接近螺栓	到达	抓住	提升	接近托架	插入孔中	松夹	移开

第一个节点 P_1，对应一个变换方程，从而解出相应的机器人的变换 $^0T_6$。由此得到作业描述的基本结构：作业节点 P_i，只对应机器人变换 $^0T_6$，从一个变换到另一个变换通过机器人运动实现。

5.5
工业机器人的示教与再现

5.5.1　示教再现原理

示教再现控制是指控制系统可以通过示教编程器或手把手进行示教，将动作顺序、运动速度、位置等信息用一定的方法预先教给工业机器人，再由工业机器人的记忆装置将所教的操作过程自动记录在磁盘等存储器中，当需要再现操作时，重放存储器中存储的内容即可。如需更改操作内容，只需重新示教一遍或更换预先录好程序的磁盘或其他存储器即可，因而重编程序极为简便和直观。

示教的方法有很多种，有主从式、编程式、示教盒式等。主从式示教由结构相同的大、小两个机器人组成，当操作者对主动小机器人手把手进行操作控制的时候，由于两机器人所对应关节之间装有传感器，所以从动大机器人可以以相同的运动姿态完成所示教的操作。编程式示教运用上位机进行控制，将示教点以程序的格式输入到计算机中，当再现时，按照程序语句一条一条地执行。这种方法除了计算机外，不需要任何其他设备，简单可靠，适用小批量、单件机器人的控制。示教盒式示教和编程式示教的方法大体一致，只是由示教盒中的单片机代替了计算机，从而使示教过程简单化。这种方法由于成本较高，所以适用于较大批量成形的产品中。

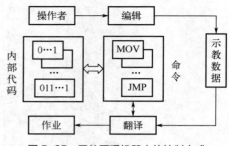

图 5-25　示教再现机器人的控制方式

示教再现机器人的控制方式如图 5-25 所示。

机器人的示教再现过程分为四个步骤进行。

步骤一：示教。操作者把规定的目标动作（包括每个运动部件、每个运动轴的动作）一步一步地教给机器人，主要示教工业机器人运动路径上的特征点，如图 5-26 所示，示教同时给出相邻点之间的移动形式（直线、圆弧）以及速度等参数。示教的简繁，标志着机器人自动化水平的高低。

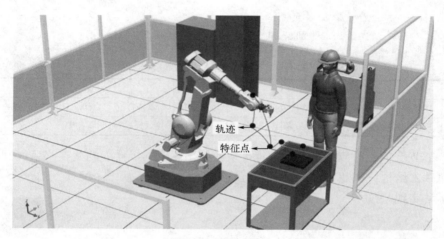

图 5-26　示教特征点

步骤二：记忆。机器人将操作者所示教的各个点的动作顺序信息、动作速度信息、位姿信息等记录在存储器中。存储信息的形式、存储容量的大小决定了机器人能够进行的操作的复杂程度。

步骤三：再现。根据需要，将存储器所存储的信息读出，向执行机构发出具体的指令。机器人根据给定顺序或者工作情况，自动选择相应程序再现，这一功能标志着机器人对工作环境的适应性。

步骤四：操作。机器人以再现信号作为输入指令，使执行机构重复示教过程的各种动作。

在示教再现这一动作循环中，示教和记忆同时进行，再现和操作同时进行。这种方式是机器人控制中比较方便和常用的方法之一。

5.5.2　示教再现操作方法

示教再现操作分为示教前准备、示教、再现前准备和再现四个阶段。

（1）示教前准备

① 接通主电源。把控制柜的主电源开关切换到接通的位置，接通主电源并进入系统。

② 选择示教模式。示教模式分为手动模式和自动模式，手动模式又分为手动限速和手动全速两种模式。示教阶段选择手动限速模式。

③ 接通伺服电源。按下使能按键，使伺服电机通电。

（2）示教

① 创建示教程序文件。在示教器上创建一个未曾示教过的程序文件名称，用于储存后面的示教程序文件。

② 示教点的设置。示教作业是一种工作程序，它表示机械手将要执行的任务。如图 5-27 所示，以工业机器人从 A 处搬运工件至 B 处为例，说明工业机器人示教点的设置步骤。该示教过程由 10 个步骤组成。

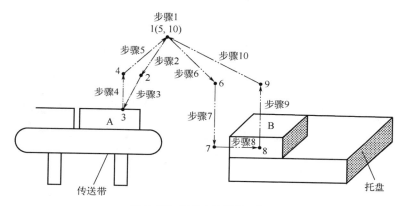

图 5-27　示教点的设置示意图

步骤 1：开始位置，如图 5-28 所示。开始位置 1 要求设置在安全且适合作业准备的位置。一般情况下，可以将机器人操作开始位置选择在机器人的零点位置。手动操作机器人回到零点位置后，记录该点位置。

步骤1

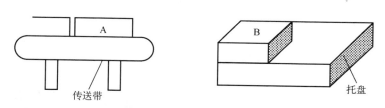

图 5-28　示教开始位置点

步骤 2：移动到抓取位置附近，如图 5-29 所示。选取机器人接近工件但不与工件发生干涉的方向、位置作为机器人可以抓取工件的姿态（通常在抓取位置的正上方）。用轴操作键将机器人移动到该位置，并记录该点（示教位置点 2）位置。

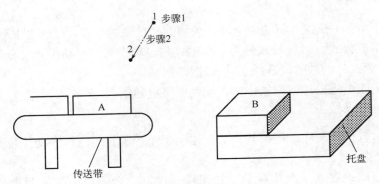

图 5-29　示教位置点 2

步骤 3：移动到抓取位置抓取，如图 5-30 所示。

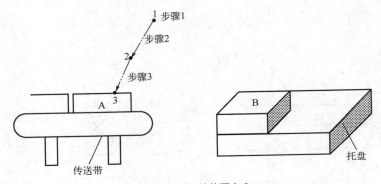

图 5-30　示教位置点 3

设置操作模式为直角坐标系，设置运行速度为较低速度。

保持步骤 2 的姿态不变，用轴操作键将机器人移动到示教位置点 3（抓取点）位置；抓取工件并记录该点位置。

步骤 4：退回到抓取位置附近（抓取后的退让位置），如图 5-31 所示。

用轴操作键把抓住工件的机器人移动到抓取位置附近。移动时，选择与周边设备和工具不发生干涉的方向、位置（通常在抓取位置的正上方，也可和步骤 2 在同一位置），记录该点（示教位置点 4）位置。

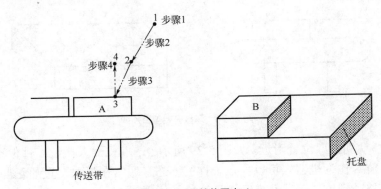

图 5-31　示教位置点 4

步骤 5：退回到开始位置，如图 5-32 所示。

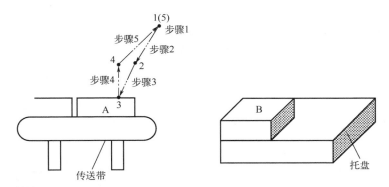

图 5-32 示教位置点 5

步骤 6：移动到放置位置附近（放置前），如图 5-33 所示。

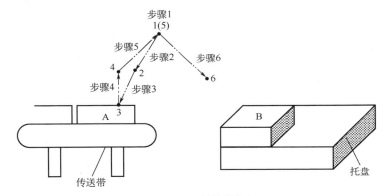

图 5-33 示教位置点 6

用轴操作键设定机器人能够放置工件的姿态。在机器人接近工作台时，要选择把持的工件和堆积的工件不干涉的方向、位置（通常在放置辅助位置的正上方），记录该点（示教位置点 6）位置。

步骤 7：移动到放置辅助位置，如图 5-34 所示。

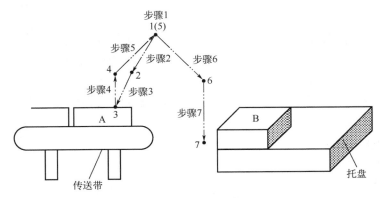

图 5-34 示教位置点 7

从步骤 6 直接移到放置位置，已经放置的工件和夹持着的工件可能发生干涉，这时为了避免干涉，要用轴操作键设定一个辅助位置（示教位置点 7），姿态和示教位置点 6 相同，记录该点位置。

步骤 8：移动到放置位置，放置工件，如图 5-35 所示。

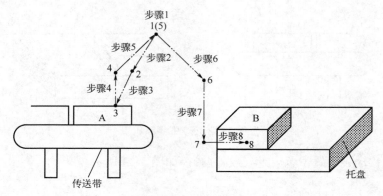

图 5-35　示教位置点 8

用轴操作键把机器人移到放置位置（示教位置点 8），这时保持步骤 7 的姿态不变，释放工件并记录该点位置。

步骤 9：退到放置位置附近，如图 5-36 所示。

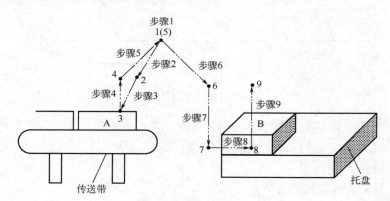

图 5-36　示教位置点 9

用轴操作键把机器人移到放置位置附近（示教位置点 9）。移动时，选择工件和工具不干涉的方向、位置（通常是在放置位置的正上方）并记录该点位置。

步骤 10：退回到开始位置。

步骤 10 设置最后的位置点，并使得最后的位置点与最初的位置点重合，记录该点位置。

③ 保存示教文件。

（3）再现前准备

① 选择已经示教好的程序文件，并将光标移到程序开头。

② 回到初始位置。手动操作机器人移到步骤 1 位置。

③ 示教路径确认。在手动模式下，使工业机器人沿着示教路径执行，确认示教路径正确。

④ 选择自动模式。

⑤ 接通伺服电源。

（4）再现

确保设置好再现循环次数，确保没有人在机器人的工作区域里。启动机器人自动运行模式，使得机器人按示教过的路径循环运行程序。

5.5.3　离线编程

随着大批量工业化生产向单件、小批量、多品种生产方式转变，生产系统越来越趋向于柔性制造系统（FMS）和集成制造系统（CIMS）。这些系统包含数控机床、机器人等自动化设备，结合 CAD/CAM 技术，由多层控制系统控制，具有很大的灵活性和很高的生产适应性。系统是一个连续协调工作的整体，其中任何一个生产要素停止工作都必将迫使整个系统的生产工作停止。例如用示教编程来控制机器人时，不教或修改程序时需让整体生产线停下来，占用了生产时间，所以其不适用于这种场合。

另外 FMS 和 CIMS 是一些大型的复杂系统，如果用机器人语言编程，编好的程序不经过离线仿真就直接用在生产系统中，很可能引起干涉、碰撞，有时甚至造成生产系统的损坏，所以需要独立于机器人在计算机系统上实现一种编程方法，这时机器人离线编程方法就应运而生了。

（1）机器人离线编程的特点

机器人离线编程系统是在机器人编程语言的基础上发展起来的，是机器人语言的拓展。它利用机器人图形学的成果，建立起机器人及其作业环境的模型，再利用一些规划算法，通过对图形的操作和控制，在离线的情况下进行轨迹规划。

① 机器人离线编程的优点。与其他编程方法相比，离线编程具有下列优点：

a．减少机器人的非工作时间。当机器人在生产线或柔性系统中进行正常工作时，编程人员可对下一个任务进行离线编程仿真，这样编程不占用生产时间，提高了机器人的利用率，从而提高了整个生产系统的工作效率。

b．使编程人员远离危险的作业环境。由于机器人是一个高速的自动执行机，而且作业现场环境复杂，如果采用在线示教这样的编程方法，编程人员必须在作业现场靠近机器人末端执行器才能很好地观察机器人的位姿，这样机器人的运动可能会给编程人员带来危险，而离线编程不必在作业现场进行。

c．使用范围广。同一个离线编程系统可以适应各种机器人的编程。

d．便于构建 FMS 和 CIMS 系统。FMS 和 CIMS 系统中有许多搬运、装配等工作需要由预先进行离线编程的机器人来完成，机器人与 CAD/CAM 系统结合，做到机器人及CAD/CAM 的一体化。

e．可使用高级机器人语言对复杂系统及任务进行编程。

f．便于修改程序。对于不同的作业任务，只需替换一部分待定的程序即可。

② 机器人离线编程的过程。机器人离线编程不仅需要掌握机器人的有关知识，还需

要掌握数学、绘图及通信的有关知识，另外必须对生产过程及环境了解透彻，所以它是一个复杂的工作过程。机器人离线编程大约需要经历如下的一些过程：

  a. 对生产过程及机器人作业环境进行全面的了解。

  b. 构造出机器人及作业环境的三维实体模型。

  c. 选用通用或专用的基于图形的计算机语言。

  d. 利用几何学、运动学及动力学的知识，进行轨迹规划、算法检查、屏幕动态仿真、检查关节超限及传感器碰撞的情况，规划机器人在动作空间的路径和运动轨迹。

  e. 进行传感器接口连接和仿真，利用传感器信息进行决策和规划。

  f. 利用通信接口，完成离线编程系统所生成的代码到各种机器人控制器的通信。

  g. 利用用户接口，提供有效的人机界面，便于人工干预和进行系统操作。

  最后完成的离线编程及仿真还需考虑理想模型和实际机器人系统之间的差异。可以预测两者的误差，然后对离线编程进行修正，直到误差在容许范围内。

  （2）机器人离线编程系统的结构

  离线编程系统的结构如图 5-37 所示，主要由用户接口、机器人系统的三维几何构造、运动学计算、轨迹规划、动力学仿真、传感器仿真、并行操作、通信接口和误差校正等部分组成。

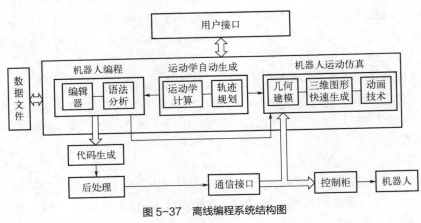

图 5-37　离线编程系统结构图

  ① 用户接口。用户接口即人机界面，是计算机和操作人员之间信息交互的唯一途径，它的方便与否直接决定了离线编程系统的优劣。设计离线编程系统方案时，就应该考虑建立一个方便实用、界面直观的用户接口，通过它产生机器人系统编程的环境并快捷地进行人机交互。

  离线编程的用户接口一般要求具有图形仿真界面和文本编辑界面。文本编辑界面用于对机器人程序的编辑、编译等，而图形仿真界面用于对机器人及环境的图形仿真和编辑；用户可以通过操作鼠标等交互工具改变屏幕上机器人及环境几何模型的位置和形态。通过通信接口联机至用户接口，可以实现对实际机器人的控制，使之与屏幕上机器人的位姿一致。

  ② 机器人系统的三维几何构造。三维几何构造是离线编程的特色之一，正是有了三维几何构造模型，才能进行图形及环境的仿真。三维几何构造的方法有结构立体几何表示、

扫描变换表示及边界表示三种。其中边界表示便于形体的数字表示、运算、修改和显示，扫描变换表示便于生成轴对称图形，而结构立体几何表示所覆盖的形体较多。机器人的三维几何构造一般采用这三种方法的综合。

三维几何构造时要考虑用户使用的方便性，构造后要能够自动生成机器人系统的图形信息和拓扑信息，便于修改，并保证构造的通用性。

三维几何构造的核心是机器人及其环境的图形构造。作为整个生产线或生产系统的一部分，构造的机器人、夹具、零件和工具的三维几何图形最好用现成的 CAD 模型，从 CAD 系统获得，这样可实现数据共享，即离线编程系统作为 CAD 系统的一部分。如离线编程系统独立于 CAD 系统，则必须有适当的接口实现与 CAD 系统的连接。

构建三维几何模型时最好将机器人系统进行适当简化，仅保留其外部特征和构件间的相互关系，忽略构件内部细节，这是因为三维几何构造的目的不是研究其内部结构，而是用图形方式模拟机器人的运动过程，检验运动轨迹的正确性和合理性。

③ 运动学计算。机器人的运动学计算分为运动学正解和运动学逆解两个方面。所谓机器人的运动学正解是指已知机器人的几何参数和关节变量值，求出机器人末端执行器相对于机座坐标系的位置和姿态。所谓机器人的运动学逆解是指给出机器人末端执行器的位置和姿态及机器人的几何参数，反过来求各个关节的关节变量值。机器人的运动学正、逆解是一个复杂的数学运算过程，尤其是逆解需要解高阶矩阵方程，求解过程非常复杂，而且每一种机器人正、逆解的推导过程又不同。所以在机器人的运动学求解中，人们一直在寻求一种正、逆解的通用求解方法，这种方法能适用于大多数机器人的求解。这一目标如果能在机器人离线编程系统中加以解决，即在该系统中能自动生成运动学方程并求解，则系统的适应性强，容易推广。

④ 轨迹规划。轨迹规划的目的是生成关节空间或直角空间内机器人的运动轨迹。离线编程系统中的轨迹规划是生成机器人在虚拟工作环境下的运动轨迹。机器人的运动轨迹有两种：一种是点到点的自由运动轨迹，这样的运动只要求起始点和终止点的位姿及速度和加速度，对中间过程机器人运动参数无任何要求，离线编程系统自动选择各关节状态最佳的一条路径来实现；另一种是对路径形态有要求的连续路径控制，当离线编程系统实现这种轨迹时，轨迹规划器接受预定路径和速度、加速度要求，如路径为直线、圆弧等形态时，除了保证路径起始点和终止点的位姿及速度、加速度以外，还必须按照路径形态和误差的要求用插补的方法求出一系列路径中间点的位姿及速度、加速度。在连续路径控制中，离线系统还必须进行障碍物的防碰撞检测。

⑤ 动力学仿真。离线编程系统根据运动轨迹要求求出的机器人运动轨迹，理论上能满足路径的轨迹规划要求。当机器人的负载较轻或空载时，不会因机器人动力学特性的变化而引起太大误差，但当机器人处于高速或重载的情况下时，机器人的机构或关节可能产生变形，而引起轨迹位置和姿态的较大误差。这时就需要对轨迹规划进行机器人动力学仿真，对过大的轨迹误差进行修正。

动力学仿真是离线编程系统实时仿真的重要功能之一，因为只有模拟机器人实际的工作环境（包括负载情况）后，仿真的结果才能用于实际生产。

⑥ 传感器仿真。传感器信号的仿真及误差校正也是离线编程系统的重要内容之一。仿真的方法也是通过几何图形仿真。例如，对于触觉信息的获取，可以将触觉阵列的几何

模型分解成一些小的几何块阵列，然后通过对每一个几何块和物体间干涉的检查，将所有和物体发生干涉的几何块用颜色编码，通过图形显示而获得触觉信息。

⑦ 并行操作。有些应用工业机器人的场合需用两台或两台以上的机器人，还可能有其他与机器人有同步要求的装置，如传送带、变位机及视觉系统等，这些设备必须在同一作业环境中协调工作。这时不仅需要对单个机器人或同步装置进行仿真，还需要同一时刻对多个装置进行仿真，即所谓的并行操作。所以离线编程系统必须提供并行操作的环境。

⑧ 通信接口。一般工业机器人提供两个通信接口：一个是示教接口，用于示教编程器与机器人控制器的连接，通过该接口把示教编程器的程序信息输出；另一个是程序接口，该接口与具有机器人语言环境的计算机相连，离线编程也通过该接口输出信息给控制器。所以通信接口是离线编程系统和机器人控制器之间信息传递的桥梁，利用通信接口可以把离线系统仿真生成的机器人运动程序转换成机器人控制器能接收的信息。通信接口的发展方向是接口的标准化。标准化的通信接口能将机器人仿真程序转化为各种机器人控制柜均能接收的数据格式。

⑨ 误差校正。由于离线编程系统中的机器人仿真模型与实际的机器人模型之间存在误差，所以离线编程系统中误差校正的环节是必不可少的。误差产生的原因很多，主要有以下几个方面：

a. 机器人的几何精度误差。离线系统中的机器人模型是用数字表示的理想模型，同一型号机器人的模型是相同的，而实际环境中所使用的机器人由于制造精度误差，其尺寸会有一定的出入。

b. 动力学变形误差。机器人在重载的情况下因弹性形变导致机器人连杆的弯曲，从而导致机器人的位置和姿态误差。

c. 控制器及离线系统的字长。控制器和离线系统的字长决定了运算数据的位数，字长越长则精度越高。

d. 控制算法。不同的控制算法，其运算结果具有不同的精度。

e. 工作环境。在工作空间内，有时环境与理想状态相比变化较大，使机器人位姿产生误差，如温度变化产生的机器人变形。

5.6 工业机器人的编程语言

机器人的开发语言一般为 C、C++、C++Builder、VB、VC 等语言，主要取决于执行机构（伺服系统）的开发语言；而机器人编程分为动作级编程语言、对象级编程语言和任务级编程语言三个级别。机器人编程语言分为专用操作语言（如 VAL 语言、AL 语言、SLIM语言等）、应用已有计算机语言的机器人程序库（如 Pascal 语言、JARS 语言、AR-BASIC语言等）、应用新型通用语言的机器人程序库（如 RAPID 语言、AML 语言、KAREL 语言等）三种类型。目前主要应用的是 SLIM 语言。

　　随着机器人的发展，机器人语言也得到发展和完善。机器人语言已成为机器人技术的一个重要部分。机器人的功能除了依靠机器人硬件的支持外，相当一部分依赖机器人语言来完成。早期的机器人由于功能单一，动作简单，可采用固定程序或示教方式来控制机器人的运动。随着机器人作业动作的多样化和作业环境的复杂化，依靠固定的程序或示教方式已满足不了要求，必须依靠能适应作业和环境随时变化的机器人语言来控制机器人的运动。

　　机器人语言种类繁多，而且新的语言层出不穷。这是因为机器人的功能不断拓展，需要新的语言来配合其工作。另外，机器人语言多是针对某种类型的具体机器人而开发的，所以机器人语言的通用性很差，几乎一种新的机器人问世，就有一种新的机器人语言与之配套。

（1）动作级编程语言

　　动作级编程语言是最低一级的机器人语言。它以机器人的运动描述为主，通常一条指令对应机器人的一个动作，表示从机器人的一个位姿运动到另一个位姿。动作级编程语言的优点是比较简单，编程容易。其缺点是功能有限，无法进行复杂的数学运算，不接收浮点数和字符串，子程序不含有自变量；不能接收复杂的传感器信息，只能接收传感器开关信息；与计算机的通信能力很差。典型的动作级编程语言为 VAL 语言，如 VAL 语言语句"MOVE TO（destination）"的含义为机器人从当前位姿运动到目标位姿。

　　动作级编程语言编程时分为关节级编程和末端执行器级编程两种。

　　① 关节级编程。关节级编程是以机器人的关节为对象，编程时给出机器人一系列各关节位置的时间序列，在关节坐标系中进行的一种编程方法。对于直角坐标型机器人和圆柱坐标型机器人，由于直角关节和圆柱关节的表示比较简单，这种编程方法较为适用；而对具有回转关节的关节型机器人，由于关节位置的时间序列表示困难，即使一个简单的动作也要经过许多复杂的运算，故这一方法并不适用。关节级编程可以通过简单的编程指令来实现，也可以通过示教盒示教和键入示教实现。

　　② 末端执行器级编程。末端执行器级编程是在机器人作业空间的直角坐标系中进行。在此直角坐标系中给出机器人末端执行器一系列位姿组成位姿的时间序列，连同其他一些辅助功能如触觉、视觉等的时间序列，同时确定作业量、作业工具等，协调地进行机器人动作的控制。

　　这种编程方法允许有简单的条件分支，有感知功能，可以选择和设定工具，有时还有并行功能，数据实时处理能力强。

（2）对象级编程语言

　　所谓对象即作业及作业物体本身。对象级编程语言是比动作级编程语言高一级的编程语言，它不需要描述机器人手爪的运动，只要由编程人员用程序的形式给出作业本身顺序过程的描述和环境模型的描述，即描述操作物与操作物之间的关系。通过编译程序机器人即能知道如何动作。

　　这类语言典型的例子有 AML 及 AUTOPASS 等语言，其特点为：

　　① 具有动作级编程语言的全部动作功能。

　　② 有较强的感知能力，能处理复杂的传感器信息，可以利用传感器信息来修改、更

新环境的描述和模型，也可以利用传感器信息进行控制、测试和监督。

③ 具有良好的开放性，语言系统提供了开发平台，用户可以根据需要增加指令，扩展语言功能。

④ 数字计算和数据处理能力强，可以处理浮点数，能与计算机进行即时通信。对象级编程语言用接近自然语言的方法描述对象的变化。对象级编程语言的运算功能、作业对象的位姿时序、作业量、作业对象承受的力和力矩等，都可以以表达式的形式出现。系统中机器人尺寸、作业对象及工具等参数一般以知识库和数据库的形式存在，系统编译程序时获取这些信息后对机器人动作过程进行仿真，再进行确定作业对象合适的位姿、获取传感器信息并处理、回避障碍以及与其他设备通信等工作。

（3）任务级编程语言

任务级编程语言是比前两类更高级的一种语言，也是最理想的机器人高级语言。这类语言不需要用机器人的动作来描述作业任务，也不需要描述机器人对象的中间状态过程，只需要按照某种规则描述机器人对象的初始状态和最终目标状态，机器人语言系统即可利用已有的环境信息和知识库、数据库自动进行推理、计算，从而自动生成机器人详细的动作顺序和数据。

例如，一装配机器人欲完成某一螺钉的装配，螺钉的初始位置和装配后的目标位置已知，当发出抓取螺钉的命令时，语言系统从初始位置到目标位置之间寻找路径，在复杂的作业环境中找出一条不会与周围障碍物产生碰撞的合适路径，在初始位置处选择恰当的姿态抓取螺钉，沿此路径运动到目标位置。在此过程中，作业中间状态作业方案的设计、工序的选择、动作的前后安排等一系列问题都由计算机自动完成。

任务级编程语言的结构十分复杂，需要人工智能的理论基础和大型知识库、数据库的支持，是一种理想状态下的语言，目前还不是十分完善，有待于进一步研究。但可以相信，随着人工智能技术及数据库技术的不断发展，任务级编程语言必将取代其他语言而成为机器人语言的主流，使得机器人的编程应用变得十分简单。

一般用户接触到的语言都是机器人公司自己开发的针对用户的语言平台，通俗易懂，在这一层次，每一个机器人公司都有自己的语法规则和语言形式，这些都不重要，因为这层是给用户示教编程使用的。在这个语言平台之后是一种基于硬件的高级语言平台，如 C 语言、C++语言、基于 IEC 61131 标准的语言等，这些语言是机器人公司做机器人系统开发时所使用的语言平台，这一层次的语言平台可以编写翻译解释程序，针对用户示教的语言平台编写程序进行翻译，解释成该层语言所能理解的指令，该层语言平台主要进行运动学和控制方面的编程。再底层就是硬件语言，如基于 Intel 硬件的汇编指令等。

商用机器人公司提供给用户的编程接口一般都是自己开发的简单的示教编程语言系统，机器人控制系统供应商提供给用户的一般是第二层语言平台，在这一平台层次，控制系统供应商可能提供了机器人运动学算法和核心的多轴联动插补算法，用户可以针对自己设计的产品应用自由地进行二次开发，该层语言平台具有较好的开放性，但是用户的工作量也相应增加，这一层次的平台主要是针对机器人开发厂商的平台，如欧系一些机器人控制系统供应商就是采用基于 IEC 61131 标准的编程语言平台。最底层的汇编语言级别的编程环境我们一般不用太关注，这些是控制系统芯片硬件厂商的事。

　　各家工业机器人公司的机器人编程语言都不相同,各家有各家自己的编程语言。但是,不论变化多大，其关键特性都很相似。比如 Staubli 机器人的编程语言叫 VAL3，风格和 Basic 语言相似；ABB 的编程语言叫做 RAPID，风格和 C 语言相似；还有 Adept Robotics 的 V+，FANUC、KUKA、MOTOMAN 都有专用的编程语言。而由于机器人的发明公司 Unimation 最开始的语言就是 VAL，所以这些语言结构都有所相似。

第6章

工业机器人系统集成与典型应用

6.1
机器人工作站的构成及设计原则

6.1.1 机器人工作站的构成

工业机器人工作站是以工业机器人作为加工主体的作业系统，由于工业机器人具有可再编程的特点，当加工产品更换时，可以对机器人的作业程序进行重新编写，从而达到系统柔性要求。然而，工业机器人只是整个作业系统的一部分，作业系统包括工装、变位机、辅助设备等周边设备，应该对它们进行系统集成，使之构成一个有机整体，才能完成任务，满足生产需求。工业机器人工作站系统集成一般包括硬件集成和软件集成两个过程：硬件集成需要根据需求对各个设备接口进行统一定义，以满足通信要求；软件集成则需要对整个系统的信息流进行综合，然后再控制各个设备按流程运转。

工业机器人工作站的特点。

① 技术先进。工业机器人集精密化、柔性化、智能化、软件应用开发等先进制造技术于一体，通过对过程实施检测、控制、优化、调度、管理和决策，实现增加产量、提高质量、降低成本、减少资源消耗和环境污染的目的，是工业自动化水平的最高体现。

② 技术升级。工业机器人与自动化成套装备具有精细制造、精细加工以及柔性生产等技术特点，是继动力机械、计算机之后出现的全面延伸人的体力和智力的新一代生产工具，也是实现生产数字化、自动化、网络化以及智能化的重要手段。

③ 应用领域广泛。工业机器人与自动化成套装备是生产过程的关键设备，可用于制造、安装、检测、物流等生产环节，并广泛应用于汽车整车及汽车零部件、工程机械、轨道交通、低压电器、电力、IC 装备、军工、烟草、金融、医药、冶金及印刷出版等行业，

144

应用领域非常广泛。

④ 技术综合性强。工业机器人与自动化成套技术集中并融合了多项学科，涉及多项技术领域，包括工业机器人控制技术、机器人动力学及仿真、机器人构建有限元分析、激光加工技术、模块化程序设计、智能测量、建模加工一体化、工厂自动化以及精细物流等先进制造技术，技术综合性强。

如图 6-1 所示，机器人工作站是指使用一台或多台机器人，配以相应的周边设备，用于完成某一特定工序作业的独立生产系统，也可称为机器人工作单元。它主要由机器人及其控制系统、辅助设备以及其他周边设备所构成。在这种构成中，机器人及其控制系统应尽量选用标准装置，对于个别特殊的场合需设计专用机器人。而末端执行器等辅助设备以及其他周边设备则随应用场合和工件特点的不同存在着较大差异，因此，这里只阐述一般工作站的构成和设计原则。

图 6-1　机器人工作站

6.1.2　机器人工作站的一般设计原则

工作站的设计是一项较为灵活多变、关联因素甚多的技术工作，若将共同因素抽象出来，可得出一般的设计原则。

- 设计前必须充分分析作业对象，拟订最合理的作业工艺。
- 必须满足作业的功能要求和环境条件。
- 必须满足生产节拍要求。
- 整体及各组成部分必须全部满足安全规范及标准。
- 各设备及控制系统应具有故障显示及报警装置。
- 便于维护修理。
- 操作系统便于联网控制。
- 工作站便于组线。
- 操作系统应简单明了，便于操作和人工干预。
- 经济实惠，快速投产。

这十项设计原则体现了工作站用户的多方面需要，简单地说就是千方百计地满足用户的要求。下面对前四项原则展开讨论。

（1）作业工艺要求

对作业对象（工件）及其技术要求进行认真细致的分析，是整个设计的关键环节，它直接影响工作站的总体布局、机器人型号的选择、末端执行器和变位机等的结构以及其周边机器型号的选择等方面。在设计工作中，这一内容所投入的精力和时间占总设计时间的15%～50%。工件越复杂，作业难度越大，投入精力的比例就越大；分析得越透彻，工作站的设计依据就越充分，将来工作站的性能就可能越好，调试时间和修改变动量就可能越少。一般来说，工件的分析包含以下几个方面。

① 工件的形状决定了机器人末端执行器和夹具体的结构及工件的定位基准。在成批生产中，对工件形状的一致性应有严格的要求。在那些定位困难的情况下，还需与用户商讨，适当改变工件形状的可能性，使更改后的工件既能满足产品要求，又为定位提供方便。

② 工件的尺寸及精度对机器人工作站的使用性能有很大的影响。特别是精度，决定了工件形状的一致性。设计人员应对与工作站相关的关键尺寸和精度提出明确的要求。一般情况下，与人工作业相比，工作站对工件尺寸及精度的要求更为苛刻。尺寸及精度的具体数值要根据机器人工作精度、辅助设备的综合精度以及本站产品的最终精度来确定。需要特别注意的是，如果在前期工序中对工件尺寸控制不准、精度偏低，就会造成工件在机器人工作站中的定位困难，甚至造成引入机器人工作站决策的彻底失败。因此，引入机器人工作站之前，必须对工件的全部加工工序予以研究，必要时需改变部分原始工序，增加专用设备，使各工序相互适合，使工件具有稳定的精度。此外，工件的尺寸还直接影响周边机器的外形尺寸以及工作站的总体布局形式。

③ 当工件安装在夹具体上或是放在某个搁置台上时，工件的质量和夹紧时的受力情况就成为夹具体、传动系统以及支架等零部件的强度和刚度设计计算的主要依据，也是选择电动机或气液系统压力的主要考虑因素之一。当工件需机器人抓取和搬运时，工件质量又成为选定机器人型号最直接的技术参数。如果工件质量过大，已经无法从现行产品中选择标准机器人，那就要设计并制造专用机器人，这种情形在冶金、建筑等行业中尤为普遍。

④ 工件的材料和强度对工作站中夹具体的结构设计、选择动力形式、末端执行器的结构以及其他辅助设备的选择都有直接的影响。设计时要以工件的受力和变形、产品质量符合最终要求为原则确定其他因素，必要时还应进行关键内容的试验，通过试验数据确定关键参数。

⑤ 工作环境也是机器人工作站设计中需要引起注意的一个方面。对于焊接工作站，要注意焊渣飞溅的防护，特别是机械传动零件和电子元件及导线的防护。在某些场合，还要设置焊枪清理装置，保证起弧质量。对于喷涂或粉尘较大的工作站，要注意有毒物的防护，包括对操作者健康的损害和对设备的化学腐蚀等。对于高温作业的工作站，要注意温度对计算机控制系统、导线、机械零部件和元器件的影响。在一些特殊场合，如强电磁干扰的工作环境或电网波动等问题，会成为工作站设计中的一个重点研究对象。

⑥ 作业要求是用户对设计人员提出的技术期望，它是可行性研究和系统设计的主要依据。具体内容有年产量、工作制度、生产方式、工作站占用空间、操作方式和自动化程度等。其中年产量、工作制度和生产方式是规划工作站的主要因素。当1个工作站不能满

足产量要求时，则应考虑设置 2 个甚至 3 个相同的工作站，或设置 1 个人工处理站，与机器人工作站协调作业。而操作方式和自动化程度又与 1 个工作站中机器人的数量、夹具的自动化水平、投入成本、操作者的劳动强度以及其他辅助设备有直接的关系。要充分研究作业要求，使工作站既符合工厂现状，又能生产出高质量的产品，即处理好投资与效益的关系。需要说明的是，对于那些形状复杂、作业难度较大的工件，如果一味地追求更高的自动化程度，就必然会大大地增加设计难度、投入资金以及工作站的复杂程度。有时，增加必要的人工生产，会使工作站的使用性能更加稳定，更加实用。要充分分析工厂的实际情况，多次商讨对于作业的要求，最终形成行之有效的系统方案。

（2）工作站的功能要求和环境条件

机器人工作站的生产作业是由机器人连同它的末端执行器、夹具和变位机以及其他周边设备等具体完成的，其中起主导作用的是机器人，所以在选择机器人时必须首先满足这一设计原则。满足作业的功能要求，具体到选择机器人时可从三方面加以保证：有足够的持重能力，有足够大的工作空间和有足够多的自由度。环境条件可由机器人产品样本的推荐使用领域加以确定，下面分别加以讨论。

① 确定机器人的持重能力。机器人手腕所能抓取的质量是机器人的一个重要性能指标，习惯上称为机器人的可搬质量。一般说来，同一系列的机器人，其可搬质量越大，它的外形尺寸、手腕工作空间、自身质量以及所消耗的功率也就越大。在设计中，需要初步设计出机器人的末端执行器，比较精确地计算它的质量，然后确定机器人的可搬质量。在某些场合，末端执行器比较复杂，结构庞大，如一些装配工作站和搬运工作站中的末端执行器。同时，对于它的设计方案和结构形式应当反复研究，确定出较为合理可行的结构，减小其质量。

② 确定机器人的工作空间。工作空间是机器人运动时手臂末端或手腕中心所能到达的所有点的集合，也称为工作区域。由于末端执行器的形状和尺寸是多种多样的，为真实反映机器人的特征参数，故工作空间是指不安装末端执行器时的工作区域。工作空间的大小不仅与机器人各连杆的尺寸有关，而且与机器人的总体结构形式有关，如图 6-2 所示。

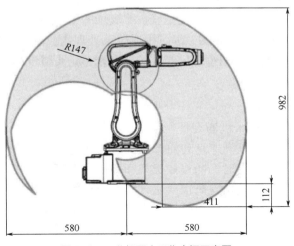

图 6-2　工业机器人工作空间示意图

工作空间的形状和大小是十分重要的，机器人在执行某作业时可能会因存在手部不能到达的盲区而不能完成任务。

③ 确定机器人的自由度。机器人在持重和工作空间上满足机器人工作站或生产线的功能要求之后，还要分析它是否可以在工作空间内满足作业的姿态要求。例如，为了焊接复杂工件，一般需要 6 个自由度。如果焊体简单，又使用变位机，在很多情况下 5 个自由关节的机器人即可满足要求。

总之，在选择机器人时，为了满足功能要求，必须从持重、工作空间、自由度等方面来分析，只有它们同时被满足或者增加辅助装置后，即能满足功能要求的条件，所选用的机器人才是可用的。

机器人的选用也常受机器人市场供应因素的影响，所以，还需考虑市场价格。只有那些可用而且价格低廉、性能可靠，且有较好的售后服务的机器人，才是最应该优先选用的机器人。机器人在各种生产领域里得到了广泛应用，如装配、焊接、喷涂、搬运和码垛等，这必然会有各自不同的环境条件。为此，机器人制造厂家根据不同的应用环境和作业特点，不断地研究、开发和生产出了各种类型的机器人供用户选用。各生产厂家都对自己的产品定出了最合适的应用领域，他们不光考虑其功能要求，还考虑了其他应用中的问题，如强度、刚度、轨迹精度、粉尘、温度、湿度等特殊要求。在设计工作站选用机器人时，首先参考生产厂家提供的产品说明。

（3）工作站对生产节拍的要求

生产节拍是指完成一个工件规定的处理作业内容所要求的时间，也就是用户规定的年产量对机器人工作站工作效率的要求。生产周期是机器人工作站完成一个工件规定的作业内容所需要的时间，也就是工作站完成一个工件规定的处理作业内容所需要花费的时间。在总体设计阶段，首先要根据计划年产量计算出生产节拍，然后对具体工件进行分析。计算各个处理动作的时间，确定出完成一个工件处理作业的生产周期。将生产周期与生产节拍进行比较，当生产周期小于生产节拍时，说明这个工作站可以完成预定的生产；当生产周期大于生产节拍时，说明这个工作站不具备完成预定生产任务的能力。这时就需要重新研究这个工作站的总体构思，或增加辅助装置，最大限度地发挥机器人的效率，使某些辅助工作时间与机器人的工作时间尽可能重合，缩短总的生产周期；或增加机器人数量，使多台机器人同时工作，缩短零件的处理周期；或改革处理作业的工艺过程，修改工艺参数。如果这些措施不能满足生产周期小于生产节拍的要求，就要增设相同的机器人工作站，以满足生产节拍。

（4）安全规范及标准

机器人工作站的主体设备机器人是一种特殊的机电一体化装置，与其他设备的运行特性不同，机器人在工作时是以高速运动的形式掠过比其机座大很多的空间，其手臂的运动形式和启动时间难以预料，有时会随作业类型和环境条件而改变。同时，在其关节驱动器通电的情况下，维修及编程人员有时需要进入其限定空间。另外，由于机器人的工作空间内常与其周边设备工作区重合，从而极易产生碰撞、夹挤或由于手爪松脱而使工件飞出等危险，特别是在工作站内机器人多于一台协同工作的情况下，产生危险的可能性更高。所以在工作站的设计过程中，必须充分分析可能的危险情况，估计可能的事故风险。

　　根据国家标准《工业机器人　安全实施规范》，在做安全防护设计时，应遵循以下两条原则：

　　① 自动操作期间安全防护空间内无人。

　　② 当安全防护空间内有人进行示教、程序验证等工作时，应消除危险或至少降低危险。

　　为了保证上述原则的实施，在工作站设计时，通常应该做到：设计足够大的安全防护空间，在该空间的周围设置可靠的安全围栏，在机器人工作时，所有人员不能进入围栏；应设有安全联锁门，当该门开启时，工作站中的所有设备不能启动工作。

　　工作站必须设置各种传感器，包括光屏、电磁场、压敏装置、超声波和红外装置以及摄像装置等，当人员无故进入防护区时，立即使工作站中的各种运动设备停止工作。当人员必须在设备运动条件下进入防护区工作时，机器人及其周边设备必须在降速条件下启动运转。工作者附近的地方应设急停开关，围栏外应有监护人员，并随时可操纵急停开关。

　　用于有害介质或有害光环境下的工作站，应设置遮光板、罩或其他专用安全防护装置。机器人的所有周边设备，必须分别符合各自的安全规范。使用带碰撞传感器的焊枪把持器设定作业原点、软极限等。

　　对于生产运行的安全措施，人机结合部的对策最为重要。在工业机器人应用工程中，以安全第一为原则，结合实际情况，应考虑实施两种以上的方法作为人机结合部的安全对策。

6.2
工业机器人生产线的构成及设计原则

6.2.1　机器人生产线的构成

　　如图 6-3 所示，机器人生产线是工厂生产自动化程度进一步提高的必然产物，它由两个或两个以上的机器人工作站、物流系统和必要的非机器人工作站组成，完成一系列以机器人作业为主的连续生产。根据自动化程度的要求，作业量、工厂的生产规模和生产线的大小有着较大的差异。

　　以机械制造业为例，有的是对某个零件若干个工序的作业，属于小型生产线；有的是针对某个部件，从各个零件的加工作业到完成部件的组装，作业工序较多，有时还要由几个子生产线构成，属于中型生产线；更有以整机装配为主的生产线，派生出若干条部件组装、零件加工的子生产线，体积庞大，甚至能实现产品生产的无人化操作，属于大型生产线。

　　机器人生产线是自动化生产线的一种，其特点就在于该生产线中主要使用了机器人工作站。有关工作站的知识和设计原则，前面已经做了分析，这里将从生产线的角度阐述它的构成和较有特点的设计原则。

图 6-3　工业机器人焊接生产线

6.2.2　机器人生产线的设计原则

对于机器人生产线设计来说，除了需满足机器人工作站的设计原则外，还应遵循以下十项原则：

- 各工作站必须具有相同或相近的生产周期；
- 工作站间应有缓冲存储区；
- 物流系统必须顺畅，避免交叉或回流；
- 生产线要具有混流生产的能力；
- 生产线要留有再改造的余地；
- 夹具体要有一致的精度要求；
- 各工作站的控制系统必须兼容；
- 生产线布局合理，占地面积力求最小；
- 安全监控系统合理可靠；
- 对于最关键的工作站或生产设备应有必要的替代储备。

这里对前五项原则进行讨论。

（1）各工作站的生产周期

机器人生产线是一个完整的产品生产体系。在总体设计中，要根据工厂的年产量及预期的投资目标，计算出一条生产线的生产节拍，然后参照各工作站的初步设计、工作内容和运动关系，分别确定出各自的生产周期，使得各工作站的生产周期均小于或等于生产线的生产节拍。

对于那些生产周期与生产节拍非常接近的工作站要给予足够的重视，它往往是生产环节中的咽喉，也是故障多发地段，要有一些处理手段，使生产线正常运行。这里介绍几种处理原则。

① 分散作业内容原则。对作业内容多、耗时长的环节，要尽可能合理地把它分割成几个部分，改变原来的工艺顺序，分别由若干个工作站分担作业，但要保证分割后的工序能够达到产品的原技术要求。例如，在大多数机器人焊接生产线中，焊接过程是主要的作业内容，耗时占整个工件作业时间的一半以上，不可能在一个工作站中全部完成。这就要认真地分析焊缝，把它们合理地分成合乎生产周期要求的若干个组，设立若干个机器人焊

接工作站，分组时要研究焊缝的先后顺序对焊件变形状态的影响、焊枪与工件的干涉以及预焊与满焊的处理，选择最佳方案。

② 重叠设立工作站原则。如果作业工序是一个不可分的环节，而且耗时多，远不能满足生产节拍，那么就要重叠设立两个或更多的相同工作站，即重叠工作站，每个工作站仅承担一半或更小的生产任务，工件交替进入不同的工作站，出站后再次合流进入下一个作业工序。

③ 拼合工序原则。在生产线中也会存在作业内容少、生产周期短的环节。在这种情况下，需要反复分析产品的全部作业工序内容，尽可能地将某些工序合并起来，充实一个工作站的作业内容，减少设备投入，减小生产线的占地面积，相对地提高生产线的效率。

④ 应急储备原则。对于特别重要的生产线或生产线中作业难度大、易出现故障、影响生产的工作站，要有应急处理措施，或配置应急处理装置，或是留出应急处理空间。当出现问题后，由备用设备或人工操作加以取代，并做到设备的抢修和试运转与人工处理作业不发生干涉。这种要求常见于具有严格生产管理的大规模汽车总装生产线中，各重点设备均有应急备件、应急部件或应急设备。有些生产负荷大的工厂也设置了一台备用自动焊机作为应急设备，以保证生产线的连续生产。

（2）工作站间缓冲存储区（库）

在人工转运的物流状态下，尽量使各工作站的周期接近或相等，但是总会存在站与站的周期相差较大的情形，这就必然造成各站的工作负荷不平衡和工件的堆积现象。因此要在周期差距较大的工作站（或作业内容复杂的关键工作站）间设立缓冲存储区，把生产速度较快的工作站所完成的工件暂存起来，通过定期地停止该站生产或增加较慢工作站生产班时的方式，处理堆积现象。

在含有机器人的柔性加工生产线中，被加工工件需要几次装夹，多次加工成形。机械加工机床分担着不同的加工工序，同一台机床也可能承担几道工序。分批量完成一道工序后，或更换工序，或转入下一台机床，这就必须设立缓冲存储区，以便交替存取工件。这种缓冲存储区大的可以是一个庞大的立体仓库，小的则有十几个或更少的存储单元，在生产线中，缓冲存储区往往占有相当的面积和设备比例。

（3）物流系统

物流系统是机器人生产线的大动脉，它的传输性、合理性和可靠性是维持生产线畅通无阻的基本条件。对于机械传动的刚性物流线，各工作站的工件必须同步移动，而且要求站距相等，这种物流系统在调试结束后，一般不易造成交叉和回流。但是对于人工装卸工件，或人工干预较多的非刚性物流线来说，人的搬运在物流系统中占了较大的比重。它不要求工件必须同步移动和工作站站距必须相等，但在排布各工作站时，要把物流线作为一个重要内容加以研究。工作站的排布要以物流系统顺畅为原则，否则将会给操作和生产带来永久的麻烦。因此，要协调总体占地面积与物流顺畅间的矛盾，使生产线操作便利，省时省力，传送安全。

在大规模生产中，物流系统往往还与厂区、车间及楼层的土木建筑设计有着直接的关系，从地下、地面到空中，形成多层立体空间，使整个车间或厂区，甚至包括产品出厂装运都连接起来。因此，物流系统往往是一项繁杂的系统工程。如自动化程度高的汽车制造厂就常采用这种庞大的物流系统。

（4）生产线

机器人生产线是一项投资大、使用周期长、效益长久的实际工程。决策时要根据自身的发展计划和产品的前景预测做认真的研究，要使投入的生产线最大限度地满足不同品种和产品改型的要求。这就必然提出一个问题，即如何使生产线具有混流生产的能力。所谓混流生产就是在同一条生产线上，能够完成同类工件多型号多品种的生产作业，或只需做简单的设备备件变换和调整，就能迅速适应新型号工件的生产。这是机器人生产线设计的一项重要原则，也是难度较大和技术水平要求较高的一部分内容。它是衡量机器人生产线水平的一项重要指标，混流能力越强，则生产线的价值、使用效率及寿命就越高。

混流生产的基本要求包括工件夹具共用或可更换、末端执行器通用或可更换、工件品种识别准确无误、机器人控制程序分门别类和物流系统满足最大工件传送等内容。下面主要介绍前3项要求。

① 工件夹具共用或可更换。不同型号的工件，它的形状及具体尺寸不尽相同。设计时通过作图找出其共同点和特殊性。在同一套夹具上，或使夹持点落在工件的共同点处，或利用某些工件的特殊性分别夹紧，总之要求一个夹具尽量满足更多的工件品种。在一个夹具体不能满足所有的工件品种要求时，就要将工件分组，将能够共用夹具体的分成一组，这时就要通过更换夹具体部件实现换型。如果不易在同一块夹具体上实现共用定位，那么针对设计外形尺寸和安装尺寸相同、具体结构不同的工件，通过更换夹具体实现混流。显然这种方式效率低、更换时间长、操作量大，适用于不频繁更换工件品种的场合，它还要求电气配线和气源通路换接简便可靠。

② 末端执行器通用或可更换。末端执行器同样也需要适应品种的变化，或者通用或者可更换。在设计时，优先选择通用，其次再考虑可更换。目前出现了末端执行器自动快速更换装置，因而大大简化了设计难度。

③ 工件品种识别准确无误。在混流生产中，首先要解决的是工件品种的识别，准确判断现行产品的型号，通过控制系统完成各工作站的夹具、末端执行器以及程序的变换，使整条生产线符合新品种的要求，否则将会出现设备或人身安全的重大事故。这项工作往往也是生产线调试的重点和难点。品种识别有人工和自动两大类。人工识别较为简便，它的设置由人工操作，识别可由目测或传感器完成。自动识别多用于大型和高自动化程度的生产线上，它要求设计者对生产的各个品种进行详细分析，找出差异点，制订识别方案，并保证生产线在运行时，识别的结果与上位管理机下达的指令一致，做到准确无误。

（5）生产线的再改造

工厂生产的产品应当随着市场需求的变化而变化，高新技术的进步和市场竞争也会促使企业引入新技术、改造旧工艺。而生产线又是投资相对较大的工程，因此要用发展的眼光对待生产线的总体设计和具体部件设计，为生产线留出再改造的余地。主要应从以下几个方面加以考虑：预留工作站，整体更换某个部件；预测增设新装设备的空间；预留控制线点数和气路通道数；控制软件留出子程序接口等。

上面讲述了机器人生产线和工作站的一般设计原则。在工程实际中，要根据具体情况灵活掌握和综合使用这些原则。随着科学技术的不断发展，一定会不断充实设计理论，提高生产线的设计水平。

6.2.3　工业机器人选型设计

工业机器人的选型设计主要从应用场合、有效负载、自由度（轴数）、最大工作范围、重复定位精度、速度、本体重量、制动和转动惯量、防护等级九个方面进行。

① 应用场合。首先，最重要的源头是评估机器人是用于怎样的场合。若是需要在人工旁边由机器人协同完成，对于通常的人机混合的半自动线，特别是需要经常变换工位或移位移线的情况，以及配合新型力矩感应器的场合，协作型机器人应该是一个很好的选项。如果是寻找一个紧凑型的取放（pick& place）料机器人，可能要选择一个水平关节型机器人。如果是针对小型物件快速取放的场合，并联机器人（Delta）最适合这样的需求。

② 有效负载。有效负载是机器人在其工作空间可以携带的最大负荷，例如从 3kg 到 1300kg 不等。如果希望机器人将目标工件从一个工位搬运到另一个工位，需要注意将工件的重量以及机器人手爪的重量加总到其工作负荷。另外特别需要注意的是机器人的负载曲线，在空间范围的不同位置，实际负载能力会有差异。

③ 自由度（轴数）。机器人配置的轴数直接关联其自由度。如果是针对一个简单的直来直去的场合，比如从一条传送带取放到另一条，简单的 4 轴机器人就足以应对。但是，如果应用场景在一个狭小的工作空间，且机器人手臂需要很多的扭曲和转动，6 轴或 7 轴机器人将是最好的选择。轴数一般取决于应用场合。应当注意，在成本允许的前提下，选型多一点的轴数在灵活性方面不是问题。这样方便后续重复利用改造机器人到另一个应用制程，能适应更多的工作任务，而不是发现轴数不够。机器人制造商倾向于使用各自略有不同的轴或关节命名。基本上，第一关节（J1）是最接近机器人底座的那个。接下来的关节称为 J2、J3、J4……依此类推，直到到达手腕末端。而其他的如 YASKAWA/MOTOMAN 公司则使用字母命名机器人的轴。

④ 最大工作范围。当评估目标应用场合的时候，应该了解机器人需要到达的最大距离。选择一个机器人不是仅仅凭它的有效负载，也需要综合考量它能到达的确切距离。每个公司都会给出相应机器人的工作范围图，由此可以判断，该机器人是否适合于特定的应用。机器人的水平运动范围，还要注意考虑机器人在近身及后方的一片非工作区域。

机器人工作的最大垂直高度是从机器人能到达的最低点（常在机器人底座以下）到手腕可以达到的最大高度的距离（Y）。最大水平工作距离是从机器人底座中心到手腕可以水平达到的最远点的距离（X）。

⑤ 重复定位精度。同样的，这个因素也还是取决于应用场合。重复定位精度可以被描述为机器人完成例行的工作任务每一次到达同一位置的能力。一般在 ±0.05mm 到 ±0.02mm 之间，甚至更精密。例如，如果需要机器人组装一个电子线路板，可能需要一个重复定位精度较高的机器人。如果应用工序比较粗糙，比如打包、码垛等，工业机器人也就不需要那么精密。另外，组装工程的机器人精度的选型要求，也关联组装工程各环节尺寸和公差的传递和计算，比如：来料物料的定位精度、工件本身的在夹具中的重复定位精度等。这项指标从 2D 方面以正负"±"表示。事实上，由于机器人的运动重复点不是线性的，而是在空间 3D 运动，该参数的实际情况可以是在以公差为半径的球形空间内的

153

任何位置。当然，配合现在的机器视觉技术的运动补偿，将降低机器人对于来料精度的要求和依赖，提升整体的组装精度。

⑥ 速度。这个参数与每一个用户息息相关。事实上，它取决于该作业需要达到的生产周期。机器人规格表中列明了该型号机器人的最大速度，但我们应该知道，考量从一个点到另一个点的加减速，实际运行的速度将在 0 和最大速度之间。这项参数通常以（°）/s计。有的机器人制造商也会标注机器人的最大加速度。

⑦ 本体重量。机器人本体重量是设计机器人单元时的一个重要因素。如果工业机器人必须安装在一个定制的机台，甚至导轨上，可能需要知道它的重量来设计相应的支承。

⑧ 制动和转动惯量。基本上每个机器人制造商都会提供他们的机器人制动系统的信息。有些机器人对所有的轴配备制动，其他的机器人型号不是所有的轴都配置制动。要在工作区中确保精确和可重复的位置，需要有足够数量的制动。另外一种特别情况，就是当意外断电发生的时候，不带制动的负重机器人轴不会锁死，有造成意外的风险。同时，某些机器人制造商也提供机器人的转动惯量。其实，对于设计的安全性来说，这将是一个额外的保障。机器人规格表中可能还会标注不同轴上适用的转矩。例如，如果需要一定量的转矩以正确完成工作，需要检查在该轴上适用的最大转矩是否正确。如果选型不正确，机器人则可能由于过载而死机。

⑨ 防护等级。根据机器人的使用环境，选择达到一定的防护等级（IP 等级）的标准。一些制造商提供相同的机械手针对不同的场合不同的 IP 防护等级的产品系列。如果机器人参与生产食品、医药、医疗器具，或在易燃易爆的环境中工作，IP 等级会有所不同。

6.3
工业机器人的典型应用

6.3.1 搬运机器人

搬运机器人是指可以进行自动化搬运作业的工业机器人。最早的搬运机器人出现在 1960 年的美国，Unimate（尤尼梅特）机器人和 Versatran（沃萨特兰）两种机器人首次用于搬运作业。搬运作业是指用一种设备握持工件，从一个加工位置移到另一个加工位置的过程。如果采用工业机器人来完成这个任务，整个搬运系统则构成了工业机器人搬运工作站。给搬运机器人安装不同类型的末端执行器，可以完成不同形态和状态的工件搬运工作。

搬运机器人应用系统在食品、医药、化工、金属加工等领域应用广泛，涉及物流、周转、仓储等作业。采用机器人代替人工进行搬运作业，可明显减轻工人的劳动强度，极大地提高生产效率，而且搬运机器人运行平稳、定位准确，可降低搬运作业的产品损坏率。

（1）搬运机器人的特点

搬运机器人具有通用性强、工作稳定的优点，且操作简便、功能丰富、逐渐向第三代智能机器人发展，其主要特点如下。

① 紧凑型设计。该设计使机器人的荷重最高，并使其在物料搬运、上下料以及弧焊应用中的工作范围得到最优化。具有同类产品中最高的精确度及加速度，可确保高产量及低废品率，从而提高生产率。

② 可靠性与经济性兼顾。结构坚固耐用，例行维护间隔时间长。机器人采用具有良好平衡性的双轴承关节钢臂，第 2 轴配备扭力撑杆，并装备免维护的齿轮箱和电缆，达到了极高的可靠性。为确保运行的经济性，传动系统采用优化设计，实现了低功耗和高转矩的兼顾。

③ 具备多种通信方式。具备串口、网络接口、PLC、远程 I/O 和现场总线接口等多种通信方式，能够方便地实现与小型制造工位及大型工厂自动化系统的集成，为设备集成铺平道路。

④ 缩短节拍时间。所有工艺管线均内嵌于机器人手臂，大幅降低了因干扰和磨损导致停机的风险。这种集成式设计还能确保运行加速度始终无条件保持最大化，从而显著缩短节拍时间，增强生产可靠性。

⑤ 加快编程进度。中空臂技术进一步增强了离线编程的便利性。管线运动可控且易于预测，使编程和模拟能如实预演机器人系统的运行状态，大幅缩短程序调试时间，加快投产进度。编程时间从头至尾最多可节省 90%。

⑥ 提高生产能力和利用率。拥有大作业范围，因此一个机器人能够在一个机器人单元或多个单元内对多个站点进行操作。该型机器人除能够进行"基本"物料搬运之外，还能完成增值作业任务，这一点有助于提高机器人的利用率。因此，生产能力和利用率可以同时得到提高，并减少投资。

⑦ 降低投资成本。所有管线均采用妥善的紧固和保护措施，不仅减小了运行时的摆幅，还能有效防止焊接飞溅物和切削液的侵蚀，显著延长了使用寿命。其采购和更换成本最多可降低 75%，还可每年减少多达三次的停产检修。

⑧ 节省空间。设计紧凑，无松弛管线，占地极小。在物料搬运和上下料作业中，机器人能更加靠近所配套的机械设备。在弧焊应用中，上述设计优势可降低与其他机器人发生干涉的风险，为高密度、高产能作业创造了有利条件。

⑨ 高能力和高人员安全标准。在设备管理应用环境下，它可以提供比传统解决方案更为理想的操作。该型机器人可以从顶部和侧面到达机器。此外，顶架安装的机器人能够从机器正面到达机器，以进行维护作业、小规模搬运和快速切换等工作。由于在手动操作机器时机器人不在现场，因此可以提高人员安全性。

⑩ 灵活的安装方式。安装方式包括落地安装、斜置安装、壁挂安装、倒置安装以及支架安装，有助于减少占地面积以及增加设备的有效应用，其中壁挂安装的表现尤为显著。这些特点使工作站的设计更具创意，并且优化了各种工业领域。

搬运机器人应用系统的搬运作业可分解为抓取工件、移动工件、放置工件等一系列子任务。

① 抓取工件：在给定目标位置上以期望姿态抓取工件，系统必须对工件进行可靠的定位，以保持工件与手爪之间准确的相对位置，并保证机器人后续作业的准确性。

② 移动工件：确保工件在搬运过程中位姿的准确性。

③ 放置工件：在指定位置解除手爪和工件之间的约束关系以放置工件。

搬运机器人的末端执行器不同，其搬运作业的具体任务分配也有所不同。要使搬运机器人应用系统完成搬运作业，需要依次完成 I/O 配置、创建程序数据、示教目标点、编写和调试程序等操作。在编写程序时，应合理选取示教目标点，并选择合适的运动模式，避免机器人发生碰撞及姿态调整，防止工件脱落。搬运作业需要示教的目标点包括抓取靠近点、工件抓取点、放置靠近点、工件放置点、工具坐标等待点等。

选择搬运机器人时，要根据实际搬运作业要求，综合考虑其承载能力、工作空间、定位精度及自由度等因素，使其能够满足各项功能要求。在搬运机器人应用系统中，通常选择通用型搬运机器人。搬运机器人控制柜通过供电电缆和编码器电缆与搬运机器人本体连接，它集成了搬运机器人的控制系统，由计算机硬件、软件和一些专用电路构成，其软件包括控制器系统软件、搬运机器人专用语言、搬运机器人运动学及动力学软件、搬运机器人控制软件、搬运机器人自诊断及保护软件等。控制柜负责处理搬运机器人工作过程中的全部信息和控制其全部动作。

搬运机器人示教编程器是操作者与搬运机器人之间的主要交流界面。操作者通过示教编程器对机器人进行各种操作，如示教、编制程序，并可直接移动机器人。机器人的各种信息、状态通过示教编程器显示给操作者。此外，还可通过示教编程器对机器人进行各种设置。在实际生产作业中，如果搬运的工件为平面板材，多采用真空吸盘来吸附工件，这时搬运机器人本体上需要安装电磁阀组、真空发生器、真空吸盘等装置。

（2）搬运机器人的分类

如图 6-4 所示，从结构形式上看，搬运机器人可分为龙门式搬运机器人、悬臂式搬运机器人、侧壁式搬运机器人、摆臂式搬运机器人和关节式搬运机器人。

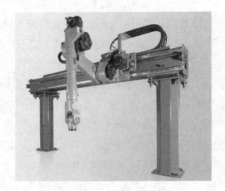

(a) 龙门式搬运机器人　　　　　　　　　　(b) 悬臂式搬运机器人

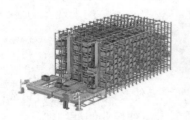

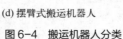

(c) 侧壁式搬运机器人　　　(d) 摆臂式搬运机器人　　　(e) 关节式搬运机器人

图 6-4　搬运机器人分类

① 龙门式搬运机器人。其坐标系主要由 x 轴、y 轴和 z 轴组成。多采用模块化结构，可依据负载位置、大小等选择对应直线运动单元及组合结构形式（在移动轴上添加旋转轴便可成为四轴或五轴搬运机器人）。其结构形式决定其负载能力，可实现大物料、重吨位搬运，采用直角坐标系，编程方便快捷，广泛运用于生产线转运及机床上下料等大批量生产过程，如图 6-4（a）所示。

② 悬臂式搬运机器人。其坐标系主要由 x 轴、y 轴和 z 轴组成，可随不同的应用采取相应的结构形式（在 z 轴的下端添加旋转或摆动轴就可以延伸成为四轴或五轴机器人）。此类机器人，多数结构为 z 轴随 y 轴移动，但有时针对特定的场合，y 轴也可在 z 轴下方，方便进入设备内部进行搬运作业。广泛运用于卧式机床、立式机床及特定机床内部和冲压机热处理机床自动上下料，如图 6-4（b）所示。

③ 侧壁式搬运机器人。其坐标系主要由 x 轴、y 轴和 z 轴组成，也可随不同的应用采取相应的结构形式（在 z 轴的下端添加旋转或摆动轴就可以延伸成为四轴或五轴机器人）。专用性强，主要运用于立体库类，如档案自动存取、全自动银行保管箱存取系统等，如图 6-4（c）所示。

④ 摆臂式搬运机器人。其坐标系主要由 x 轴、y 轴和 z 轴组成。其中，在 z 轴上主要实现升降运动，因此 z 轴也称为主轴；在 y 轴上的移动主要通过外加滑轨实现；在 x 轴末端连接控制器，使其绕 x 轴转动，从而实现四轴联动。该类机器人具有较高的强度和稳定性，是关节式搬运机器人的理想替代品，但其负载能力相对于关节式搬运机器人要小，如图 6-4（d）所示。

⑤ 关节式搬运机器人。当今工业应用中最常见的机型之一，它拥有 5～6 个轴，其动作类似于人的手臂，具有结构紧凑、占地空间小、相对工作空间大、自由度高等特点，几乎适合于任何轨迹或角度的作业，如图 6-4（e）所示。采用关节式搬运机器人配合上下料装置，便可组成一个自动化加工单元。关节式搬运机器人应用系统的设计制造周期短、柔性大，产品转型方便。有些关节式搬运机器人可以内置视觉系统，并对一些特殊的产品增加视觉识别装置，从而对工件的放置位置、相位、正反面等进行自动识别和判断，并根据结果进行相应的动作，实现智能化的自动生产。

（3）搬运机器人技术的发展

搬运机器人技术是机器人技术、搬运技术和传感技术的融合，目前搬运机器人已广泛应用于实际生产，发挥其强大和优越的特性。经过研发人员不断努力，搬运机器人技术取得了长足进步，可实现柔性化、无人化、一体化搬运工作，集高效生产、稳定运行、节约空间等优势于一体，展现出搬运机器人强大的功能。现从机器人系统、传感技术及应用日益广泛的 AGV 搬运车等方面介绍搬运机器人技术的新进展。

① 机器人系统。搬运机器人的出现为全球经济发展带来了巨大动力，使得整个制造业逐渐向"柔性化、无人化"方向发展，目前机器人技术已日趋完善，逐渐实现规模化与产业化，未来将朝着标准化、轻巧化、智能化方向发展。在此背景下，搬运机器人公司如何针对不同类型客户进行定制产品的研发和创新，成为搬运行业新的研究课题。

a. 操作机。日本 FANUC 机器人公司推出万能机器人 FANUC R-2000iB（见图 6-5）。在搬运应用方面，FANUC R-2000iB 拥有无可比拟的优越性能。通过对垂直多关节结构进行几乎完美的最优化设计，使得 R-2000iB 在保持最大动作范围和最大可搬运质量的同时，大幅度减轻自身重量，实现紧凑机身设计，具有紧凑的手腕结构、狭小的后部干涉区域、可高密度布置机构等特点。又如瑞士 ABB 机器人公司推出的最快速升级版 IRB 6660-100/3.3（见图 6-6）。可解决坯件体积大、重量大、搬运距离长等压力机上下料面临的难题，且比同类产品速度提高15%，缩短了生产周期，视为目前市场上能够处理大坯件最快速的压力机上下料机器人。

图 6-5　FANUC R-2000iB

图 6-6　ABB IRB 6660-100/3.3

　　b. 控制器。机器人单机操作有时难以满足大型构件或散堆件的搬运，为此，国外一些著名的机器人公司推出的机器人控制器都可实现对几台机器人和几个外部轴的协同控制。如 FANUC 公司推出的机器人控制柜 R-30iA，可实现散堆件搬运（见图 6-7），大幅度提高了 CPU 的处理能力，并且增加了新的软件功能，可实现机器人的智能化与网络化，具有高速动作性能、内置视觉功能、散堆件取出功能、故障诊断功能等优点。

图 6-7　散堆件拾取和搬运

c. 示教器。一般来讲，一个机器人单元包括一台机器人和一个带有示教器的控制单元手持设备，能够远程监控机器人（它能收集信号并提供信息的智能显示）。传统的点对点模式，由于受线缆方式的局限，导致费用昂贵并且示教器只能用于单台机器人。COMAU 公司的无线示教器 WiTP 与机器人控制单元之间采用了该公司的专利技术"配对-解配对"安全连接程序，多个控制器可由一个示教器控制。同时，它可与其他 Wi-Fi 资源实现数据传送与接收，有效范围达 100m，且各系统间无干扰，如图 6-8 所示。

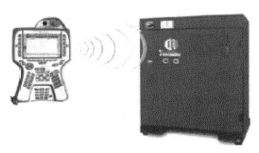

图 6-8　COMAU 无线示教器 WiTP

② 传感技术。随着制造生产的繁重化和人口红利的逐渐消失，已逼迫众多企业向无人化、自动化、柔性化转型，追求产品的高精度和质量的优越性。传感技术应用到搬运机器人中，极大地拓宽了搬运机器人的应用范围，提高了生产效率，保证了产品质量的稳定性和可追溯性。图 6-9 所示为带有视觉系统的搬运系统。

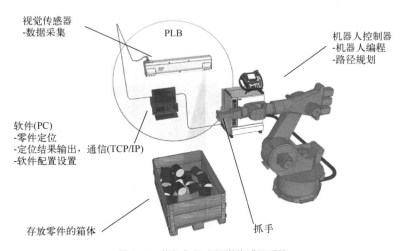

图 6-9　搬运机器人视觉传感器系统

搬运机器人传感器系统的工作流程是：视觉系统采集被测目标的相关数据，控制柜内置相应系统进行图像处理和数据分析，转换成相应的数据量，传给搬运机器人，机器人以接收到的数据为依据，进行相应作业。通过携带立体传感器，机器人可搬运杂乱无章的部件，可简化排列工序。

③ AGV 搬运车。AGV 搬运车是一种无人搬运车（Automated Guided Vehicle），是指装备有电磁或光学等自动导引装置，能够沿规定的导引路径行驶，具有安全保护以及各种

移载功能，工业应用中无需驾驶员的搬运车。通常可通过电脑程序或电磁轨道信息控制其移动，属于轮式移动搬运机器人范畴。广泛应用于汽车底盘安装、汽车零部件装配、烟草、电力、医药、化工等的生产物料运输、柔性装配线、加工线，具有行动快捷，工作效率高，结构简单，有效摆脱场地、道路、空间限制等优势，充分体现出其自动性和柔性，可实现高效、经济、灵活的无人化生产。通常 AGV 搬运车可分为列车型、平板车型、带移载装置型、货叉型及带升降工作台型等。

a. 列车型。列车型 AGV 是最早开发的产品，由牵引车和拖车组成，一辆牵引车可带若干节拖车，适合成批量小件物品长距离运输，在仓库离生产车间较远时应用广泛，如图 6-10 所示。

b. 平板车型。平板车型 AGV 多需人工卸载，是载重量在 500kg 以下的轻型车。主要用于小件物品搬运，适用于电子行业、家电行业、食品行业等场所，如图 6-11 所示。

图 6-10　列车型 AGV

图 6-11　平板车型 AGV

c. 带移载装置型。带移载装置型 AGV 装有输送带或辊子输送机等移载装置，通常和地面板式输送机或辊子机配合使用，以实现无人化自动搬运作业，如图 6-12 所示。

d. 货叉型。货叉型 AGV 类似于人工驾驶的叉车起重机，本身具有自动装卸载能力，主要用于物料自动搬运作业以及在组装线上做组装移动工作台使用，如图 6-13 所示。

e. 带升降工作台型。带升降工作台型 AGV 主要应用于机器制造业和汽车制造业的组装作业，因带有升降工作台，可使操作者在最佳高度下作业，提高工作质量和效率，如图 6-14 所示。

图 6-12　带移载装置型 AGV

图 6-13　货叉型 AGV

图 6-14　带升降工作台型 AGV

（4）工业机器人搬运工作站

工业机器人搬运工作站的任务是由机器人完成工件的搬运，就是将输送线送过来的工件搬运到平面仓库中，并进行码垛。

① 工业机器人搬运工作站的特点：

a．传送装置的形式要根据物品的特点选用或设计；

b．可使物品准确地定位，以便于机器人抓取；

c．多数情况下设有物品托板，或机动或自动地交换托板；

d．有些物品在传送过程中还要经过整形，以保证码垛质量；

e．要根据被搬运物品设计专用末端执行器；

f．应选用适合于搬运作业的机器人。

② 工业机器人搬运工作站的组成。一个完整的工业机器人搬运工作站系统，一般由以下几部分构成，如图 6-15 所示：

a．一台或多台工业机器人，包括机器人本体和机器人控制柜；

b．用于夹持工件的机器人末端执行器，如手爪；

c．工作站周边设备，如传送工件的输送装置、存放工件的料仓等；

d．周边设备的控制系统，如 PLC 控制柜；

e．用于安全防护的安全围栏及安全门等。

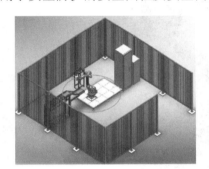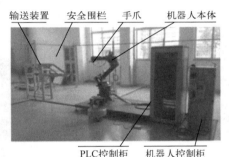

图 6-15　工业机器人搬运工作站的组成

（5）搬运机器人应用系统详细介绍

① 搬运机器人及控制柜。安川 MH6 机器人是通用型工业机器人，既可以用于搬运也可以用于弧焊。MH6 机器人系统包括 MH6 机器人本体、DX100 控制柜以及示教编程器。DX100 控制柜通过供电电缆和编码器电缆与机器人连接。

DX100 控制柜集成了机器人的控制系统，是整个机器人系统的神经中枢。控制柜负责处理机器人工作过程中的全部信息和控制其全部动作。

DX100 控制柜及示教编程器如图 6-16 所示。

安川 MH6 机器人本体上安装了电磁阀组、真空发生器、真空吸盘等装置，如图 6-17 所示。

② 输送线系统。输送线系统的主要功能是把上料装置处的工件传送到输送线的末端落料台上，以便于机器人搬运。上料装置处装有光电式传感器，用于检测是否有工件，如有工件，将启动输送线，输送工件。输送线的末端落料台也装有光电式传感器，用于检测落料台上是否有工件，如有工件，将启动机器人来搬运，如图 6-18 所示。输送线由三相交流电机拖动，变频器调速控制。

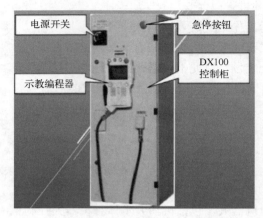

图 6-16　DX100 控制柜及示教编程器

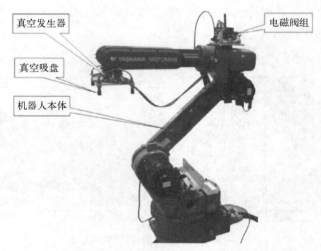

图 6-17　搬运机器人本体及末端执行器

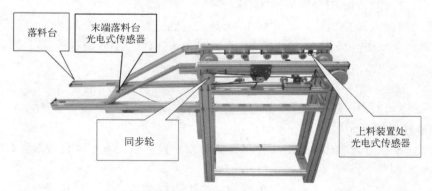

图 6-18　输送线系统

③ 平面仓库。平面仓库用于存储工件。平面仓库有一个反射式光纤传感器用于检测仓库是否已满，若仓库已满，将不允许机器人向仓库中搬运工件，如图 6-19 所示。

④ PLC 控制柜。PLC 控制柜用来安装断路器、PLC、变频器、中间继电器、变压器

等元器件，其中 PLC 是机器人搬运工作站的控制核心。搬运机器人的启动与停止、输送线的运行等，均由 PLC 实现，如图 6-20 所示。

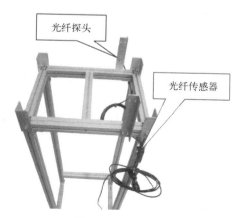

图 6-19　平面仓库

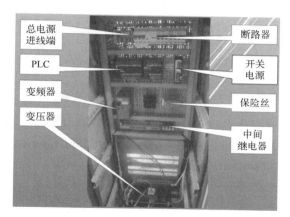

图 6-20　PLC 控制柜

⑤ 机器人末端执行器。工业机器人的末端执行器也叫做机器人手爪，它是装在工业机器人手腕上直接抓握工件或执行作业的部件。末端执行器的种类很多，以适应机器人的不同作业及操作要求。

（6）搬运机器人末端执行器详细介绍

① 末端执行器的分类。

a．按用途分类可分为：手爪和工具。

手爪——具有一定的通用性，它的主要功能是：抓住工件，握持工件，释放工件。

抓住：在给定的目标位置和期望姿态上抓住工件，工件在手爪内必须具有可靠的定位，保持工件与手爪之间准确的相对位置，以保证机器人后续作业的准确性。

握持：确保工件在搬运过程中或零件在装配过程中定义的位置和姿态的准确性。

释放：在指定点上除去手爪和工件之间的约束关系。

工具——是进行某种作业的专用工具，如喷漆枪、焊具等。

b．按夹持原理分为：机械类、磁力类和真空类三种手爪，如图 6-21 所示。

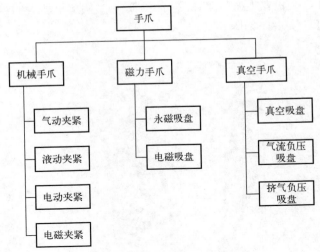

图 6-21　按夹持原理对手爪分类

　　机械手爪包括靠摩擦力夹持和吊钩承重两类，前者是有指手爪，后者是无指手爪。产生夹紧力的驱动源可以有气动、液动、电动、电磁。磁力手爪，主要是磁力吸盘，有电磁吸盘和永磁吸盘两种。真空手爪是真空式吸盘，根据形成真空的原理可分为真空吸盘、气流负压吸盘、挤气负压吸盘三种。磁力手爪及真空手爪是无指手爪。

　　机械手爪（有指）可分为：二指手爪、多指手爪。

　　机械手爪（有指）按手指关节分：单关节手指手爪、多关节手指手爪。

　　吸盘式手爪按吸盘数目分：单吸盘式手爪、多吸盘式手爪。

　　c．按智能划分：普通式手爪和智能化手爪。

　　普通式手爪不具备传感器。

　　智能化手爪具备一种或多种传感器，如力传感器、滑觉传感器等。

　　② 末端执行器设计和选用的要求。手爪设计和选用最主要的是满足功能上的要求，具体来说要在下面几个方面进行考虑。

　　a．被抓握的对象物。手爪设计和选用首先要考虑的是什么样的工件要被抓握。因此，必须充分了解工件的几何形状、机械特性。

　　b．物料的馈送器或存储装置。与机器人配合工作的馈送器或存储装置对手爪必需的最小和最大爪钳之间的距离以及必需的夹紧力都有要求，同时，还应了解其他可能的不确定的因素对手爪工作的影响。

　　c．手爪和机器人匹配。手爪一般用法兰式机械接口与手腕相连接，手爪自重也增加了机械臂的载荷，这两个问题必须给予仔细考虑。手爪是可以更换的，手爪形式可以不同，但是与手腕的机械接口必须相同，这就是接口匹配。手爪自重不能太大，机器人能抓取工件的重量是机器人承载能力减去手爪自重。手爪自重要与机器人承载能力匹配。

　　d．环境条件。在作业区域内的环境状况很重要，比如高温、水、油等环境会影响手爪工作。一个锻压机械手要从高温炉内取出红热的锻件坯必须保证手爪的开合、驱动等在高温环境中均能正常工作。

　　③ 不同末端执行器的应用场合。

　　a. 机械手爪。机械手爪通常采用气动、液动、电动和电磁来驱动手指的开合。气动手爪目前得到广泛的应用，因为气动手爪有许多突出的优点：结构简单、成本低、容易维修，而且开合迅速，重量轻。其缺点是空气介质的可压缩性，使爪钳位置控制比较复杂。液动手爪成本稍高一些。电动手爪的优点是手指开合电机的控制与机器人控制可以共用一个系统，但是夹紧力比气动手爪、液动手爪小，开合时间比它们长。电磁手爪控制信号简单，但是夹紧的电磁力与爪钳行程有关，因此，只用在开合距离小的场合。

　　b. 磁力手爪。有电磁吸盘和永磁吸盘两种。磁力手爪是在手部装上磁铁，通过磁场吸力把工件吸住。磁力手爪只能吸住铁磁材料制成的工件（如钢铁件），吸不住有色金属和非金属材料的工件。磁力手爪的缺点是被吸取工件有剩磁，吸盘上常会吸附一些铁屑，致使不能可靠地吸住工件，而且只适用于工件要求不高或有剩磁也无妨的场合。对于不准有剩磁的工件，如钟表零件及仪表零件，不能选用磁力手爪，可用真空手爪。另外钢、铁等磁性物质在温度为 723℃以上时磁性就会消失，故高温条件下不宜使用磁力手爪。磁力手爪要求工件表面清洁、平整、干燥，以保证可靠地吸附。

　　c. 真空手爪。真空手爪主要用在搬运体积大、重量轻的如冰箱壳体、汽车壳体等零件，也广泛用在需要小心搬运的如显像管、平板玻璃等物件。真空手爪要求工件表面平整光滑、干燥清洁。

　　根据真空产生的原理，真空式吸盘可分为如下三种。

　　a）真空吸盘。图 6-22 所示为产生负压的真空吸盘控制系统。吸盘吸力在理论上取决于吸盘与工件表面的接触面积和吸盘内外压差，实际上与工件表面状态有十分密切的关系，它影响负压的泄漏。真空泵的采用，能保证吸盘内持续产生负压，所以这种吸盘比其他形式吸盘吸力大。

　　b）气流负压吸盘。气流负压吸盘的工作原理如图 6-23 所示，压缩空气进入喷嘴后利用伯努利效应使橡胶皮腕内产生负压。在工厂一般都有空压机站或空压机，空压机气源比较容易解决，不需专为机器人配置真空泵，所以气流负压吸盘在工厂使用方便。

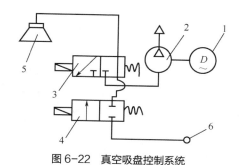

图 6-22　真空吸盘控制系统
1—电机；2—真空泵；3，4—电磁阀；5—吸盘；6—通大气

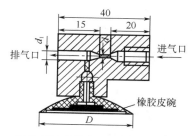

图 6-23　气流负压吸盘的工作原理

　　c）挤气负压吸盘。如图 6-24 所示为挤气负压吸盘的结构。当吸盘压向工件表面时，将吸盘内空气挤出；松开时，去除压力，吸盘恢复弹性变形使吸盘腔内形成负压，将工件牢牢吸住，机械手即可进行工件搬运，到达目标位置后，或用碰撞力 P 或用电磁力使压盖 2 动作，破坏吸盘腔内的负压，释放工件。此种挤气负压吸盘不需真空泵系统也不需压缩空气气源，是比较经济方便的，但可靠性比真空吸盘和气流负压吸盘差。

另外，还有两种真空手爪的新设计：

自适应吸盘：如图 6-25 所示，该吸盘具有一个球关节，使吸盘能倾斜自如，适应工件表面倾角的变化，这种自适应吸盘在实际应用中获得了良好的效果。

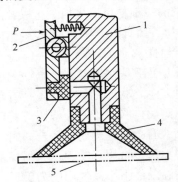

图 6-24　挤气负压吸盘的结构示意图
1—吸盘架；2—压盖；3—密封垫；4—吸盘；5—工件

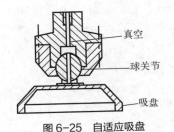

图 6-25　自适应吸盘

异形吸盘：如图 6-26 所示，是异形吸盘中的一种。通常吸盘只能吸附平整工件，而该异形吸盘可用来吸附鸡蛋、锥形瓶等物件，扩大了真空手爪在工业机器人上的应用。

④ 工业机器人末端执行器的特点。

a. 手部与手腕相连处可拆卸。手部与手腕有机械接口，也可能有电、气、液接头，当工业机器人作业对象不同时，可以方便地拆卸和更换手部。

b. 手部都是工业机器人末端执行器。它可以像人手那样具有手指，也可以是不具备手指的手；可以是类人的手爪，也可以是进行专业作业的工具，比如装在机器人手腕上的喷漆枪、焊接工具等。

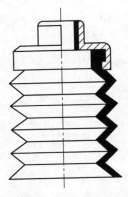

图 6-26　异形吸盘

c. 手部的通用性比较差。工业机器人手部通常是专用的装置，比如：一种手爪往往只能抓握一种或几种在形状、尺寸、重量等方面相近似的工件；一种工具只能执行一种作业任务。

d. 手部是一个独立的部件。假如把手腕归属于手臂，那么工业机器人机械系统的三大件就是机身、手臂和手部（末端执行器）。具有复杂感知能力的智能化手爪的出现，增加了工业机器人作业的灵活性和可靠性。

⑤ 末端执行器的设计原则。

a. 末端执行器要根据机器人作业的要求来设计，尽量选用已定型的标准基础件，如气缸、液压缸、传感器等，配以恰当的机构组合成适于生产作业要求的末端执行器。一种新的末端执行器的出现，就可以增加一种机器人的应用场所。

b. 末端执行器的重量要尽可能地轻，并力求结构紧凑。

c. 正确对待末端执行器的万能性与专用性。万能的末端执行器在结构上相当复杂，几乎根本不可能实现。目前在实际应用中，仍是那些结构简单、万能性不强的末端执行器最为适用，因此要着重开发各种各样专用的、高效率的末端执行器，加上末端执行器的快速更换装置，从而实现机器人的多种作业功能。

（7）搬运机器人的周边设备与工位布局

用机器人完成一项搬运工作，除需要搬运机器人（机器人和搬运设备）以外，还需要一些辅助周边设备。同时，为了节约生产空间，合理的机器人工位布局尤为重要。

① 周边设备。目前，搬运机器人应用系统常用的周边设备主要有输送线系统、搬运辅助装置、传感器和 PLC 控制柜等，下面做简单介绍。

a. 输送线系统。见前文，此处不再赘述。

b. 搬运辅助装置。它主要包括真空发生装置、气体发生装置、液压发生装置等，均为标准件。通常真空发生装置和气体发生装置均可满足吸盘和气动夹钳所需的动力，企业常用空气空压站对整个车间进行抽真空或提供压缩空气；液压发生装置的动力元件（电动机、液压泵等）布置在搬运机器人周围，执行元件（液压缸）与液压夹钳一体，需安装在搬运机器人末端法兰上。

c. 传感器。搬运机器人除了能在指定的位置上抓取确定的工件外，还需要采用传感器进行准确定位和定向。搬运机器人所需要的传感器有视觉传感器、接触觉传感器和力传感器等。视觉传感器主要用于被抓取工件的粗定位，使机器人能够根据需要寻找应该抓取的零件，并获取零件的大致位置；接触觉传感器的作用包括感知被抓取工件的存在、确定这个工件的准确位置和确定这个工件的方向三个方面，有助于搬运机器人更加可靠地抓取工件；力传感器主要用于控制搬运机器人的夹持力，防止机器人的手爪损坏被抓取的工件。

d. PLC 控制柜。对于输入与输出设备较多的复杂搬运机器人应用系统，因搬运机器人本体控制器的接口数量有限或接口类型不匹配，一般需要在应用系统中增加外部 PLC 控制柜，以配合搬运机器人完成更加复杂的外围设备控制功能。

② 工位布局。搬运机器人应用系统或柔性生产线可完全代替人工实现工件或物料的自动搬运，因此搬运机器人应用系统的布局是否合理将直接影响搬运的作业速率和生产节拍。根据车间场地面积，在有利于提高生产节拍的前提下，搬运机器人应用系统可采用 L 形、环形、一字形等布局。

a. L 形布局。L 形布局将搬运机器人安装在龙门架上，使其行走在机床上方，可大幅度节约地面资源，如图 6-27 所示。

b. 环形布局。环形布局又称岛式加工单元，如图 6-28 所示。它是以关节式搬运机器人为中心，设备围

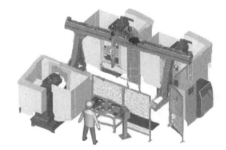

图 6-27 L 形布局

绕在其周围形成环形，进行工件搬运加工，可提高生产效率、节约空间，适合小空间厂房作业。

c. 一字形布局。一字形布局如图 6-29 所示。直角桁架机器人通常要求设备成一字排列，对厂房高度、长度有一定要求。因其工作方式为直线编程，故很难满足对放置位置、相位等有特别要求的工件的上下料作业需要。

（8）搬运机器人应用系统的软件配置

搬运机器人应用系统是一个完整的系统，主要由搬运机器人、设备总控台、上位机、安全防护栏、警示三色灯及工件维修台等组成。其连接布局如图 6-30 所示，组成与布局如图 6-31 所示。

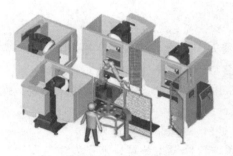

图 6-28　环形布局

图 6-29　一字形布局

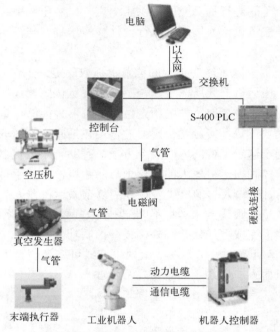

图 6-30　搬运机器人应用系统的连接布局

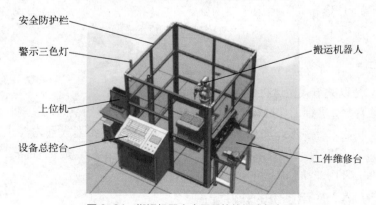

图 6-31　搬运机器人应用系统的组成与布局

在选定搬运机器人、PLC 控制柜及其他相关设备后，需要进行软件配置，一般先进行工作过程分析，然后进行接口配置及设计系统硬件电路，最后设计系统程序并进行参数配置。

① 工作过程分析。不同的搬运机器人应用系统，其工作过程是有差异的。以某关节式搬运机器人为例，其工作过程主要包括以下步骤。

a. 设备通电前，系统处于初始状态，即输送线上料位置及落料台上无工件、平面仓库里无工件，搬运机器人处于远程模式并位于作业原点，系统无机器人报警和错误、无机器人电池报警。

b. 按启动按钮，系统运行，机器人启动。

a）当输送线上料检测传感器检测到工件时，输送线启动，将工件传送到落料台上，工件到达落料台时，输送线停止运行，并通知搬运机器人。

b）搬运机器人收到命令后将工件搬运到平面仓库，搬运完成后机器人回到作业原点，等待下次搬运作业请求。

c）当完成系统设定的一组作业任务后，搬运机器人停止搬运，输送线停止输送。清空平面仓库后，按复位按钮，系统继续运行。

c. 在系统运行过程中，若按暂停按钮，机器人暂停运行；按复位按钮，机器人继续运行。

d. 在系统运行过程中，急停按钮一旦动作，系统立即停止；急停按钮恢复后，须按复位按钮进行复位，并用示教器选择"示教模式"，通过示教操作使机器人回到作业原点。只有使系统恢复到初始状态，并按启动按钮后，系统才会重新启动。

② 接口配置与硬件电路。搬运机器人应用系统以 PLC 为核心，控制输送线和搬运机器人的运行。

a. 接口配置。若搬运机器人应用系统的 PLC 选用 OMRON CP1L-M40DR-D 型，搬运机器人本体选用安川 MH6 型，机器人控制柜选用 DX100。机器人与 PLC 的 I/O 接口功能定义如表 6-1 所示。

表 6-1 机器人与 PLC 的 I/O 接口功能定义

接口		信号地址	定义的内容	与 PLC 的连接地址
CN308	IN	B1	机器人启动	100.00
		A2	清除机器人报警和错误	101.01
	OUT	B8	机器人运行中	1.00
		A8	机器人伺服已接通	1.01
		A9	机器人报警和错误	1.02
		B10	机器人电池报警	1.03
		A10	机器人选择远程模式	1.04
		B13	机器人在作业原点	1.05
CN306	IN	B1 IN#（9）	机器人搬运开始	100.02
	OUT	B8 OUT#（9）	机器人搬运完成	1.06

CN308 和 CN306 是搬运机器人与 PLC 之间的 I/O 接口，CN307 是搬运机器人与末端执行器之间的 I/O 接口，MXT 是搬运机器人的专用输入接口。

a）CN308 是搬运机器人的专用 I/O 接口，其上每个端子的功能是固定的，如 CN308 的 B1 端子的功能为"机器人启动"，当该端子为高电平时，搬运机器人启动运行。

b）CN306 是搬运机器人的通用 I/O 接口，其上每个端子的功能由用户定义。例如，将 CN306 的 B1 IN#（9）端子定义为"机器人搬运开始"，当该端子为高电平时，搬运机器人开始搬运工件。

c）CN307 也是搬运机器人的通用 I/O 接口，其上每个端子的功能由用户定义。例如，将 CN307 的一个端子定义为"吸盘 1、2 吸紧"，当机器人程序使 OUT17 输出为 1 时，YV1 得电，吸盘 1、2 吸紧，如表 6-2 所示。

表 6-2　搬运机器人 CN307 接口功能定义

接口	信号地址	定义的内容	负载
CN307	A8(OUT17+)/B8(OUT17−)	吸盘 1、2 吸紧	YV1
	A9(OUT18+)/B9(OUT18−)	吸盘 1、2 释放	YV2
	A10(OUT19+)/B10(OUT19−)	吸盘 3、4 吸紧	YV3
	A11(OUT20+)/B11(OUT20−)	吸盘 3、4 释放	YV4

d）MXT 是搬运机器人的专用输入接口，其上每个端子的功能是固定的。例如，EXSVON 为搬运机器人外部伺服 ON 功能，当 29、30 端子间接通时，搬运机器人伺服电源接通，如表 6-3 所示。

表 6-3　搬运机器人 MXT 接口功能定义

接口	信号地址	定义的内容	继电器
MXT	EXESP1+(19)/EXESP1−(20)	机器人双回路急停	KA2
	EXESP2+(21)/EXESP2−(22)		
	EXSVON+(29)/EXSVON−(30)	机器人外部伺服 ON	KA1
	EXHOLD+(31)/EXHOLD−(32)	机器人外部暂停	KA3

b．硬件电路。

a）PLC 的 I/O 接口功能定义如表 6-4 所示，PLC 开关量输入电路如图 6-32 所示。由于传感器为 NPN 集电极开路型，且机器人的输出接口为漏型输出，因此 PLC 的输入电路也采用漏型接法，即 COM 端接　。PLC 开关量输入信号包括各种控制按钮信号和检测用传感器信号。

表 6-4　PLC 的 I/O 接口功能定义

输入信号			输出信号		
序号	PLC 输入地址	信号名称	序号	PLC 输入地址	信号名称
1	0.00	启动按钮	1	100.00	机器人启动
2	0.01	暂停按钮	2	100.01	清除机器人报警和错误
3	0.02	复位按钮	3	100.02	机器人搬运开始
4	0.03	急停按钮	4	100.03	变频器启停控制
5	0.06	输送线上料检测	5	100.04	变频器故障复位
6	0.07	落料台工件检测	6	101.00	机器人伺服使能
7	0.08	仓库工件满检测	7	101.01	机器人急停
8	1.00	机器人运行中	8	101.02	机器人暂停
9	1.01	机器人伺服已接通			

输入信号			输出信号		
序号	PLC 输入地址	信号名称	序号	PLC 输入地址	信号名称
10	1.02	机器人报警和错误			
11	1.03	机器人电池报警			
12	1.04	机器人选择远程模式			
13	1.05	机器人在作业原点			
14	1.06	机器人搬运完成			

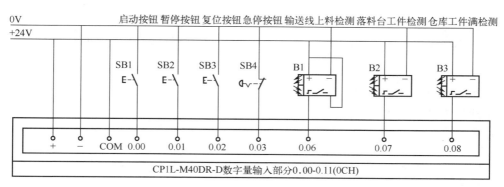

图 6-32　PLC 开关量输入电路

b）CN303 的 1、2 端子接外部 DC 24V 电源，PLC 输入信号包括"机器人运行中""机器人搬运完成"等搬运机器人各种状态反馈信号，如图 6-33 所示。

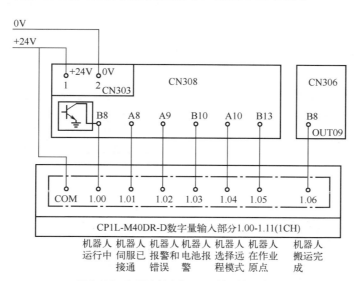

图 6-33　机器人输出与 PLC 输入接口电路

c）由于机器人的输入接口为漏型输入接口，因此 PLC 的输出电路也采用漏型接法。PLC 输出信号包括"机器人启动""机器人搬运开始"等搬运机器人各种运行控制信号，如图 6-34 所示。

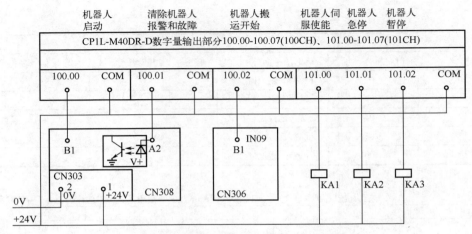

图 6-34　机器人输入与 PLC 输出接口电路

d）继电器 KA2 双回路用于控制机器人急停，KA1 用于控制机器人伺服使能，KA3 用于控制机器人暂停，如图 6-35 所示。

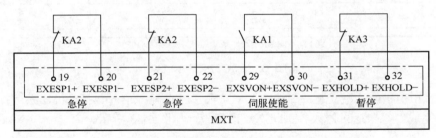

图 6-35　机器人专用输入 MXT 接口电路

e）通过 CN307 接口连接电磁阀 YV1～YV4，控制吸盘工具吸紧或释放工件，如图 6-36 所示。

图 6-36　机器人输出控制电磁阀电路

③ 系统程序与参数配置。

a．PLC 程序。只有在所有的初始条件都满足时，W0.00 得电；按下启动按钮 W0.00，101.00 得电，机器人伺服电源接通；如果使能成功，"机器人伺服已接通"的状态反馈信号端子 1.01 得电，101.00 断电，使能信号解除；100.00 得电，机器人启动，开始运行程序，同时其反馈信号 1.00 得电，100.00 断电，程序启动信号解除。搬运机器人应用系统 PLC

参考程序如图 6-37 所示。

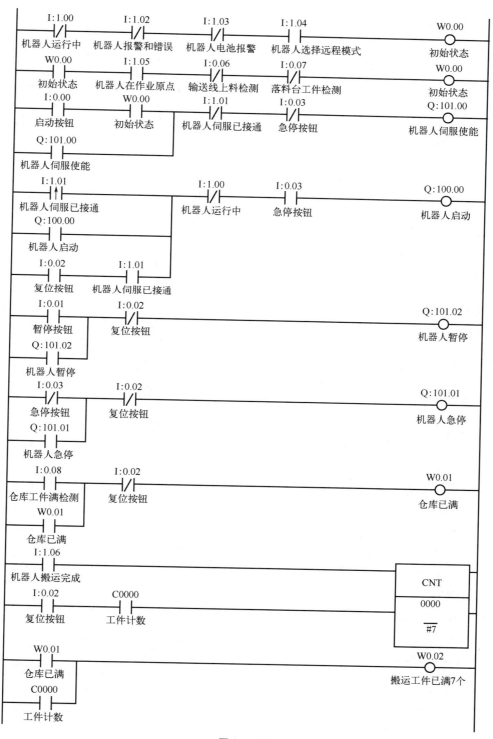

图 6-37

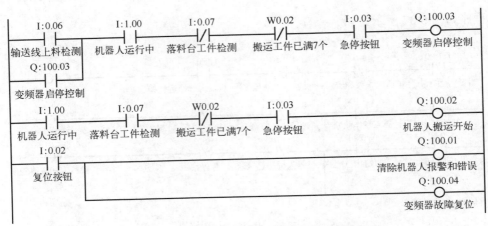

图 6-37 搬运机器人应用系统 PLC 参考程序

如果在运行过程中，按暂停按钮 0.01，则 101.02 得电，机器人暂停，其反馈信号 1.00 断电。此时机器人的伺服电源仍然接通，机器人只是停止执行程序。按复位按钮 0.02，则 101.02 断电，机器人暂停信号解除，同时 100.00 得电，机器人程序再次启动，继续执行程序。

机器人程序启动后，如果落料台上有工件且仓库未满，则 100.02 得电，机器人将把落料台上的工件搬运到仓库里。如果在运行过程中按急停按钮 0.03，则 101.01 得电，机器人急停，其状态反馈信号端子 1.00、1.01 断电。此时机器人的伺服电源断开，搬运机器人停止执行程序。急停后，只有使系统恢复到初始状态，按启动按钮，系统才可以重新启动。

b. 机器人本体程序。当 PLC 的 100.00 输出 "1" 时，机器人 CN308 的 B1 端子接收该信号，机器人启动，开始执行程序。

执行时，机器人等待落料台传感器检测工件。当落料台上有工件时，PLC 的 100.02 输出 "1"，向机器人发出 "机器人搬运开始" 命令，机器人 CN306 的 B1 端子接收该信号，继续执行后面的程序。

机器人如果急停，急停按钮复位后，选择示教器为 "示教模式"，通过操作示教器使机器人回到作业原点，并将程序指针指向第一条指令。

c. 参数配置。不同系统的工业机器人，其参数配置是有差异的，现以 ABB 搬运机器人的参数配置为例进行介绍。

a)配置标准 I/O 板。ABB 标准 I/O 板挂在 DeviceNet 总线上面，其常用型号有 DSQC651（8 个数字输入，8 个数字输出，2 个模拟输出）和 DSQC652（16 个数字输入，16 个数字输出）。在系统中配置标准 I/O 板，至少需要设置四个基本参数，如表 6-5 所示。

表 6-5 标准 I/O 板配置的基本参数

参数名称	参数注释	参数名称	参数注释
Name	I/O 单元名称	Connected to Bus	I/O 单元所在总线
Type of Unit	I/O 单元类型	DeviceNet Address	I/O 单元所占用总线地址

b）配置 I/O 信号参数。在标准 I/O 板上配置一个数字 I/O 信号，至少需要设置四项基本参数，如表 6-6 所示。某搬运机器人应用系统的具体信号参数配置如表 6-7 所示。

表 6-6　数字 I/O 信号的基本参数

参数名称	参数注释	参数名称	参数注释
Name	I/O 信号名称	Assigned to Unit	I/O 信号所在 I/O 单元
Type of Signal	I/O 信号类型	Unit Mapping	I/O 信号所占用单元地址

表 6-7　某搬运机器人应用系统的具体信号参数配置

Name	Type of Signal	Assigned to Unit	Unit Mapping	I/O 信号注释
di00_Buffer Ready	Digital Input	Board10	0	暂存装置到位信号
di01_Panel In Pick Pos	Digital Input	Board10	1	产品到位信号
di02_VacuumOK	Digital Input	Board10	2	真空反馈信号
di03_Start	Digital Input	Board10	3	外接"开始"
di04_Stop	Digital Input	Board10	4	外接"停止"
di05_Start At Main	Digital Input	Board10	5	外接"从主程序开始"
di06_Estop Reset	Digital Input	Board10	6	外接"急停复位"
di07_Motor On	Digital Input	Board10	7	外接"电动机上电"
do32_Vacuum Open	Digital Output	Board10	32	打开真空
do33_Auto On	Digital Output	Board10	33	自动状态输出信号
do34_ Buffer Full	Digital Output	Board10	34	暂停装置满载

c）将输入信号与系统的控制信号关联起来，就可以通过输入信号对系统进行控制，如电动机上电、程序启动等。系统的状态信号也可以与数字输出信号关联起来，将系统的状态反馈给外围设备，如系统运行模式、程序执行错误等。系统 I/O 板配置、系统输入信号及输出信号的说明分别见表 6-8、表 6-9 和表 6-10。

表 6-8　系统 I/O 板配置

Type	Signal Name	Action/Status	Argument	作用
System Input	di03_Start	Start	Continuous	程序启动
System Input	di04_Stop	Stop	无	程序停止
System Input	di05_Start At Main	Start At Main	Continuous	从主程序启动
System Input	di06_Estop Reset	Estop Reset	无	急停状态恢复
System Input	di07_Motor On	Motor On	无	电动机上电
System Output	do33_Auto On	Auto On	无	自动状态输出

表 6-9　系统输入信号的说明

系统输入	说明	系统输入	说明
Motor On	电动机上电	Soft Stop	软停止
Motor On and Start	电动机上电并启动运行	Stop at End of Cycle	在循环结束后停止
Motor Off	电动机下电	Stop at End of Instruction	在指令运行结束后停止
Load and Start	加载程序并启动运行	Reset Execution Error Signal	报警复位
Interrupt	中断触发	Reset Emergency Stop	急停复位
Start	启动运行	System Restart	重启系统
Start at Main	从主程序启动运行	Load	加载程序适用后，之前加载的程序文件将被清除
Stop	暂停		
Quick Stop	快速停止	Backup	系统备份

表6-10   系统输出信号的说明

系统输出	说明	系统输出	说明
Auto On	自动运行状态	Emergency Stop	紧急停止
Backup Error	备份错误报警	Execution Error	运行错误报警
Backup in Progress	系统备份进行中，当备份结束或出现错误时信号复位	Mechanical Unit Active	激活机械单元
		Mechanical Unit Not Moving	机械单元没有运行
Cycle On	程序运行状态	Motor Off	电动机下电

6.3.2   码垛机器人

（1）码垛机器人的特点

码垛机器人作为新的智能化码垛装备，具有作业高效、码垛稳定等优点，可减少工人的繁重体力劳动，已在各个行业的包装物流线中发挥重大作用。归纳起来，码垛机器人主要优点有以下几点：

① 占地面积小，动作范围大，减少厂源浪费；

② 能耗低，降低运行成本；

③ 提高生产效率，实现"无人"或"少人"码垛；

④ 改善工人劳作条件，摆脱有毒、有害环境；

⑤ 柔性高、适应性强，可实现不同物料码垛；定位准确，稳定性高。

（2）码垛机器人的分类

码垛机器人同样为工业机器人当中的一员，其结构形式和其他类型机器人相似（尤其是搬运机器人），码垛机器人与搬运机器人在本体结构上没有过多区别，通常码垛机器人比搬运机器人要大些，码垛机器人多为四轴且多数带有辅助连杆，连杆主要起增加力矩和平衡的作用。实际生产中，码垛机器人通常安装在物流线末端，多数情况下不能进行横向和纵向移动，故常见的码垛机器人多为关节式、摆臂式和龙门式结构。

在实际码垛物流线中，关节式码垛机器人应用最多，其常见本体多为四轴结构，也有五轴或六轴结构的关节式码垛机器人，但其应用相对较少。码垛主要在物流线末端进行，码垛机器人安装在底座（或固定座）上，其位置的高低由生产线高度、托盘高度及码垛层数共同决定，多数情况下，码垛精度的要求没有机床上下料搬运精度高，为节约成本、降低投入资金、提高效益，四轴码垛机器人足以满足日常码垛要求。图6-38所示为码垛机器人。

ABB IRB 660

KUKA KR 700 PA

FANUC M-410iB

YASKAWA MPL 80

图6-38   码垛机器人

（3）末端执行器

码垛机器人的末端执行器又称手爪，它是夹持工件移动的一种装置，其原理结构与搬运机器人所用末端执行器类似，常见形式有夹板式、抓取式、组合式。

① 夹板式手爪。它是码垛过程中最常用的一类手爪。常见的夹板式手爪有单板式和双板式，如图 6-39 所示。夹板式手爪主要用于整箱或规则盒的码垛作业，可用于各行各业。其夹持力度较大，可一次码一箱（盒）或多箱（盒），并且两侧板光滑，不会损伤码垛产品的外观。单板式与双板式的侧板一般都会有可旋转爪钩，需要由单独机构控制，在工作状态时爪钩与侧板成 90°，起到撑托工件、防止工件在高速运动中脱落的作用。

(a) 单板式

(b) 双板式

图 6-39　夹板式手爪

② 抓取式手爪。可灵活适应不同形状和内含物（如大米、水泥、化肥等）的物料的码垛作业，如图 6-40 所示。例如，与 ABB 公司 IRB 460 和 IRB 660 码垛机器人配套的即插即用型 Flex-Gripper 抓取式手爪，采用不锈钢制作，可胜任极端条件下的各种码垛作业。

③ 组合式手爪。通过各种手爪的组合来获得各种手爪优势的一种手爪，其灵活性较大，各种手爪之间既可单独使用，又可配合使用，可适应多种形式的码垛作业，如图 6-41 所示。

图 6-40　抓取式手爪

图 6-41　真空吸取和抓取组合式手爪

码垛机器人手爪的动作一般由单独外力进行驱动，需要连接相应的外部信号控制装置及传感器系统，以控制码垛机器人手爪实时的动作状态及夹紧力大小，其手爪驱动方式多为气动或液动。通常在保证相同夹紧力的情况下，气动比液动负载轻、成本低、干净卫生，故在实际码垛作业中，以压缩空气为驱动力的居多。

（4）码垛机器人工作站系统组成

码垛机器人同搬运机器人一样，需要相应的辅助设备组成一个柔性化系统，才能进行码垛作业。以关节式为例，常见的码垛机器人主要由操作机、控制系统、码垛系统（气体发生装置、真空发生装置）和安全保护装置等组成，操作者可通过示教器和操作面板进行码垛机器人运动位置和动作程序的示教，设定运动速度、码垛参数等，如图 6-42 所示。

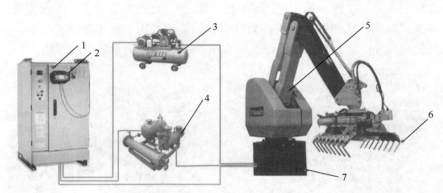

图 6-42　码垛机器人系统组成

1—机器人控制柜；2—示教器；3—气体发生装置；4—真空发生装置；5—操作机；6—抓取式手爪；7—底座

（5）码垛机器人的周边设备与布局

码垛机器人工作站是一种集成化系统，可与生产系统相连接，形成一个完整的集成化包装码垛生产线。码垛机器人完成一项码垛工作，除需要码垛机器人（机器人和码垛设备）外，还需要一些辅助周边设备。同时，为节约生产空间，合理的机器人工位布局尤为重要。

① 周边设备。目前，常见的码垛机器人辅助装置有金属检测机、重量复检机、自动剔除机、倒袋机、整形机、待码输送机、传送带、码垛系统等。

a．金属检测机。对于有些码垛场合，像食品、医药、化妆品、纺织品的码垛，为防止在生产制造过程中混入金属等异物，需要金属检测机进行流水线检测，如图 6-43 所示。

b．重量复检机。重量复检机在自动化码垛流水作业中起重要作用，其可以检测出前工序是否漏装、多装，以及对合格品、欠重品、超重品进行统计，进而控制产品质量，如图 6-44 所示。

图 6-43　金属检测机

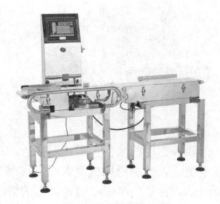

图 6-44　重量复检机

　　c. 自动剔除机。自动剔除机是安装在金属检测机和重量复检机之后，主要用于剔除含金属异物及重量不合格的产品，如图 6-45 所示。

　　d. 倒袋机。倒袋机是将输送过来的袋装码垛物按照预定程序进行输送、倒袋、转位等操作，以使码垛物按流程进入后续工序，如图 6-46 所示。

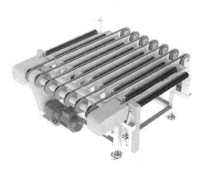

图 6-45　自动剔除机

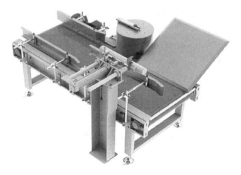

图 6-46　倒袋机

　　e. 整形机。主要针对袋装码垛物的外形整形，经整形机整形后，袋装码垛物内可能存在的积聚物会均匀分散，使外形整齐，之后进入后续工序，如图 6-47 所示。

　　f. 待码输送机。待码输送机是码垛机器人生产线的专用输送设备，码垛货物聚集于此，便于码垛机器人末端执行器抓取，可提高码垛机器人的灵活性，如图 6-48 所示。

图 6-47　整形机

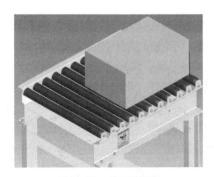

图 6-48　待码输送机

　　g. 传送带。传送带是自动化码垛生产线上必不可少的一个环节，针对不同的厂源条件，可选择不同的形式，如图 6-49 所示。

(a) 斜坡式传送带

(b) 转弯式传送带

图 6-49　传送带

② 工位布局。码垛机器人工作站的布局是以提高生产效率、节约场地、实现最佳物流码垛为目的，在实际生产中，常见的码垛机器人工作站布局主要有全面式码垛和集中式码垛两种。

a. 全面式码垛。码垛机器人安装在生产线末端，可针对一条或两条生产线，具有较小的输送线成本与占地面积、较大的灵活性和可增加生产量等优点，如图 6-50 所示。

图 6-50　全面式码垛

b. 集中式码垛。码垛机器人被集中安装在某一区域，可将所有生产线集中在一起，具有较高的输送线成本，但可节省生产区域资源、节约人员维护成本，一人便可全部操纵，如图 6-51 所示。

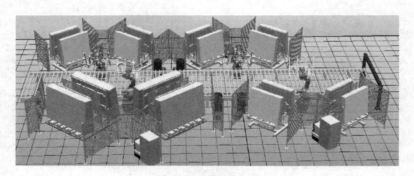

图 6-51　集中式码垛

在实际生产码垛中，按码垛进出情况常规划有一进一出、一进两出、两进两出和四进四出等形式。

a. 一进一出。设置一条货物输送线和一条货垛输出线，常出现在工厂资源相对较少、码垛线作业比较繁忙的情况中。这种规划形式的码垛速度较快，托盘分布在机器人左侧或右侧，缺点是需要人工换托盘，浪费时间。

b. 一进两出。在一进一出的基础上增加一条货垛输出线，一侧满盘后，码垛机器人无须等待，直接码另一侧，其码垛效率明显提高。

c. 两进两出。设置两条货物输送线和两条货垛输出线，多数两进两出系统无须人工干预，码垛机器人可自动定位托盘。因此，两进两出是目前应用最多的一种规划形式，也是性价比最高的一种规划形式。

d. 四进四出。设置四条货物输送线和四条货垛输出线，通常会配有自动更换托盘功能。这种规划形式主要应用于多条中等产量或低等产量生产线的码垛作业。

（6）码垛机器人应用系统的软件配置

码垛机器人应用系统主要由码垛机器人、示教器、控制器、物料盘、空压机、气动三联件、末端执行器、工件、输送线、安全防护栏等组成。其系统的连接布局如图6-52所示，其系统的组成与布局如图6-53所示。

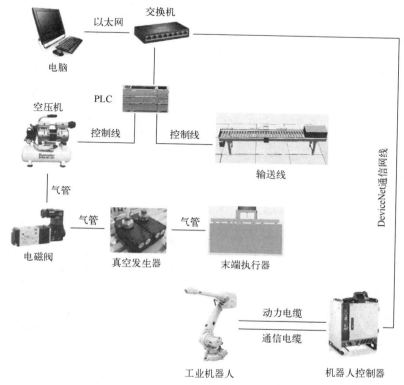

图6-52 码垛机器人应用系统的连接布局

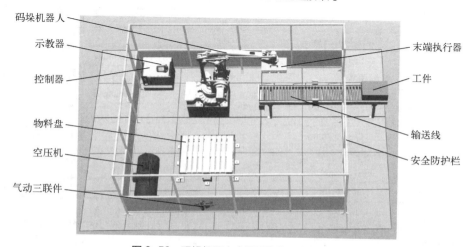

图6-53 码垛机器人应用系统的组成与布局

181

进行码垛作业前,需要对码垛机器人的参数进行配置,然后建立主程序、初始化程序、抓取程序、放置程序以及专门的放置点计算程序等。

① 系统参数配置。此外,操作者还可通过示教器和操作面板进行码垛机器人运动位置和动作程序的示教,设定运动速度、码垛参数等。

a. 配置标准 I/O 板信号参数,如表 6-11 所示。

表 6-11　ABB 码垛机器人标准 I/O 板信号参数的配置

Name	Type of Signal	Assigned to Unit	Unit Mapping	I/O 信号注释
di00_BoxInPos_L	Digital Input	Board10	0	左侧输入线产品到位信号
di01_BoxInPos_R	Digital Input	Board10	1	右侧输入线产品到位信号
di02_PalletInPos_L	Digital Input	Board10	2	左侧码盘到位信号
di03_PalletInPos_R	Digital Input	Board10	3	右侧码盘到位信号
do00_ClampAct	Digital Output	Board10	0	控制夹板
do01_HookAct	Digital Output	Board10	1	控制钩爪
do02_PalletFull_L	Digital Output	Board10	2	左侧码盘满载信号
do03_PalletFull_R	Digital Output	Board10	3	右侧码盘满载信号
di07_MotorOn	Digital Input	Board10	7	电动机上电(系统输入)
di08_Start	Digital Input	Board10	8	程序开始执行(系统输入)
di09_Stop	Digital Input	Board10	9	程序停止执行(系统输入)
di10_StartAtMain	Digital Input	Board10	10	从主程序开始执行(系统输入)
di11_EstopReset	Digital Input	Board10	11	急停复位(系统输入)
do05_AutoOn	Digital Output	Board10	5	电动机上电(系统输出)
do06_Estop	Digital Output	Board10	6	急停状态(系统输出)
do07_CycleOn	Digital Output	Board10	7	程序正在运行(系统输出)
do08_Error	Digital Output	Board10	8	程序报错(系统输出)

b. 关联 I/O 信号,如表 6-12 所示。

表 6-12　ABB 码垛机器人关联 I/O 信号

Type	signal Name	Action/Status	Argument	注释
System Input	di07_MotorOn	MotorOn	无	电动机上电
System Input	di08_Start	Start	Continuous	程序开始执行
System Input	di09_Stop	Stop	无	程序停止执行
System Input	di10_StartAtMain	Start at Main	Continuous	从主程序开始执行
System Input	di11_EstopReset	Reset Emergency Stop	无	急停复位
System Output	do05_AutoOn	Auto On	无	电动机上电状态
System Output	do06_Estop	Emergency Stop	无	急停状态
System Output	do07_CycleOn	Cycle On	无	程序正在运行
System Output	do08_Error	Execution error	T_ROB1	程序报错

② 主程序。在主程序中,首先调用了初始化程序 rInitAll( ),并通过 WHILE 循环指令将其与其他运行程序指令隔离。在循环指令中,首先设置了码垛作业的启动条件,即工

件到位、吸盘未打开和工件未满载；然后通过抓取程序 rPick( )、放置点计算程序 rPosition( ) 和放置程序 rPlace( )完成码垛作业，如图 6-54 所示。在抓取工件之前，需要先判断货垛上的工件是否放满，因此需要对码放的工件计数，当码放工件数达到每层要求的 6 个工件时，需要重新计数。由于需要码放的工件较少，在放置点计算程序 rPosition( )中可采用 TEST 指令设置每个工件所对应的放置点位置。而当码放工件较多时，可采用数组来存放放置点位置参数，并在程序中设置相应的调用位置指令。

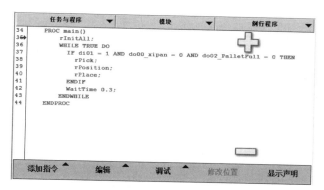

图 6-54　码垛机器人控制主程序

③　相关编程指令。由于工业机器人是多轴串联结构，因而 TCP 能以多种方式到达目标点。工业机器人会通过配置各轴数据使 TCP 以一种确定的方式到达目标点，即轴配置。工业机器人一般默认对轴配置进行监控，使工业机器人按照程序中的轴配置完成相关运动，当无法完成运动时，程序将停止执行。

在码垛作业的 RAPID 编程中，为了使工业机器人能够在运动时，采取最接近当前状态的轴配置数据到达目标点，而不至于出现因无法完成运动而停止执行程序的情况，就需要采用 ConfJ 指令和 ConfL 指令来关闭轴配置监控。

a.　ConfJ 指令。ConfJ（关节运动轴配置）指令用于指定在关节运动过程中是否监视工业机器人的轴配置。如果不监视（ConfJ\Off），执行程序时，工业机器人将寻找和当前途径具有相同轴配置的途径来完成关节运动，这可能和程序中的轴配置不同。例如，ConfJ 指令：

ConfJ\On;

MoveJ *,v1000,fine,tool1;

表示工业机器人按照程序中的轴配置移动到编程位置和方向，如果无法完成，程序将停止执行。

又如，ConfJ 指令：

ConfJ\Off;

MoveJ *,v1000,fine,tool1;

表示工业机器人移动到编程位置和方向，如果可以用多种不同的方式、采用多种轴配置来实现，则将选择最相近的配置。

b.　ConfL 指令。ConfL（线性运动轴配置）指令用于指定在线性或者圆弧运动过程中是否监视工业机器人的轴配置。如果不监视，执行程序时的轴配置可能和程序中的轴配置不同。当运动模式改变为关节运动的时候，也可能导致不可预知的运动。例如，ConfL 指令：

ConfL\On;

MoveL *,v1000,fine,tool1;

表示工业机器人按照程序中的轴配置运动到编程位置和方向，如果不能到达，程序将停止执行。

又如，ConfL 指令：

ConfL\Off;

MoveJ *,v1000,fine,tool1;

表示机器人移动到编程位置和方向。如果该位置可以用多种不同的方式到达、用多种轴配置，将选择最近的可能位置。

④ 相关注意事项。码垛机器人码垛作业需要机器人本体、控制系统、示教器、码放平台和传送单元，以及真空吸盘或气动抓手等抓取工具。在进行软件配置时，应注意以下事项。

a. 一般以码放平台的角点或中心点作为原点，创建工件坐标系，以平台码放方向作为坐标系的方向。

b. 为了减小码垛机器人手臂振动对抓取物件精确度的影响，应尽可能减小夹具靠近工件的速度，并在预设的路径中多示教几个参考点，从而加强路径的可控性。

c. 若采用气动抓手抓取工件，为了确保码垛机器人运动和抓取工件的稳定性和安全性，应尽量避免码垛机器人发生倾斜运动；在抓取工件时，应使机械手垂直升降，此时可使用 Offs 指令来实现 TCP 在垂直方向上的位移。

d. 当码垛机器人离开工作区时，适当加快机器人的运动速度，可减少无效工作时间，提高运行效率。

6.3.3 焊接机器人

焊接加工一方面要求焊工具有熟练的操作技能、丰富的实践经验和稳定的焊接水平；另一方面，焊接又是一种劳动环境极差、烟尘多、热辐射大、危险性高的工作。工业机器人的出现使人们自然而然地联想到使用其代替人工焊接，不仅可以减轻焊接工人的劳动强度，同时也能保证焊接质量、提高生产效率。在焊接生产过程中采用机器人焊接是工业现代化的主要标志。

（1）焊接机器人的特点及分类

目前，焊接机器人作为一种广泛使用的自动化设备，具有通用性强、工作稳定等优点，且操作简单、功能丰富，日益受到人们重视。归纳起来，焊接机器人主要具有以下优点：可稳定地提高焊接工件的焊接质量；提升企业的劳动生产率；改善工人的劳动环境，降低劳动强度，替代工人在恶劣环境下作业；降低对工人操作技术的要求；缩短产品改型换代的时间周期，减少资金投入；可实现批量产品焊接的自动化；为焊接柔性生产线提供技术基础；一定程度上解决了"请工人难""用工荒"问题。

根据焊接工艺的不同，焊接机器人可以分为点焊机器人、弧焊机器人、激光焊接机器人等。

① 点焊及点焊机器人。

点焊是电阻焊的一种，它通过焊接设备的电极加压使两个待焊接的工件紧密接触，然后接通电源，利用电流流经工件接触面及邻近区域产生的电阻热效应，将工件接触面加热到熔化状态，生成牢固的接合部，断电后在外力作用下锻压完成工件的连接，如图 6-55。

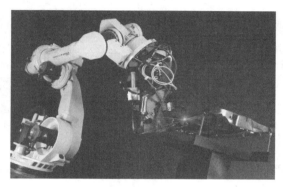

图 6-55 点焊

点焊工艺过程主要包括：预先施压，保证工件接触良好；接通电源，使焊接接触面处形成熔核及塑性环；断电锻压，使熔核在压力持续作用下冷却结晶，形成组织致密、无缩孔裂纹的焊点。

点焊主要用于厚度 4mm 以下的薄板冲压件焊接，特别适合汽车车身和车厢、飞机机身的焊接，但不能焊接有密封要求的容器。点焊可分为单点焊及多点焊。多点焊是用两对或两对以上电极，同时或按自控程序焊接两个或两个以上焊点的点焊。

点焊主要应用在以下几个方面：薄板冲压件搭接，如汽车驾驶室、车厢，收割机鱼鳞筛片等；薄板与型钢构架和蒙皮结构，如车厢侧墙和顶棚、拖车厢板、联合收割机漏斗等；筛网和空间构架及交叉钢筋等。

点焊机器人应用系统主要具有以下特点：安装面积小，工作空间大；快速完成小节距的多点定位，例如，每 0.3～0.4s 移动 30～50mm 节距后定位；定位精度高（±0.25mm），可确保焊接质量；内存容量大，示教简单，节省工时；点焊速度与生产线速度相匹配，且安全性和可靠性好。

点焊机器人主要应用于汽车行业，包括整车厂（白车身）、零部件厂（轮罩、底板等）。随着我国人口红利的逐步消失和劳动力价格的不断上涨，机器人应用进入快速发展期，在家电等传统行业中，针对薄板焊接也开始应用点焊机器人代替人工和专用焊接机器，充分利用机器人的柔性和快速性，适应多种类产品的高效混流生产或快速切换。

② 电弧焊及弧焊机器人。

电弧焊是指以电弧作为热源，利用空气放电的物理现象，将电能转换为焊接所需的热能和机械能，从而达到连接金属的目的。其主要方法有焊条电弧焊、埋弧焊、气体保护焊等，它是应用最广泛、最重要的熔焊方法，适用于各种金属材料、各种厚度、各种结构形状的焊接，占焊接生产总量的 60% 以上。

弧焊机器人是指用于进行自动电弧焊的工业机器人，其末端持握的工具是焊枪。由于弧焊过程比点焊过程要复杂一些，TCP（焊丝端头）的运动路径、焊枪的姿态、焊接参数都要求精确控制。所以,弧焊机器人除了前面所述的基础功能外,还必须具备一些适应弧焊要求的功能。从理论上讲,五轴焊接机器人就可以用来进行电弧焊,但是对于复杂形状的焊缝,用五轴焊接机器人却较难完成焊接。因此,除非焊缝比较单一,否则应尽量采用六轴焊接机器人。

随着弧焊工艺在各行各业的普及,弧焊机器人已经在汽车零部件、通用机械、金属结构等许多领域得到广泛应用。弧焊过程中,被焊工件由于局部加热熔化和冷却而产生变形,焊缝亦发生变化;又由于弧焊过程伴有强光、烟尘、熔滴过渡不稳定引起的焊丝短路、大电流强磁场等复杂的环境因素的存在,机器人要检测和识别焊缝所需要的信号特征的提取并不像工业制造中其他加工过程的检测那么容易。焊接机器人技术并非一开始就用于弧焊作业,而是伴随着传感器发展及其在焊接机器人中的应用,使机器人弧焊作业的焊缝跟踪与控制问题得到解决后才逐步应用。图6-56所示为弧焊机器人。

图6-56 弧焊机器人

在我国,弧焊机器人主要应用于汽车、工程机械、摩托车、铁路、船舶、航空航天、军工、自行车、家电等多种行业。其中,以汽车行业的应用为最多,工程机械次之。随着机器人技术、传感技术和焊接设备的发展,用户对机器人认知度的提高,以及国内机器人系统集成商的逐步成熟,越来越多的行业开始应用弧焊机器人。

③ 激光焊接与激光焊接机器人。

激光焊接是利用高能量密度的激光束作为热源的一种高效精密焊接方法。激光焊接是激光材料加工技术应用的重要方面之一,20世纪70年代主要用于焊接薄壁材料和低速焊接。其焊接过程属热传导型,即激光辐射加热工件表面,表面热量通过热传导向内部扩散,通过控制激光脉冲的宽度、能量、峰值功率和重复频率等参数,使工件熔化,形成特定的熔池。由于其独特的优点,激光焊接已成功应用于微小型零件的精密焊接中。

激光焊接生产效率高和易实现自动化控制的特点使得激光焊接非常适用于大规模生产线和柔性制造。其中,激光焊接在汽车制造领域中的许多成功应用已经凸显激光焊接的特点和优势。

激光焊接机器人是用于激光焊接自动作业的工业机器人,通过高精度工业机器人实现更加柔性的激光加工作业,其末端持握的工具是激光加工头。图6-57所示为激光焊接机器人。激光焊接机器人以半导体激光器作为焊接热源,广泛应用于手机、便携式计算机等电子设备摄像头的零件焊接。现代金属加工对焊接强度、外观效果等质量要求越来越高,传统焊接手段由于极大的热传输,会不可避免地带来工件扭曲、变形等问题。

(2)点焊机器人工作站

① 点焊机器人工作站的系统组成。点焊机器人虽然有多种结构形式,但大体上都可以分为3大组成部分,即机器人本体、点焊焊接系统及控制系统。点焊机器人的控制系统由本体控制部分及焊接控制部分组成。本体控制部分主要是实现示教再现、焊点位置及精度控制,控制分段的时间及程序转换,还通过改变主电路晶闸管的导通角从而实现焊接电流控制。点焊机器人工作站的系统组成如图6-58所示。

图 6-57 激光焊接机器人

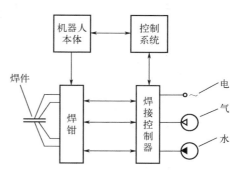

图 6-58 点焊机器人工作站的系统组成

点焊机器人的焊钳是指将点焊用的电极、焊枪架和加压装置等紧凑汇总的焊接装置。

a．焊接控制器。焊接电流、通电时间和电极加压压力是焊接的三大条件，而焊接控制器是合理控制这三大条件的装置，是焊接作业系统中最重要的设备。

b．供电系统。供电系统主要包括电源和机器人变压器，其作用是为点焊机器人系统提供动力。

c．供气系统。供气系统包括气源、水气单元、焊钳进气管等，其中水气单元包括压力开关、电缆、阀门、管子、回路连接器和接触点等，用于提供水气回路。

d．供水系统。供水系统包括冷却水循环装置、焊钳冷水管、焊钳回水管等。由于点焊是低压大电流焊接，在焊接过程中，导体会产生大量热量，所以焊钳、焊钳变压器需要水冷。

点焊机器人的选型主要依据如下。

a．必须使点焊机器人实际可到达的工作空间大于焊接所需的工作空间。其中，焊接所需的工作空间由焊点位置决定。

b．点焊速度与生产线速度必须匹配。首先由生产线速度及待焊点数确定单点工作时间，机器人的单点焊接时间（含加压、通电、维持、移位等）必须小于此值，即点焊速度应大于或等于生产线的生产速度。

c．应选择内存容量大、示教功能全、控制精度高的点焊机器人。

d．点焊机器人要有足够的负载能力，其负载能力取决于所用焊钳的形式。对于采用变压器分离式焊钳的机器人，其负载能力应为30～45kg；对于采用一体式焊钳的机器人，其负载能力应在70kg左右。

e．点焊机器人应具有与焊机通信的接口。若是由多台点焊机器人构成的柔性点焊生产系统，点焊机器人还应具有网络通信接口。

f．若需使用多台机器人，应研究是否采用多种型号机器人或与多点焊机及简易直角坐标机器人并用等问题。当机器人空间间隔较小时，应注意动作顺序的安排，可通过机器人群控或相互间联锁作用来避免相互干涉。

② 点焊焊钳的分类。焊钳作为点焊机器人的执行工具，对机器人的使用性能具有很大影响。若焊钳选型不合理，将直接影响机器人的操作效率，同时还会对机器人的安全运

行产生很大威胁。点焊机器人的焊钳必须从生产需求和操作特点出发，结构上应满足生产和操作要求。由于传统人工点焊操作与机器人点焊操作有很多不同之处，所以人工操作用焊钳与机器人用焊钳有很大差异，如表 6-13 所示。

表 6-13　人工操作用焊钳与机器人用焊钳的特点对比

人工操作用焊钳的特点	机器人用焊钳的特点
对焊钳自重的要求不太严格	焊钳装在机器人上，每台机器人有额定负载，因此对焊钳自重的要求严格
随意性强，靠人来处理各类问题	严格按程序运行，具有处理工件与样件位置不同等问题的能力，因此焊钳必须具备自动补偿功能，以实现自动跟踪作业
不需要考虑焊钳与人之间相对位置的问题	机器人在移动、转动、到位、回位的运行过程中，为防止与工件碰撞或与其他装置干涉，必须使焊钳在随其运行时处于固定位置，因此焊钳要设计限位机构
焊钳的动作依靠人来控制，不需要考虑信号	焊钳按程序运行，每次动作的开始与结束均由相应的指令来控制，其状态信息也需反馈给系统，因此焊钳需设有相应的信号装置

a. 从阻焊变压器与焊钳的结构关系上可将焊钳分为分离式、内藏式和一体式。

a）分离式焊钳。该焊钳的特点是阻焊变压器与钳体相分离，钳体安装在机器人手臂上，而阻焊变压器悬挂在机器人的上方，可在轨道上沿着机器人手腕移动的方向移动，两者之间用二次电缆相连。其优点是减小了机器人的负载，运动速度高，价格便宜。

分离式焊钳的主要缺点是需要大容量的阻焊变压器，电力损耗较大，能源利用率低。此外，粗大的二次电缆在焊钳上引起的拉伸力和扭转力作用于机器人的手臂上，限制了点焊工作区间与焊接位置的选择。

分离式焊钳可采用普通的悬挂式焊钳及阻焊变压器。二次电缆需要特殊制造，一般将两条导线做在一起，中间用绝缘层分开，每条导线还要做成空心的，以便通水冷却。此外，电缆还要有一定的柔性。

b）内藏式焊钳。这种结构是将阻焊变压器安放到机器人手臂内，使其尽可能地接近钳体，变压器的二次电缆可以在内部移动。当采用这种形式的焊钳时，必须同机器人本体统一设计。其优点是二次电缆较短，变压器的容量可以减小，但是会使机器人本体的设计变得复杂。

c）一体式焊钳。机器人常用的一体式焊钳就是将阻焊变压器和钳体安装在一起，然后共同固定在机器人手臂末端的法兰盘上。其主要优点是省掉了粗大的二次电缆及悬挂变压器的工作架，直接将阻焊变压器的输出端连到焊钳的上下机臂上；另一个优点是节省能量。例如，输出电流为 12000A，分离式焊钳需 75kV·A 的变压器，而一体式焊钳只需 25kV·A 的变压器。一体式焊钳的缺点是焊钳重量显著增大，体积也变大，要求机器人本体的承载能力大于 60kg。此外，焊钳重量在机器人活动手腕上产生惯性力，易于引起过载，这就要求在设计时尽量减小焊钳重心与机器人手臂轴心线间的距离。

b. 点焊机器人焊钳从用途上可分为 X 形和 C 形两种。X 形焊钳主要用于点焊水平及近于水平倾斜位置的焊缝，C 形焊钳用于点焊垂直及近于垂直倾斜位置的焊缝，如图 6-59 所示。

c. 按焊钳的行程，焊钳可以分为单行程和双行程。

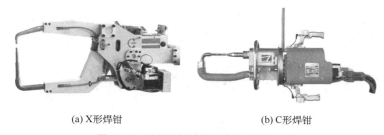

(a) X形焊钳　　　　　　　　　　(b) C形焊钳

图 6-59　焊钳根据结构形式与用途的分类

d．按加压的驱动方式，焊钳可以分为气动焊钳和电动焊钳。气动焊钳利用气缸来加压，能够使电极完成大开、小开和闭合三个动作，电极压力一旦调定便不能随意变化，目前较为常用；电动焊钳采用伺服电机驱动完成焊钳的张开和闭合，焊钳张开程度可任意选定并预置，且电极间的压力可无级调节。电动焊钳与气动焊钳相比，在提高工件表面质量、提高生产效率和改善工作环境等方面具有优势。

e．按焊钳变压器的种类，焊钳可以分为工频焊钳和中频焊钳。中频焊钳是利用逆变技术将工频电转化为 1000Hz 的中频电。这两种焊钳最主要的区别就是变压器本身，焊钳的机械结构原理完全相同。

f．根据焊钳施加压力大小的不同，焊钳可分为轻型焊钳和重型焊钳。一般情况下，电极施加的压力在 $450kgf/cm^2$（$1kgf/cm^2=0.098MPa$，下同）及以上的焊钳为重型焊钳，压力在 $450kgf/cm^2$ 以下的焊钳为轻型焊钳。

g．按电极臂驱动形式的不同，焊钳可分为气动和电动机伺服驱动两种形式。

h．按使用材质的不同，焊钳主要有铸造焊臂、铬锆铜焊臂和铝合金焊臂三种形式。

i．点焊机器人所需负载能力，主要取决于所用的焊钳形式，对于与变压器分离的焊钳，一般需要 30～45kg 负载的机器人。

机器人焊钳必须与点焊工件所要求的焊接规范相适应，其选择的基本原则包括以下几点。

a．根据工件的材质和板厚，确定焊钳电极的最大短路电流和最大施加压力。

b．根据工件的形状和焊点在工件上的位置，确定焊钳钳体的喉深、喉宽、电极握杆长度、最大行程和工作行程等。

c．综合工件上所有焊点的位置分布情况，确定焊钳的类型，通常 C 形单行程焊钳、C 形双行程焊钳、X 形单行程焊钳和 X 形双行程焊钳四种焊钳比较常用。

d．在满足以上条件的情况下，应尽可能地减小焊钳的重量。对于机器人而言，减小焊钳重量可选择低负载的机器人，从而提高生产效率。

③ 点焊控制器（焊接控制器）。点焊控制器是对时间、电流、压力三大焊接条件进行合理控制的装置。点焊控制器的主要功能是完成点焊过程中焊接参数输入、点焊程序控制、焊接电流控制及焊接系统故障自诊断，并实现与机器人控制器的通信。图 6-60 所示为点焊控制器。

点焊控制器的主要分类如下。

a．根据供能方式的不同，点焊控制器可分为交流式工频控制器、大电容储能式控制器和逆变式电阻控制器等。目前产量最多、应用最广泛的是交流式工频控制器，其使用容易且价格便宜，但负载功率因数低，输入功率大，不适合超精密焊接。近年来，逆变式电阻控制器逐渐发展，它将成为今后应用的主流。

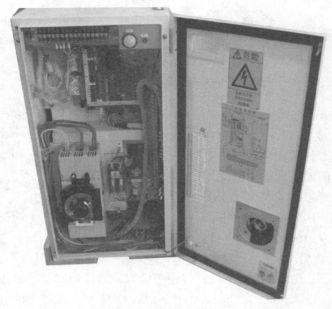

图 6-60　点焊控制器

b. 根据与机器人控制器通信方式的不同，点焊控制器可分为中央结构型和分散结构型两种。中央结构型控制器是将点焊控制器作为一个模块与机器人控制器共同安装在一个控制柜内，由主计算机统一管理并为焊接模块提供数据，焊接过程控制由焊接模块完成，其优点是设备集成度高，便于统一管理。分散结构型控制器是将点焊控制器与机器人控制器分开，二者通过应答通信联系，机器人控制柜给出焊接信号后，其焊接过程由点焊控制器自行控制，焊接结束后给机器人发出结束信号，以便机器人进行后续作业，其优点是调试灵活、焊接系统可单独使用，但需要一定距离的通信，集成度不如中央结构型控制器高。

在实际应用中，通常根据焊接材料选择点焊控制器。

a. 黑色金属工件的焊接一般选择交流式工频控制器。因为交流式工频控制器采用交流电放电焊接，特别适合电阻值较大的材料，同时交流式工频控制器可通过运用单脉冲信号、多脉冲信号、周波、时间、电压、电流、程序等各种控制方法，对被焊工件实施单点、双点连续、自动控制、人为控制焊接，适用于钨、钼、铁、镍、不锈钢等多种金属的片、棒、丝料的焊接加工。其优点是综合效益较好、性价比较高、焊接条件范围大、焊接回路小，并且可以广泛点焊异种金属。但其受电网电压波动影响较大，焊接放电时间短，不适合一些特殊合金材料的高标准焊接。

b. 有色金属工件的焊接一般选择大电容储能式控制器。因为大电容储能式控制器是利用储能电容放电焊接，具有对电网冲击小、焊接电流集中、释放速度快、穿透力强、热影响区小等特点，广泛适用于银、铜、铝、不锈钢等各类金属的片、棒、丝料的焊接加工。大电容储能式控制器的优点是电流输出更精确、稳定，效率更高，焊接热影响区更小，较交流式工频控制器节能。但其设备造价较高，放电时间受储存能量和阻焊变压器影响，设备定型后，放电时间不可调整，而且放电电容长期使用后其性能会自动衰减，衰减至一定程度后则需要更换。

c．需要高精度高标准焊接的特殊合金材料可选择逆变式电阻控制器。

在有些场合也会根据技术参数选择点焊控制器，此时主要考虑以下参数。

a．电源额定电压、电网频率，焊接控制器的一次侧电流、焊接电流、短路电流、连续焊接电流和额定功率。

b．最大、最小及额定电极压力，顶锻压力或夹紧力。

c．最大臂伸、最小臂伸和臂间开度。

d．阻焊变压器短路时的最大功率及最大允许功率，额定级数下的短路功率因数。

e．冷却水或压缩空气消耗量。

f．适用的焊件材料、厚度或断面尺寸。

g．额定负载持续率。

h．焊机重量、焊机生产效率、可靠性指标、寿命及噪声等。

④ 周边设备。点焊机器人的周边设备包括电极修磨机、电极压力测试仪和点焊控制器专用电流表等，如图 6-61 所示。

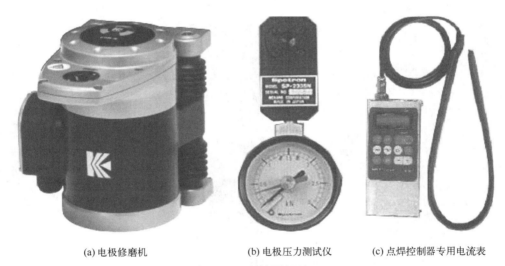

(a) 电极修磨机　　　　(b) 电极压力测试仪　　　(c) 点焊控制器专用电流表

图 6-61　其他周边设备

a．电极修磨机主要用于对电极进行打磨。当连续进行点焊操作时，电极顶端会被加热，使其加剧氧化，接触电阻增大，特别是当焊接铝合金及带镀层的钢板时，容易发生镀层物质的黏着。即使保持焊接电流不变，随着顶端面积的增大，电流密度也会随之降低，造成焊接不良。因此，需要在焊接过程中定期打磨电极顶端，除去电极表面的污垢，同时还需要对顶端进行整形，使顶端的形状与初始时的形状保持一致。

b．电极压力测试仪主要用于焊钳的压力校正。在点焊过程中，为了保证焊接质量，电极压力是一个重要的因素，需要对其进行定期测量。电极压力测试仪分为音叉式、油压式、负载传感器式三种。

c．点焊控制器专用电流表主要用于设备的维护、测试点焊控制器的二次侧短路电流。

在点焊过程中，焊接电流的测量对于焊接条件的设定及焊接质量的管理起到重要作用。由于焊接电流是短时间、高电流导通的方式，因此使用普通电流计是无法测量的，需要使用专用电流表。测量电流时，将点焊控制器专用电流表的测试线在焊机的二次侧线路上缠绕成环形线圈，利用此线圈感应磁场的变化测量电流值。

（3）点焊机器人应用系统的软件配置

点焊机器人应用系统主要由点焊机器人、点焊控制器、机器人控制器、焊钳、空压机、工装夹具、冷水机、防护栏等组成，其组成如图 6-62 所示，连接布局如图 6-63 所示，在模拟软件中的连接如图 6-64 所示。

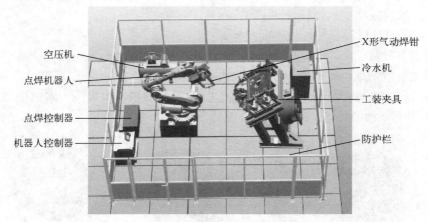

图 6-62　点焊机器人应用系统的组成

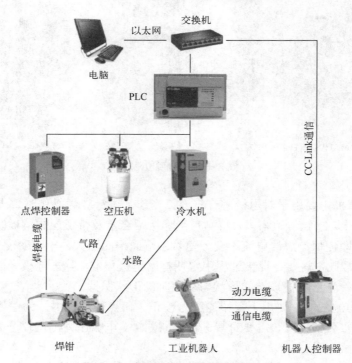

图 6-63　点焊机器人应用系统的连接布局

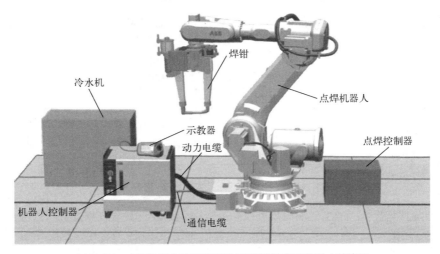

图 6-64　点焊机器人应用系统的主要设备在模拟软件中的连接

① 工作过程分析。

a．系统启动。

a）在启动前，先打开冷却水开关和焊接电源开关。

b）将机器人控制器主电源开关合闸，等待机器人启动完毕。

c）在"示教模式"下选择机器人焊接程序，然后将模式开关转至"远程模式"。

d）若系统没有报警，则表明系统启动完毕。

b．生产准备。

a）选择要焊接的产品。

b）将产品安装在焊接台上。

c．开始生产。

按下启动按钮，机器人开始按照预先编制的程序与设置的焊接参数进行焊接作业。当机器人焊接完毕回到作业原点后，需手动或自动更换材料，以开始下一个循环。

② 系统参数配置。

不同的点焊机器人应用系统，其参数的配置是有差异的，现以 ABB 点焊机器人应用系统的参数配置为例进行介绍。

a．标准 I/O 板及 I/O 信号的配置。ABB 点焊机器人应用系统标准 I/O 板的功能如表 6-14 所示。

表 6-14　ABB 点焊机器人应用系统标准 I/O 板的功能

I/O 板名称	功能
SW_BOARD1	配置点焊设备 1 对应的基本 I/O 信号
SW_BOARD2	配置点焊设备 2 对应的基本 I/O 信号
SW_BOARD3	配置点焊设备 3 对应的基本 I/O 信号
SW_BOARD4	配置点焊设备 4 对应的基本 I/O 信号
SW_SIM_BOARD	配置机器人内部中间信号

一台机器人最多可以连接四套点焊设备。下面以一台机器人配置一套点焊设备为例，

193

说明最常用的 I/O 信号配置情况，如表 6-15 所示。I/O 板 SW_SIM_BOARD 的常用信号分配如表 6-16 所示。

表 6-15　I/O 信号配置情况

信号	类型	说明
gl_start_weld	Output	点焊控制器启动信号
gl_weld_prog	Output group	调用点焊参数组
gl_weld_power	Output	焊接电源控制信号
gl_reset_fault	Output	复位信号
gl_enable_curr	Output	焊接仿真信号
gl_weld_complete	Input	点焊控制器准备完成信号
gl_weld_fault	Input	点焊控制器故障信号
gl_timer_ready	Input	点焊控制器焊接准备完成信号
gl_new_program	Output	点焊参数组更新信号
gl_equalize	Output	点焊枪补偿信号
gl_close_gun	Output	点焊枪关闭信号（气动枪）
gl_open_hilift	Output	打开点焊枪到 hilift 的位置信号（气动枪）
gl_close_hilift	Output	从 hilift 位置关闭点焊枪信号（气动枪）
gl_gun_open	Input	点焊枪打到位信号（气动枪）
gl_hilift_open	Input	点焊枪已打到 hilift 的位置信号（气动枪）
gl_pressure_ok	Input	点焊枪压力正常信号（气动枪）
gl_start_water	Output	水冷系统开启信号
gl_temp_ok	Input	过热报警信号
gl_flowl_ok	Input	管道 1 水流信号
gl_flow2_ok	Input	管道 2 水流信号
gl_air_ok	Input	补偿气缸压缩空气信号
gl_weld_contact	Input	焊接接触器状态反馈信号
gl_equipment_ok	Input	点焊枪状态信号
gl_press_group	Output group	点焊枪压力输出组信号
gl_process_run	Output	点焊状态信号
gl_process_fault	Output	点焊故障信号

表 6-16　I/O 板 SW_SIM_BOARD 的常用信号分配

信号	类型	说明
force_complete	Input	点焊压力状态反馈信号
reweld_proc	Input	再次点焊信号
skip_proc	Input	错误状态应答信号

b. 点焊常用参数的配置。在点焊的连续工艺过程中，需要根据材质或工艺的特性来调整点焊过程中的运行参数，以达到工艺标准的要求。在点焊机器人应用系统中，可用程序数据来配置这些参数，点焊作业需要设定"点焊设备参数 gundata""点焊工艺参数 spotdata""点焊枪压力参数 forcedata"三个常用参数。

a）点焊设备参数（gundata）用于定义点焊设备指定的参数，用在点焊指令中。该参数在点焊过程中控制点焊枪达到最佳状态，每一个"gundata"对应一个点焊设备。当使用伺服点焊枪时，需要设定的点焊设备参数如表6-17所示。

表6-17　伺服点焊枪需要设定的点焊设备参数

参数名称	参数注释
gun_name	点焊枪名字
pre_close_time	预关闭时间
pre_equ_time	预补偿时间
weld_counter	已点焊数
max_nof_welds	最大点焊数
curr_tip_wear	当前电极磨损值
max_tip_wear	电极最大磨损值
weld_timeout	点焊完成信号延迟时间

b）点焊工艺参数（spotdata）用于定义点焊过程中的工艺参数。点焊工艺参数是与点焊指令 SpotL/J 和 SpotML/MJ 配合使用的，当使用伺服点焊枪时，需要设定的点焊工艺参数如表6-18所示。

表6-18　伺服点焊枪需要设定的点焊工艺参数

参数名称	参数注释
prog_no	点焊控制器参数组编号
tip_force	定义点焊枪压力
plate_thickness	定义点焊钢板的厚度
plate_tolerance	钢板厚度的偏差

c）点焊枪压力参数（forcedata）用于定义点焊的关闭压力。点焊枪压力参数与点焊指令 SetForce 配合使用，当使用伺服点焊枪时，需要设定的点焊枪压力参数如表6-19所示。

表6-19　伺服点焊枪需要设定的点焊枪压力参数

参数名称	参数注释
tip_force	点焊枪关闭压力
force_time	关闭时间
plate_thickness	定义点焊钢板的厚度
plate_tolerance	钢板厚度的偏差

（4）弧焊机器人工作站

① 弧焊机器人工作站的系统组成。典型的弧焊机器人工作站主要包括机器人系统（机器人本体、机器人控制柜、示教盒）、焊接电源系统（弧焊电源、焊机、送丝机、焊枪、焊丝盘支架）、焊枪防碰撞传感器、变位机、焊接工装系统（机械、电控、气路/液压）、清枪器、控制系统（PLC控制柜、HM1触摸屏、操作台）、安全系统（围栏、安全光栅、安全锁）和排烟除尘系统（自净化除尘设备、排烟罩、管路）等。

弧焊机器人工作站通常采用双工位或多工位设计，采用气动/液压焊接夹具，机器人（焊接）与操作者（上下料）在各工位间交替作业。操作者将工件装夹固定后，按下操作台启动按钮，弧焊机器人完成另一侧焊接工作后，自动转到已装好待焊工件的工位焊接。此方式可避免或减少机器人等候时间，提高生产率。图 6-65 所示为弧焊机器人工作站的系统组成。

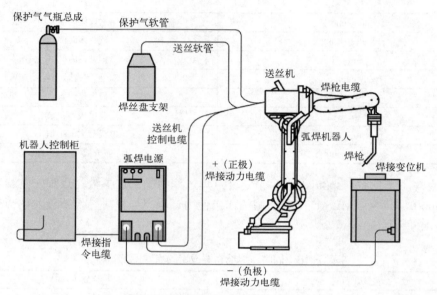

图 6-65　弧焊机器人工作站的系统组成

选择弧焊机器人时，首先应根据焊接工件的形状和大小来确定弧焊机器人的工作范围，通常以保证能焊到工件上的所有焊点为准；其次要综合考虑效率和成本，以此来确定弧焊机器人的轴数、速度及负载能力。在其他条件相同的情况下，应优先选择已内置弧焊程序的工业机器人，方便程序的编写和调试。在电缆安装方面，应优先选择能在上臂内置焊枪电缆、能在底部内置焊接地线电缆和保护气软管的机器人，以防止电缆因外露而损坏，延长电缆的使用寿命。

选择弧焊机器人时，还应考虑弧焊相关技术指标。

a．适宜的焊接方法。弧焊机器人一般只采用熔化极气体保护焊，该方法不需要采用高频引弧起焊，能够适应机器人控制系统和驱动系统没有特殊抗干扰能力的实际情况。

b．摆动功能。作为弧焊机器人的一项重要工艺性能，摆动功能的最佳选择是能在空间（x，y，z）范围内任意设定摆动方式和参数。

c．焊接工艺故障自检和自处理功能。对于常见的焊接工艺故障，如黏丝、断丝等，若不及时处理，则会发生损坏机器人、报废工件等生产事故。因此，弧焊机器人必须具有检出这类故障、实时自动急停并报警的功能。

d．引弧和收弧参数的设定和修改功能。焊接时引弧、收弧处特别容易产生气孔、裂纹等缺陷。为确保焊接质量，在弧焊机器人工作过程中，通过示教应能设定和修改引弧和收弧参数。这是弧焊机器人必不可少的功能。

e．焊接尖端点的示教功能。在焊接示教时，应先示教焊缝上某一点的位置，然后调整焊枪和焊钳姿态。当调整姿态时，弧焊机器人应能确保原示教点的位置完全不变。

② 弧焊机器人的主要结构形式和性能。世界各国生产的焊接机器人基本上都属于关节式机器人，绝大部分为六轴机器人。其中 1、2、3 轴可将末端执行器送到不同位置，而 4、5、6 轴解决工具姿态的不同要求。弧焊机器人本体的机械结构主要有两种形式：平行四边形结构和串联式关节结构。

串联式关节结构的主要优点是上、下臂活动范围大，机器人工作空间几乎可达一个球体。因此，这种机器人可倒挂在机架上工作，节省占地面积，方便地面物件流动。平行四边形机器人上臂通过一根拉杆驱动，拉杆与下臂组成一个平行四边形的两条边。早期开发的平行四边形机器人工作空间比较小（局限于机器人前部），难以倒挂工作。但 20 世纪 80 年代后期以来，新型平行四边形机器人（平行机器人）已能把工作空间扩大到机器人顶部、背部及底部，无须考虑侧置式机器人的刚度问题，从而得到普遍重视。此结构不仅适用于轻型机器人，也适用于重型机器人。近年来，弧焊机器人大多选用平行四边形结构形式的机器人。

③ 焊枪。焊枪将弧焊电源的高电流产生的热量聚集在焊枪终端，使焊丝熔化，熔化的焊丝渗透到焊接部位，待冷却后与被焊接物体牢固地连成一体。

焊枪的种类很多，应根据具体的焊接工艺选择相应的焊枪。对于弧焊机器人应用系统而言，通常采用的是熔化极气体保护焊。如图 6-66 所示为 SRCT-308R 轻型气冷、鹅颈式半自动焊枪，该焊枪包括送丝导管、碰撞传感器、枪身、喷嘴和导电嘴等结构。在焊接过程中，焊枪是执行焊接操作的部件，具有使用灵活、方便快捷、工艺简单等特点。

图 6-66　SRCT-308R 焊枪

熔化极气体保护焊用焊枪根据自动化水平不同，分为半自动型焊枪和自动型焊枪；根据适用情形不同，分为适用于大电流、高生产率的重型焊枪和适用于小电流、全位置焊的轻型焊枪；根据冷却方法不同，分为水冷型焊枪和气冷型焊枪；根据形状不同，分为鹅颈型焊枪和手枪型焊枪；根据与机器人连接的结构形式不同，焊枪分为内置型、外置型。

在选择焊枪时，应从以下几个方面进行考虑。

a. 应选择自动型焊枪，不要选择半自动型焊枪。因为半自动型焊枪仅用于人工焊接，不能用于机器人焊接。

b. 根据焊丝的粗细、焊接电流的大小及负载率等因素选择气冷型或水冷型焊枪。例如，使用细焊丝时，焊接电流较小，可选用气冷型焊枪；使用粗焊丝时，焊接电流较大，应选用水冷型焊枪。

气冷型焊枪通常重量轻、体积小且坚实，比水冷型焊枪便宜，但是一般只能使用 125A 以下的焊接电流，所以一般情况下用于焊接薄板上使用率低的地方，而它的操作温度比水冷型焊枪高。水冷型焊枪的冷却水系统由水箱、水泵和冷却水管及水压开关组成。水箱里的冷却水经水泵流经冷却水管，经水压开关后流入焊枪，然后经冷却水管再回流入水箱，形成冷却水循环。水压开关的作用是保证当冷却水未流经焊枪时，焊接系统不能启动焊接，以保护焊枪，避免由于未经冷却而被烧坏。

c. 根据机器人的结构选择内置型或外置型焊枪。安装内置型焊枪时，要求机器人末端轴的法兰盘必须是中空的。例如，对于安川 MA1400 专用焊接机器人，其末端轴的法兰盘是中空的，应选择内置型焊枪；对于安川 MH6 通用型机器人，则应选择外置型焊枪。

d．根据焊接电流、焊枪角度选择焊枪。大部分弧焊机器人的焊枪与鹅颈型半自动焊枪基本相同，鹅颈的弯曲角一般都小于 45°。根据工件特点选不同角度的鹅颈，可改善焊枪的可达性。若鹅颈角度过大，送丝阻力会增大，容易使送丝速度不稳定；若鹅颈角度过小，一旦导电嘴稍有磨损，便会出现导电不良的现象。

e．从设备和人身安全方面考虑，应选择带防撞传感器的焊枪。当机器人运动时，如果焊枪碰到障碍物，防撞传感器能立即使机器人停止运动（相当于急停按钮），以避免损坏焊枪或机器人。

④ 弧焊电源。弧焊电源是用来对焊接电弧提供电能的专用设备。其负载是电弧，它必须具有弧焊工艺所要求的电气性能，如合适的空载电压、一定形状的外特性、良好的动态特性和灵活的调节特性等。常用弧焊电源的特点及其适用范围如表 6-20 所示。

表 6-20　常用弧焊电源的特点及其适用范围

弧焊电源的类型	特点	适用范围
弧焊变压器式交流弧焊电源	将网路电压转变成适用于弧焊的低压交流电，具有结构简单、易造易修、耐用、成本低、磁偏吹影响小、空载损耗小、噪声小等特点，但其电流波形为正弦波，电弧稳定性较差，功率因数低	酸性焊条电弧焊、埋弧焊和惰性气体钨极保护焊（TIG 焊）
矩形波式交流弧焊电源	将网路电压进行降压，然后运用半导体控制技术将其转变成矩形波的交流电，具有电流过零点极快、电弧稳定性好、可调节参数多、功率因数高等特点，但设备较复杂，成本较高	碱性焊条电弧焊、埋弧焊和 TIG 焊
直流弧焊发电机式直流弧焊电源	通过柴（汽）油发动机驱动获得直流电，输出电流脉动小，过载能力强，但空载损耗大，效率低，噪声大	适用于各种弧焊
整流器式直流弧焊电源	将网路电压进行降压、整流以获得直流电，与直流弧焊发电机式直流弧焊电源相比，具有制造方便、节省材料、空载损耗小、节能、噪声小等特点，电控弧焊整流器的控制与调节灵活方便，适应性强，具有良好的技术性和经济性	适用于各种弧焊
脉冲型弧焊电源	输出幅值大小周期变化的电流，效率高，可调参数多，调节范围宽而均匀，热输入量可精确控制，但设备较复杂，成本高	TIG 焊、MIG 焊、MAG 焊和等离子弧焊

⑤ 送丝机。弧焊送丝机是为焊枪自动输送焊丝的装置，一般安装在机器人第 3 轴上，由送丝电动机、加压控制柄、送丝滚轮、送丝软管、加压滚轮等组成。弧焊机器人的送丝稳定性关系到机器人能否连续稳定运行。

a．根据送丝机在机器人上安装方式的不同，送丝机可分为一体式和分离式两种。目前，采用一体式送丝机的弧焊机器人越来越多，但对于要在焊接过程中自动更换焊枪或变换焊丝的机器人，必须选择分离式送丝机。

b．根据送丝机结构中滚轮数的不同，送丝机分为一对滚轮式和两对滚轮式两种。从送丝力来看，两对滚轮的送丝力比一对滚轮的要大。当采用药芯焊丝时，由于药芯焊丝较软，滚轮的压紧力不能像使用实心焊丝时那么大，为了确保有足够的送丝力，应选用两对滚轮式送丝机。

c．根据送丝速度控制方式的不同，送丝机分为开环式和闭环式两种。目前，大部分送丝机仍为开环式，但也有一些送丝机装有带光电式传感器或编码器的伺服电机，从而使送丝速度实现闭环控制，不受网路电压或送丝阻力波动的影响，保证送丝速度的稳定性。

d．根据送丝动力方向的不同，送丝机分为推丝式、拉丝式和推拉式三种。推丝式送丝机主要用于直径为 0.8～2.0mm 的焊丝，其应用最广；拉丝式送丝机主要用于直径不大于 0.8mm 的细焊丝；推拉丝式送丝机可增加焊枪的操作范围，送丝软管可加长到 10m，但由于其结构复杂、调整麻烦且焊枪较重，在实际中的应用并不多。

送丝软管是集送丝、导电、输气和通冷却水四种功能于一体的输送设备。软管内径要与焊丝直径配合恰当。若软管直径过小，焊丝与软管内壁接触面积增大，会使送丝阻力增大，此时如果软管内有杂质，容易造成焊丝在软管中卡死；若软管直径过大，焊丝会在软管内呈波浪形前进，在推丝式送丝过程中将增大送丝阻力。目前，越来越多的系统集成商把安装在机器人上臂的送丝机设计为稍微向上翘的形式，有的还使送丝机能做左右小角度的自由摆动，其目的都是减少软管的弯曲，保证送丝速度的稳定性。

图 6-67 所示为 YW-35DG 高精度数字送丝机，该送丝机内部包括电机、压紧机构、主动轮、矫正轮等结构。送丝机安装在机器人轴上，为焊枪自动输送焊丝，该送丝机可安装 1.2mm 和 1.0mm 的焊丝。

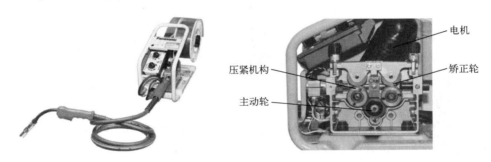

图 6-67　YW-35DG 高精度数字送丝机

⑥ 焊丝盘支架。焊丝盘支架可装在机器人第 1 轴上也可放置在地面上，焊丝盘支架用于固定焊丝盘，如图 6-68 所示。焊丝盘上的焊丝从送丝软管中穿入，通过送丝机送入焊枪。

(a) 焊丝盘安装在机器人第1轴上　　　　(b) 焊丝盘安装在地面的焊丝盘支架上

图 6-68　焊丝盘的安装

⑦ 辅助装置。弧焊机器人常见的辅助装置有焊接变位机、滑移平台、焊接供气系统、清枪装置和自动换枪装置等。

a. 焊接变位机。对于有些焊接场合，由于工件空间几何形状过于复杂，使得焊接机器人末端工具无法到达指定的焊接位置或姿态，此时可以通过增加1～3个外部轴的办法来增加机器人的自由度。其中一种做法是采用焊接变位机来拖动待焊工件，使其待焊缝运动至理想位置进行施焊作业的设备。焊接变位机可将工件进行翻转变位，获得最佳的焊接位置，以提高生产效率、保证焊接质量、提高生产过程的安全性，是弧焊机器人作业过程中不可缺少的外围设备。如果采用伺服电机驱动焊接变位机翻转，则焊接变位机可作为机器人的外部轴，与机器人实现联动，达到同步运行的目的。图 6-69 所示为焊接变位机。

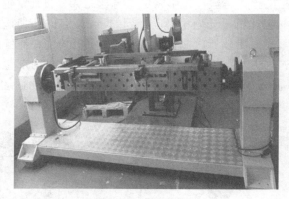

图 6-69　焊接变位机

b. 滑移平台。为使机器人应用领域不断延伸，保证大型结构件的焊接作业，把机器人本体装在可移动的滑移平台或龙门架上，以扩大机器人本体的作业空间。

c. 焊接供气系统。熔化极气体保护焊须有可靠的气体保护。焊接供气系统的作用就是保证纯度合格的保护气体在焊接过程中以适宜的流量平稳地从焊枪喷嘴喷出。目前国内保护气体的供应方式主要有钢瓶供气和管道供气两种，但以钢瓶供气为主。钢瓶供气系统主要由钢瓶、减压器、PVC 气路等构成。减压器通常安装在钢瓶出口处，由减压机构、加热器、压力表和流量计等部分组成。对于提供混合气体的供气系统，还应使用配比器，以稳定气体的配比，提高焊接质量。

d. 清枪装置。机器人在施焊过程中焊钳的电极头氧化磨损、焊枪喷嘴内外残留的焊渣以及焊丝干伸长的变化等势必影响到产品的焊接质量及其稳定性。在焊接系统中添加清枪装置，可以有效清除残留的焊渣，提升产品质量，常见的清枪装置有焊钳电极修磨机（点焊）和焊枪自动清枪站（弧焊）。

清枪装置主要包括剪丝装置、沾油装置、清渣装置及喷嘴外表面打磨装置。剪丝装置主要用于焊丝需要在起始点被检出的情况，以确保焊丝具有一定的伸出长度，提高检出精度；沾油装置主要是使喷嘴表面的飞溅物易于清理；清渣装置主要用于清除喷嘴内表面的飞溅物，以保证保护气体的畅通；喷嘴外表面打磨装置主要用于清除喷嘴外表面的飞溅物。图 6-70 所示为清枪装置。

e．自动换枪装置。在弧焊机器人作业过程中，需要定期更换焊枪或清理焊枪配件，如导电嘴、喷嘴等，这样不仅浪费工时，且增加维护费用。采用自动换枪装置可有效解决此问题，使得机器人空闲时间大为缩短。

图 6-70　清枪装置

（5）常见弧焊机器人应用系统

① 简易型弧焊机器人应用系统。在简易型弧焊机器人应用系统中，在不需要工件变位的情况下，机器人可以到达所有焊缝或焊点位置。因此该系统不设变位机，是一种能用于焊接生产的、最小组成的一套弧焊机器人应用系统。

简易型弧焊机器人应用系统一般由弧焊机器人、弧焊电源、焊枪、送丝机构、机器人底座、工作台、工件夹具、安全保护装置等组成，另外还可根据需要安装焊枪清理装置。在该应用系统中，工件是被夹紧固定而不做变位的，除夹具需要根据工件单独设计外，其他都是通用设备或简单结构件。由于该应用系统设备操作简单、容易掌握、故障率低，所以能较快地在生产中发挥作用，取得较好的经济效益。

② 组合型弧焊机器人应用系统。在组合型弧焊机器人应用系统进行焊接作业时，工件需要变动位置，但不需要变位机与机器人协同运动，因此该应用系统比简易型弧焊机器人应用系统要复杂一些。根据工件结构和工艺要求的不同，该应用系统所配套的变位机与弧焊机器人也可以有不同的组合形式。在工业自动化生产领域，配备各式变位机的弧焊机器人应用系统应用范围最广，如配备回转工作台的弧焊机器人应用系统、配备旋转-倾斜式变位机的弧焊机器人应用系统、配备翻转式变位机的弧焊机器人应用系统等。

③ 协同作业型弧焊机器人应用系统。随着机器人控制技术的发展和弧焊机器人应用范围的扩大，机器人与周边辅助设备做协同运动的应用系统在生产中的应用越来越广泛。但由于各机器人生产厂商的机器人控制技术（特别是控制软件）多不对外公开，不同品牌机器人的协同控制技术各不相同。有的一台控制柜可以同时控制两台或多台机器人做协同运动，有的则需要两台或多台控制柜来控制；有的一台控制柜可以同时控制多个外部轴和机器人做协同运动，而有的一台控制柜则只能控制一个外部轴。

目前国内外使用的具有联动功能的机器人应用系统大都是由机器人生产厂商自主全部成套生产。专业工程开发单位如要设计周边变位设备，必须选用机器人生产厂商提供的配套伺服电机及驱动系统。

（6）弧焊机器人应用系统的软件配置

弧焊机器人应用系统主要由弧焊机器人、焊枪、焊接工作台、送丝机、焊接保护气瓶、焊接电源装置和机器人控制器等组成，其系统连接布局如图 6-71 所示，在模拟软件中的连接如图 6-72 所示。弧焊机器人应用系统若要实现焊接作业，需要依次完成配置 I/O 信号、配置焊接参数、创建相关程序数据、示教目标点以及建立和调试 RAPID 程序等。

① 工作过程分析。

a．系统启动。若系统没有报警，则表明系统启动完毕；在"示教模式"下选择机器人焊接程序，然后将模式开关转至"远程模式"；打开弧焊电源、供气系统气阀和焊枪清理装置电源；将机器人控制柜的主电源开关合闸，等待机器人启动完毕。

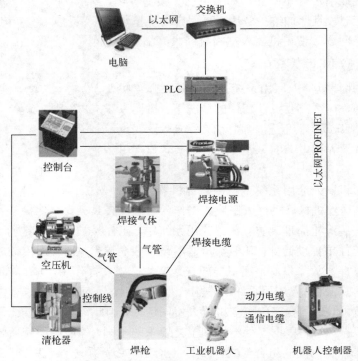

图 6-71 弧焊机器人应用系统的连接布局

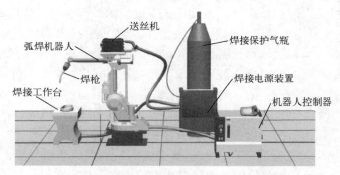

图 6-72 弧焊机器人应用系统在模拟软件中的连接

b. 焊前准备。

a）锁定弧焊工艺。在空载或调试焊接程序时，需要禁止焊接启动功能或其他功能（如摆动启动功能、跟踪启动功能、适用焊接速度功能等）。

b）手动送丝和退丝。在确定引弧位置时，常常要使焊丝有合适的伸出长度并与工件轻轻接触，故需要手动送丝；若焊丝长度超过要求，则需要手动退丝或手工剪断焊丝。一般来说，焊丝伸出焊枪的长度为焊丝直径的 15 倍，故手动送丝时，焊丝伸出长度为 10～15mm。

c）手动调节保护气体的流量。保护气体的流量对焊接质量有重要影响，焊接作业时的保护气体流量必须在焊前准备过程中手动调节好。

d）选择要焊接的工件，将工件安装在焊接工作台上。

c．开始生产。按下启动按钮，机器人开始按照预先编制的程序与设置的焊接参数进行焊接作业。当机器人焊接完毕回到作业原点后，需要手动或自动更换工件，以开始下一个循环。

② 系统参数配置。不同的弧焊机器人应用系统，其参数的配置是有差异的，以 ABB 弧焊机器人应用系统的信号参数配置为例进行介绍。

a．标准 I/O 板及 I/O 信号的配置。ABB 标准 I/O 板挂在 DeviceNet 总线上面，弧焊机器人常用的标准 I/O 板型号有 DSQC651 和 DSQC652。以 DSQC651 型标准板为例，标准 I/O 板的参数配置、工业机器人弧焊作业 I/O 信号的参数配置分别如表 6-21、表 6-22 所示。

表6-21　标准 I/O 板的参数配置

Name	Type of Unit	Network	Address
Board10	D651	DeviceNet1	10
Board11	D651	DeviceNet1	11

表6-22　工业机器人弧焊作业 I/O 信号的参数配置

Name	Type of signal	Assigned to Device	Device Mapping	信号说明
ao01_WeldREF	Analog Output	Board10	0～15	焊接电压控制
ao02_FeedREF	Analog Output	Board10	16～31	焊接电流控制
do01_WeldOn	Digital Output	Board10	32	焊接启动
do02_GasOn	Digital Output	Board10	33	打开保护气
do03_FeedOn	Digital Output	Board10	34	送丝启动
do04_CycleOn	Digital Output	Board10	35	机器人处于运行状态
do05_Error	Digital Output	Board10	36	机器人处于错误报警状态
do06_Estop	Digital Output	Board10	37	机器人处于急停状态
do07_GunWash	Digital Output	Board10	38	清除焊渣
do08_GunSpary	Digital Output	Board10	39	喷雾
do09_FeedCut	Digital Output	Board11	32	剪切焊丝
di01_ArcEst	Digital Input	Board10	0	引弧检测
di02_GasOK	Digital Input	Board10	1	保护气检测
di03_FeedOK	Digital Input	Board10	2	送丝检测
di04_Start	Digital Input	Board10	3	程序启动
di05_Stop	Digital Input	Board10	4	程序停止
di06_WorkStation	Digital Input	Board10	5	变位机转到工位
di07_LoadingOK	Digital Input	Board10	6	工件装夹完成
di08_ResetError	Digital Input	Board10	7	错位报警复位
di09_StartAtMain	Digital Input	Board11	0	从主程序开始执行
di10_MotorOn	Digital Input	Board11	1	电动机上电

b．I/O 信号与弧焊软件的关联。将定义好的 I/O 信号与弧焊软件的相关端口进行关联，关联之后，弧焊系统会自动处理关联好的信号。在进行弧焊程序编写与调试时，就可以通

过弧焊专用的 RAPID 指令简单高效地对机器人进行弧焊连续工艺的控制。标准 I/O 板的参数配置如表 6-23 所示。

表 6-23　标准 I/O 板的参数配置

I/O Name	Parameters Type	Parameters Name	I/O 信号注释
ao01_WeldREF	Arc Equipment Analogue Output	Volt Reference	焊接电压控制模拟信号
ao02_FeedREF	Arc Equipment Analogue Output	Current Reference	焊接电流控制模拟信号
do01_WeldOn	Arc Equipment Digital Output	Weld On	焊接启动数字信号
do02_GasOn	Arc Equipment Digital Output	Gas On	打开保护气数字信号
do03_FeedOn	Arc Equipment Digital Output	Feed On	送丝信号
di01_ArcEst	Arc Equipment Digital Input	Arc Est	引弧检测信号
di02_GasOK	Arc Equipment Digital Input	Gas OK	保护气检测信号
di03_FeedOK	Arc Equipment Digital Input	Feed OK	送丝检测信号

③ 弧焊程序指令。在弧焊的连续工艺过程中，应根据材质或焊缝的特性来调整焊接电压或电流的大小，以及焊枪是否需要摆动、摆动的形式和幅度大小等参数。在弧焊机器人系统中，需要用程序数据来控制这些变化因素。ABB 弧焊机器人编程使用的弧焊指令有 ArcL 和 ArcC，其功能相当于运动指令 MoveL 和 MoveC。弧焊指令 ArcL 和 ArcC 可实现焊枪的线性或圆弧运动以及定位。弧焊指令中还包含了 Seamdata、Welddata 和 Weavedata 三组弧焊数据。

a．ArcL 指令。ArcL 指令为线性焊接指令，功能类似于 MoveL 指令。

ArcLStart：线性焊接开始指令，表示工具中心点线性运动至目标点并开始焊接作业。该指令用于直线焊缝的焊接开始时刻。

ArcLEnd：线性焊接结束指令，表示工具中心点线性运动至目标点并停止焊接作业。该指令用于直线焊缝的焊接结束时刻。

ArcL：线性焊接指令，表示工具中心点从当前位置到目标点做线性焊接作业。该指令用于直线焊缝的焊接过程中。

b．ArcC 指令。ArcC 指令为圆弧焊接指令，功能类似于 MoveC。

ArcCStart：圆弧焊接开始指令，表示工具中心点圆弧运动至目标点并开始焊接作业。该指令用于圆弧焊缝的焊接开始时刻。

ArcCEnd：圆弧焊接结束指令，表示工具中心点圆弧运动至目标点并停止焊接作业。该指令用于圆弧焊缝的焊接结束时刻。

ArcC：圆弧焊接指令，表示工具中心点从当前位置到目标点做圆弧焊接作业。该指令用于圆弧焊缝的焊接过程中。

任何焊接程序都必须以 ArcLStart 指令或 ArcCStart 指令开始，通常采用 ArcLStart 指令作为焊接程序的起始语句。任何焊接程序都必须以 ArcLEnd 指令或 ArcCEnd 指令结束，而焊接中间点则用 ArcL 或 ArcC 指令。焊接过程中，不同的焊接指令可以使用不同的焊接参数。

c．Seamdata。Seamdata 用于定义引弧和收弧时的焊接参数，如表 6-24 所示。

表 6-24　Seamdata 各参数的含义

焊接参数	参数含义
Purge_time	保护气管路的预充气时间，单位为 s
Preflow_time	保护气的预吹气时间，单位为 s
Postflow_time	收弧后保护气的吹气时间（为防止焊缝氧化），单位为 s

d．Welddata。Welddata 用于定义焊缝的焊接参数，如表 6-25 所示。

表 6-25　Welddata 各参数的含义

焊接参数	参数含义
Weld_speed	焊缝的焊接速度，单位为 mm/s
Weld_voltage	焊缝的焊接电压，单位为 V
Weld_wirefeed	焊接时送丝系统的送丝速度，单位为 m/min

e．Weavedata。Weavedata 用于定义焊缝的摆动参数，如表 6-26 所示。

表 6-26　Weavedata 各参数的含义

摆动参数		参数含义
Weave_shape （焊枪摆动类型）	0	无摆动
	1	平面锯齿形摆动
	2	空间 V 字形摆动
	3	空间三角形摆动
Weave_type （机器人摆动方式）	0	机器人所有的轴均参与摆动
	1	仅手腕参与摆动
Weave_length		摆动一个周期的长度
Weave_width		摆动一个周期的宽度
Weave_height		空间摆动一个周期的高度

f．典型语句的示例。

例如，焊接指令：

ArcLStart p10,v200,seam1,weld1,fine,tool0;

表示工具 tool0 的中心点，以 200mm/s 的速度线性运动至 p10 点起焊，运动速度数据 v200 在焊接过程中将被数据 weld1 中的参数 weld_speed 取代，数据 seam1 中则定义了引弧和收弧时的焊接参数。

6.3.4　喷涂机器人

喷涂是一种通过喷枪并借助压力或离心力，将涂料分散成均匀而微细的雾滴，施涂于被涂物表面的涂装方式。喷涂的应用范围非常广泛，涉及国民经济的各个部门，是目前应用最普遍的一种涂装方式。在当今数字化、网络化、信息化潮流的影响下，喷涂作业也要实现自动化、柔性化与智能化。

工业机器人喷涂生产线是指可以根据工件的不同特点，采用不同程序对工件表面进行喷涂作业的智能生产线。工业机器人喷涂生产线通过构建输送链自动化、工序柔性化、加工高

205

效化的生产模式，利用喷涂机器人和自动物流设备进行柔性化生产，提升生产线的自动化水平和柔性化水平；利用传感器和智能算法实现在线检测功能，提升生产线的智能化水平。

喷涂机器人又称喷漆机器人，是指可以自动进行喷漆或喷涂其他涂料的工业机器人。喷涂机器人多采用具有 5 个或 6 个自由度的关节式结构，其手臂要有较大的运动空间，可以完成复杂的运动轨迹，其腕部一般具有 2～3 个自由度，可灵活运动。目前较为先进的喷涂机器人，其腕部多采用柔性手腕，这种手腕既可向各个方向弯曲，又可转动，动作类似人的手腕，能方便地通过较小的孔伸入工件内部，喷涂工件内表面。喷涂机器人具有工件涂层均匀、重复定位精度好、通用性强、工作效率高等特点，能够将工人从有毒、易燃、易爆的工作环境中解放出来，适用于产品型号多、表面形状不规则的工件表面喷涂，在汽车、工程机械制造、3C 产品（计算机类、通信类、消费类电子产品的统称）及家具建材等领域广泛应用。

（1）喷涂机器人的一般要求与特点

① 喷涂机器人的环境要求。

a．工作环境包含易爆的喷涂剂蒸气。

b．沿轨迹高速运动，途经各点均为作业点。

c．多数的被喷涂件都搭载在传送带上，边移动、边喷涂。

② 喷涂机器人的技术要求。

a．机器人的运动链要有足够的灵活性，以适应喷枪对工件表面的不同姿态要求，多关节型为最常用，它有 5～6 个自由度。

b．要求速度均匀，特别是在轨迹拐角处误差要小，以避免涂层不均匀。

c．控制方式通常以手把手示教方式为多见，因此要求在其整个工作空间内示教时省力，要考虑重力平衡问题。

d．可能需要轨迹跟踪装置。一般均用连续轨迹控制方式。

③ 喷涂机器人的特点。

a．最大限度提高涂料的利用率、降低涂装过程中的 VOC（有害挥发性有机物）排放量。

b．显著提高喷枪的运动速度，缩短生产节拍，效率显著高于传统的机械涂装。

c．柔性强，能够适应多品种、小批量的涂装任务。

d．能够精确保证涂装工艺的一致性，获得较高质量的涂装产品。

e．与高速旋杯经典涂装站相比，可以减少 30%～40%的喷枪数量，降低系统故障率和维护成本。

④ 喷涂机器人的应用特点。

a．能够通过示教器方便地设定流量、雾化气压、喷涂气压以及静电电压等涂装参数。

b．具有供漆系统，能够方便地进行换色、混色，确保高质量、高精度的工艺调节。

c．具有多种安装方式，如落地、倒置、角度安装和壁挂。

d．能够与转台、滑台、输送链等一系列的工艺辅助设备轻松集成。

（2）喷涂机器人的涂装工艺

针对不同的涂装工艺，喷涂机器人所使用的喷枪及配备的涂装系统也存在差异。传统涂装工艺中的空气涂装和高压无气涂装仍被广泛使用，但近年来静电涂装工艺，特别是旋杯式静电涂装工艺凭借其高质量、高效率、节能环保等优点已成为现代汽车车身涂装的主要手段之一，并且被广泛应用于其他工业领域。

① 空气涂装。空气涂装是指利用压缩空气将涂料雾化进行喷涂的涂装方法。当压缩空气的气流流经喷枪喷嘴时形成负压，在负压作用下涂料被从吸管吸入，然后经过喷嘴喷出，同时利用压缩空气对涂料进行吹散，以达到均匀雾化的效果。该涂装方法的优点是能够任意选择喷涂条件且容易操作，适用于重视喷涂质量的工件，但其涂料利用率低。空气涂装一般用于家具、3C 产品外壳、汽车等的涂装作业。

② 高压无气涂装。高压无气涂装是一种较为先进的涂装方法，它采用增压泵先将涂料增至 6~30MPa 的高压，然后通过很细的喷孔将涂料喷出，使涂料呈扇形雾状。高压无气涂装具有较高的涂料利用率和生产效率，且表面质量明显优于空气涂装。

③ 静电涂装。高速旋杯式静电喷枪（图 6-73）利用旋杯的高速旋转运动产生的离心作用，将涂料在旋杯内表面伸展成薄膜，并通过巨大的加速度使其向旋杯边缘运动，在离心力及强电场的双重作用下，涂料被破碎为极细且带电的雾滴，向极性相反的被涂工件运动，沉积在被涂工件表面，形成均匀、平整、光滑、丰满的涂膜。

图 6-73　高速旋杯式静电喷枪

（3）工业机器人喷涂生产线组成

工业机器人喷涂生产线克服了传统喷涂作业物流复杂、管理链路长、人员投入大、生产效率低、产品质量稳定性差的缺点，利用传统喷涂厂房对其内部进行改造，实现自动化、柔性化与智能化喷涂作业。

完整的工业机器人喷涂生产线主要包括喷涂机器人和外围辅助设备。喷涂机器人主要包括机器人本体和自动涂装设备两部分。机器人本体由防爆机器人本体及完成工艺控制的控制器组成，而自动涂装设备主要由供漆系统及自动喷枪/旋杯组成。外围辅助设备除常规的同步系统、自动识别系统、自动输送链及检测系统等模块外，还包括保证喷涂作业环境的喷房和防爆吹扫系统。

在进行涂装作业时，为了获得高质量的涂膜，除了对喷涂机器人动作的柔性和精度、供漆系统及自动喷枪/旋杯的控制精度有要求外，对涂装作业环境状态也提出了要求，如无尘、恒温、恒湿、环境内恒定的供风及对有害挥发性有机物含量的控制等，喷房由此应运而生。喷房一般由涂装作业工作室、收集有害挥发性有机物的废气舱、排气扇以及可将废气排放到建筑物外的排气管等组成。

喷涂机器人多在封闭的喷房内进行喷涂作业，由于喷涂的薄雾是易燃易爆的，如果喷涂机器人的某个部件产生火花或温度过高，就会引起火灾甚至爆炸，因此防爆吹扫系统是喷涂机器人极其重要的一部分。防爆吹扫系统主要由危险区域之外的吹扫单元、操作机内部的吹扫传感器、控制柜内的吹扫控制单元三部分组成。吹扫单元通过柔性软管向包含有电气元件的操作机内部施加压力，阻止易燃易爆性气体进入操作机内部；同时由吹扫控制单元监视操作机内压、喷房气压，当发生异常状况时，立即切断操作机的伺服电源。

（4）喷涂机器人的硬件选型

喷涂机器人的运动链要有足够的灵活性，以适应喷枪对不同工件表面的姿态要求；同时应确保喷枪的运动速度平稳，特别是在轨迹拐角处的误差要小，以避免涂层不均匀。喷涂机器人通常采用手把手的示教方式，因此要考虑重力平衡问题，以便使示教更省力。此外，喷涂机器人一般采用连续轨迹控制方式，在某些应用场景中可能需要轨迹跟踪装置。

① 手腕结构的选择。目前，大多数喷涂机器人仍采用与通用型工业机器人相似的具有 5 个或 6 个自由度的串联式关节机器人，并在其末端加装自动喷枪。喷涂机器人的手腕结构主要有球形手腕和非球形手腕两种，如图 6-74 所示。

(a) 球形手腕   (b) 非球形手腕

图 6-74　喷涂机器人的手腕结构

a. 球形手腕。与通用型工业机器人手腕结构类似，手腕的三个关节轴线相交于一点，即目前大多数机器人所采用的 Bendix 手腕。该手腕结构便于离线编程的控制，但是由于其腕部第二关节不能实现 360° 旋转，故工作空间相对较小。采用球形手腕的喷涂机器人多为紧凑型结构，多用于小型工件的涂装，其工作半径多为 0.7～1.2m。

b. 非球形手腕。手腕的三个关节轴线并非如球形手腕那样相交于一点，而是相交于两点。非球形手腕机器人相对于球形手腕机器人来说更适合于涂装作业。该喷涂机器人每个腕关节转动角度都能达到 360° 以上，手腕灵活性强，机器人工作空间较大，特别适用于复杂曲面及狭小空间的涂装作业。但由于非球形手腕增大了机器人控制的难度，因此难以实现离线编程控制。

② 驱动方式的选择。喷涂机器人之前一直采用液压驱动方式，主要是因为它必须在充满可燃性气体的环境中工作，采用液压驱动方式较为安全。近年来，由于交流伺服电机的广泛应用和高速伺服技术的进步，在喷涂机器人中采用电气驱动已经成为可能。根据驱动方式的不同，喷涂机器人主要分为液压喷涂机器人和电动喷涂机器人。

a. 液压喷涂机器人。以六轴多关节型液压喷涂机器人为例，它由机器人本体、控制装置和液压系统组成。其手腕采用柔性手腕结构，可绕臂部的中心轴沿任意方向弯曲，而且在任意弯曲状态下可绕腕部中心轴扭转。液压喷涂机器人由于腕部不存在奇异位形，所以能涂装形态复杂的工件，并且具有很高的生产效率。

b. 电动喷涂机器人。多采用耐压或内压防爆结构，限定在 1 类危险环境（在通常条件下有生成危险气体介质的可能）和 2 类危险环境（在异常条件下有生成危险气体介质的可能）下使用。电动喷涂机器人需要在静止状态完成涂装动作的示教，再现时机器人便可根据传送带的信号实时地进行坐标变换，一边跟踪被涂装工件，一边完成涂装作业。由于电动喷涂机器人具有与传送带同步的功能，因此，当传送带的速度发生变化时，喷枪相对于工件的速度仍能保持不变，即使传送带停下来，也可以正常地进行涂装作业，直至完成作业，故涂层质量能够得到良好的控制。

（5）喷涂机器人外围辅助设备

常见的喷涂机器人外围辅助设备有机器人行走单元、工件传送（旋转）单元、空气过滤系统、输调漆系统、喷枪清理装置、喷涂生产线控制盘等。

① 机器人行走单元与工件传送（旋转）单元。机器人行走单元和工件传送（旋转）单元主要包括负责工件传动及旋转动作的伺服转台、伺服穿梭机、输送系统以及负责机器人上下左右滑移的行走单元。喷涂机器人对其所配备的行走单元和工件传送（旋转）单元的防爆性能有着较高的要求。一般来说，配备行走单元和工件传送（旋转）单元的喷涂机器人，其生产线的工作方式有动/静模式、流动模式及跟踪模式三种。

a. 动/静模式：工件先由伺服穿梭机或输送系统传送到涂装室中，由伺服转台完成工件旋转，之后由喷涂机器人单体或配备行走单元的机器人对其完成涂装作业。在涂装过程中工件可以是静止的，也可以与机器人协同运动。

b. 流动模式。工件由输送链承载并匀速通过涂装室，由固定不动的喷涂机器人对工件完成涂装作业。

c. 跟踪模式。工件由输送链承载并匀速通过涂装室，机器人不仅要跟踪随输送链运动的待涂装物，还要根据涂装面改变喷枪的方向和角度。

② 空气过滤系统。在涂装作业过程中，当大于或等于 5μm 的粉尘混入漆层时，用肉眼就可以明显看到由粉尘造成的瑕点。为了保证涂装作业的表面质量，工业机器人喷涂生产线所处的环境及涂装作业所使用的压缩空气应尽可能保持清洁，这需要空气过滤系统通过使用大量空气过滤器对空气进行处理并保持涂装车间正压来实现。喷房内的空气对纯净度要求最高，一般来说要经过三道过滤工序才能满足要求。

③ 输调漆系统。工业机器人喷涂生产线一般由多个喷涂机器人单元进行协同作业，这便需要有稳定、可靠的涂料及溶剂的供应，而输调漆系统则是完成这一功能的重要装置。输调漆系统一般由油漆和溶剂混合的调漆系统、为喷涂机器人提供油漆和溶剂的输送系统、液压泵系统、油漆温度控制系统、溶剂回收系统、辅助调漆设备及输调漆管网等组成。

④ 喷枪清理装置。在进行涂装作业时，难免出现污物堵塞喷枪气路的问题；此外，对不同工件进行涂装时，有时需要进行换色作业。这就需要对喷枪进行清理。自动化的喷枪清理装置能够快速、干净、安全地完成喷枪的清洗和颜色更换，彻底清除喷枪通道内及喷枪上飞溅的涂料残渣，同时对喷枪进行干燥，以减少喷枪清理所用的时间、溶剂及空气。

⑤ 喷涂生产线控制盘。对于采用两套或两套以上喷涂机器人单元同时工作的涂装作业系统，一般需要配置喷涂生产线控制盘对生产线进行监控和管理。

a．生产线监控功能：通过管理界面可以监控整个涂装作业系统的状态，如工件类型、颜色、喷涂机器人和外围辅助设备的操作、涂装条件和系统故障信息等。

b．设置和更改功能：设置和更改涂装条件和涂料单元的控制参数，即对涂料流量、雾化气压、喷涂气压、静电电压、颜色切换的时序、喷枪清理工序及工件类型和颜色的程序编号等进行设置和更改。

c．管理和统计功能：对生产线上的各类生产数据进行管理和统计，如涂料消耗量管理、产量统计和故障统计等。

（6）工业机器人喷涂生产线的软件配置

图 6-75 所示为工业机器人喷涂生产线的连接布局，主要包括喷涂机器人、自动喷枪、涂料输送管、涂料罐、空压机、涂料板、机器人控制器、安全围栏等，如图 6-76 所示。

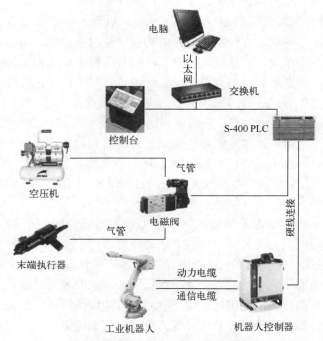

图 6-75　工业机器人喷涂生产线的连接布局

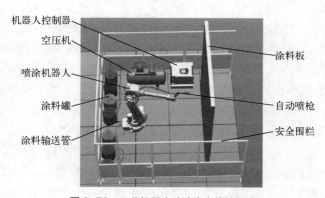

图 6-76　工业机器人喷涂生产线的组成

不同的喷涂机器人在控制软件中的参数设置是不同的，以某 ABB 喷涂机器人参数设置为例进行介绍。打开虚拟示教器以后，首先将界面语言改为中文，然后选择"ABB 菜单"→"控制面板"→"配置"选项，进入"I/O 主题"，对 I/O 信号进行配置。在喷涂机器人中配置 DSQC652 标准板，此时需要在 Unit 中设置 I/O 单元的相关参数，如表 6-27 所示。

表 6-27　在 Unit 中设置 I/O 单元的相关参数

Name	Type of Unit	Connected to Bus	DeviceNet Address
Board10	D652	DeviceNet1	10

在工业机器人喷涂生产线中，如表 6-28 所示，需要配置的 I/O 信号有以下几种。

① 数字输出信号 do Glue，用于控制喷枪喷漆。

② 数字输入信号 di Glue Start，用于提供喷漆启动信号。

表 6-28　I/O 信号参数的配置

Name	Type of Signal	Assigned to Unit	Unit Mapping
do Glue	Digital Output	Board10	0
di Glue Start	Digital Input	Board10	0

（7）工业机器人喷涂生产线的形式与功能模块

① 工业机器人喷涂生产线的形式。工业机器人喷涂生产线有多种形式，常见的有通用型机器人自动生产线、仿形机器人自动生产线、喷涂机器人与自动喷涂机自动生产线、组合式自动生产线等。

a. 通用型机器人自动生产线。早期的全自动喷涂作业主要采用通用型机器人组成自动生产线。这种自动生产线适合较复杂型面的喷涂作业，广泛应用于汽车工业、机电产品工业、家用电器工业和日用品工业。因此，这种自动生产线上配备的喷涂机器人要求动作灵活，大多具有 5~6 个自由度。

b. 仿形机器人自动生产线。仿形机器人是一种根据喷涂对象形状特点进行简化的通用型机器人，可用于完成专门作业，一般有机械仿形和伺服仿形两种。这种机器人适合箱体零件的喷涂作业。由于作业中喷具的运动轨迹与被喷零件的形状相一致，可使喷涂机器人在最佳条件下完成涂装作业，因此涂装质量最高。这种自动生产线的最大优点是工作可靠，但不适合型面较复杂零件的喷涂。

c. 喷涂机器人与自动喷涂机自动生产线。喷涂机器人与自动喷涂机自动生产线一般用于喷涂大型工件，即大平面、圆弧面和复杂型面结合的工件，如汽车驾驶室、车体等。在喷涂机器人与自动喷涂机自动生产线中,喷涂机器人一般用来喷涂车体的前后围及圆弧面，而自动喷涂机则用来喷涂车体的侧面和顶面的平面部分。

d. 组合式自动生产线。组合式自动生产线是指将不同形式的生产线组合在一起进行协同作业。例如，在某典型的组合式自动生产线中，车体的外表面采用仿形机器人进行喷涂；车体的内表面采用通用型机器人进行喷涂，在涂装时需完成开门、开盖、关门、关盖等辅助工作。

② 工业机器人喷涂生产线的功能模块。工业机器人喷涂生产线的结构是根据喷涂对象的产品种类、生产方式、输送形式、生产纲领及油漆种类等工艺参数确定的，须根据其生产规模、生产工艺和自动化程度设置系统功能模块。工业机器人喷涂生产线的功能模块主要包括总控系统、同步系统、自动识别系统、自动输漆和换色系统、自动输送链、工件到位自动检测装置、喷涂机器人与自动喷涂机。

a. 总控系统。工业机器人喷涂生产线的总控系统控制所有设备的运行，主要具有以下功能。

a）全线自动启动、停止和联锁功能。

b）喷涂机器人作业程序的自动排队和手动排队、接收识别信号、向喷涂机器人发送程序等功能。

c）控制自动输漆和换色系统的功能。

d）故障自诊断功能。

e）实时工况显示功能。

f）单机离线和联网功能。

g）生产管理功能，如自动统计产品、自动生成报表、打印等。

b. 同步系统。同步系统一般用于连续运行的通过式生产线上，使喷涂机器人和自动喷涂机的工作速度与输送链的速度之间建立同步协调关系，避免因速度快慢差异而造成设备与工件相撞事故。同步系统可自动检测输送链的速度，并向喷涂机器人和总控制台发送脉冲信号，喷涂机器人根据链速信号确定在线程序的执行速度，使喷涂机器人移动的位置与链上零件的位置同步对应。

c. 自动识别系统。自动识别系统是多种产品混流生产的自动生产线中必须具备的功能模块，它能根据不同零件的形状特点进行识别，一般采用多个红外线光电开关，按照区别零件形状特点的信号而布置安装位置。当自动生产线上被喷涂的零件通过自动识别系统时，自动识别系统将识别出的零件型号进行编组排队，并通过通信送至总控系统。

d. 自动输漆和换色系统。为了保证工业机器人喷涂生产线的喷涂质量，自动输漆系统必须采用自动搅拌和主管循环，使输送到各工位喷具上的涂料黏度保持一致。对于多色喷涂作业，喷具采用自动换色系统，该系统包括自动清理喷枪和吹干功能。换色器一般安装在离喷具较近的位置，以减少换色时间，满足生产节拍要求并减少清理时浪费的涂料。自动换色系统由喷涂机器人控制，对于被喷零件的颜色指令，则由总控系统发出。

e. 自动输送链。工业机器人喷涂生产线上输送零件的自动输送链有悬挂链和地面链两种。悬挂链有普通悬挂链和推杆式悬挂链两种，地面链有台车式地面链、链条式地面链、滚子式地面链、滑橇式地面链等不同种类。目前，汽车涂装广泛采用滑橇式地面链，该类自动输送链运行平稳、可靠性好，适用于全自动和高光泽度的喷涂生产线。

f. 工件到位自动检测装置。当自动输送链上的待喷涂零件移动到喷涂机器人的工作范围内时，喷涂机器人必须开始作业。喷涂机器人开始作业的启动信号由工件到位自动检测装置给出，而工件到位自动检测装置一般采用红外光电开关或行程开关产生启动信号，用来启动喷涂机器人的喷涂程序。若没有工件进入喷涂作业区域，喷涂机器人将处于等待状态。此外，启动信号还可作为总控系统在工件排队中减去一个工件的触发信号。

　　g. 喷涂机器人与自动喷涂机。在工业机器人喷涂生产线上采用的喷涂机器人和自动喷涂机除应具备基本工作参数和功能外，还应具备下列功能：高速运行功能，喷涂机器人的运行速度必须高于正常喷涂速度的 150%，以满足同步作业时快速运行的需要；自动启动功能、同步功能、自动更换程序功能（能接收识别信号）以及通信功能等。

第 **7** 章

机器人离线编程仿真

7.1
PQArt 的软件界面

机器人离线编程仿真技术是在机器人编程语言的基础上发展起来的，是机器人语言的拓展。它利用机器人图形学的成果，建立起机器人及其作业环境的模型，再利用一些规划算法，通过对图形的操作和控制，在离线的情况下进行轨迹规划。PQArt 是北京华航唯实机器人科技股份有限公司自主研发的工业机器人离线编程与仿真软件，包括自主研发的 3D 渲染引擎、几何拓扑、特征驱动、自适应求解算法、多品牌机器人后置、碰撞检测、代码仿真等。

打开 PQArt 软件后，软件界面如图 7-1 所示。主要分为八大部分：标题栏、菜单栏（机器人编程、工艺包、自定义）、绘图区、机器人加工管理面板、机器人控制面板、调试面板、输出面板和状态栏。

① 标题栏：显示软件名称、版本号和当前文件名。

② 菜单栏：涵盖了 PQArt 的基本功能，如场景搭建、轨迹生成、仿真、后置、自定义等，是最常用的功能栏。

③ 绘图区：用于场景搭建、轨迹的添加和编辑等。

④ 机器人加工管理面板：由八大元素节点组成，包括场景、零件、工件坐标系、外部工具、快换工具、状态机、机器人以及工作单元等，通过面板中的树形结构可以轻松查看并管理机器人、工具和零件等对象的各种操作。

⑤ 机器人控制面板：控制机器人 6 个轴和关节的运动，调整其姿态，显示坐标信息，读取机器人的关节值，以及使机器人回到机械零点等。

⑥ 调试面板：方便查看并调整机器人姿态、编辑轨迹点特征。

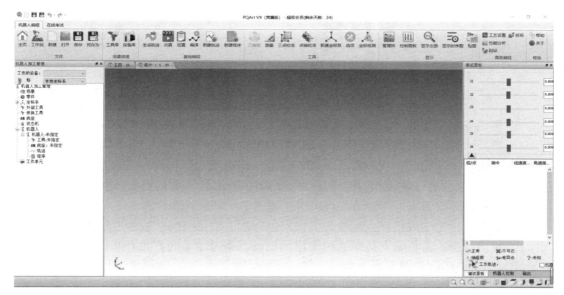

图 7-1　PQArt 的软件界面

⑦ 输出面板：显示机器人执行的动作、指令、事件和轨迹点的状态。

⑧ 状态栏：包括功能提示、模型绘制样式、视向等功能。

7.2
PQArt 的软件界面各部分的详细介绍

（1）机器人编程功能菜单栏

机器人编程，可进行场景搭建、轨迹设计、模拟仿真和后置生成代码等操作，包括"文件""场景搭建""基础编程""工具""显示""高级编程"和"帮助"等七个功能分栏。

① 文件。如图 7-2 所示，"文件"选项卡包含以下功能选项：

a. 新建：创建空白工程文件。

b. 打开：打开已存在的工程文件。

c. 保存：保存当前工程文件到指定位置。若是已有保存记录的文件，默认保存到原位置。若是新建文件，保存时则会弹出对话框，选择保存位置。

d. 另存为：将当前文件另存到指定位置。

② 场景搭建。如图 7-3 所示，"场景搭建"选项卡包含以下功能选项：

a. 机器人库：用于导入官方提供的机器人。

b. 工具库：用于导入官方提供的工具。导入工具之前，必须先导入机器人，否则会弹出警告。

c. 设备库：用于导入官方提供的零件、底座、状态机等。其中，零件包括场景零件和加工零件。场景零件用来搭建工作环境，加工零件是机器人加工的对象。

d. 输入：支持多种格式的文件导入到 PQArt 环境中。

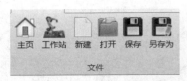

图7-2 "文件"选项卡

图7-3 "场景搭建"选项卡

③ 基础编程。如图7-4所示,"基础编程"选项卡包含以下功能选项。

a. 导入轨迹:导入其他软件/PQArt中生成的轨迹。

b. 生成轨迹:用于生成机器人工作的轨迹,即机器人运动的路径。六种生成轨迹的方式:沿着一个面的一条边、面的外环、一个面的一个环、曲线特征、边、打孔。

c. 仿真:形象逼真地模拟真实环境中机器人的运动路径和状态。

d. 后置:用于生成机器人可执行的代码语言,可以复制到示教器控制真机运行。

e. 输出动画:将机器人运动轨迹输出为动画,查看动画的方式有两种,即微信扫码查看和复制链接用浏览器查看。

图7-4 "基础编程"选项卡

④ 工具。如图7-5所示,"工具"选项卡包含以下功能选项。

a. 三维球:用于工作场景的搭建、轨迹点编辑、自定义机器人、零件工具等的定位。

b. 测量:对场景内模型的点、线、面进行有关间距、口径和角度等的测量。

c. 校准:调整虚拟环境中零件和机器人的相对位置关系,做到模拟环境中零件和机器人的相对位置与真实环境中的一致;另外还可校准外部工具与机器人/零件的相对位置。

d. 新建坐标系:用于自定义新的工件坐标系。

e. 选项:控制轨迹点、轨迹点姿态和序号、轨迹线、轨迹间连接线、TCP等的显示和隐藏。

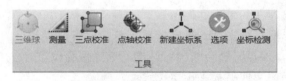

图7-5 "工具"选项卡

⑤ 显示。如图7-6所示,"显示"选项卡包含以下功能选项。

a. 管理树:控制机器人加工管理面板的显示或隐藏。

b. 控制面板:控制调试面板、输出面板和机器人控制面板的显示或隐藏。

c. 显示全部:将绘图区中隐藏的模型对象全部显示出来。

d. 显示时序图:显示所有机构的时序。

e. 贴图:将所选图片以指定的角度粘贴到目标模型上。

⑥ 高级编程。如图 7-7 所示，"高级编程"选项卡包含以下功能选项。

a．工艺设置：设置工艺参数，包括工艺模板、事件信息、动作定义、变量管理、自定义和 i 事件模板等。

b．性能分析：显示机器人运动数据，包括机器人名称、运动的平均速度、总轨迹数、总点数、总时间以及运动节拍等。

图 7-6　"显示"选项卡

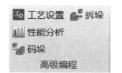

图 7-7　"高级编程"选项卡

⑦ 帮助。如图 7-8 所示，"帮助"选项卡包含以下功能选项。

a．帮助：提供与 PQArt 相关的学习视频和文档。

b．关于：介绍 PQArt 版本号及账号的相关信息。

（2）工艺包功能菜单栏

工艺包中包含每个工艺的具体参数，可非常简便地实现切孔和码垛工艺，并进行仿真。如图 7-9 所示。

图 7-8　"帮助"选项卡

图 7-9　工艺包功能菜单栏

① 仿真。同"机器人编程"内的仿真是同一个功能，可以在上真机前，对做好的轨迹进行仿真模拟，找出机器人运动时的碰撞、不可达、奇异点等问题，为进一步完善优化轨迹，提供参考依据。

② 切孔工艺包。可以执行类似于 CAM 内的铣圆孔操作，让机器人手持铣刀（末端执行器），进行铣孔洞或铣外圆操作。

③ 码垛工艺包。可以通过码垛和拆垛工艺快速生成码垛和拆垛的轨迹。

（3）自定义功能菜单栏

PQArt 支持但不限于自定义机器人、运动机构、工具、零件、底座以及后置，可以依据用户的需求开发其他自定义功能，基本可以满足各种需求。如图 7-10 所示。

图 7-10　自定义功能菜单栏

① 场景。软件支持多种不同格式的模型文件。

② 机器人。导入机器人：导入自定义的机器人，支持的文件格式为 robrd；定义机器人：定义通用六轴机器人、非球型机器人、SCARA 四轴机器人；定义机构：定义 1～N 轴的运动机构。

③ 工具。定义工具：定义法兰工具、快换工具、外部工具。

④ 零件。定义零件：将各种格式的 CAD 模型定义为 robp 格式的零件。

⑤ 底座。定义底座：将各种格式的 CAD 模型定义为 robs 格式的底座。

⑥ 后置。自定义后置：用户自定义自家机器人的后置格式。

⑦ 状态机。定义状态机：将各种格式的 CAD 模型定义为 robm 格式的状态机。

（4）自由设计功能菜单

① 创建草图。创建一个二维平面，用来绘制 2D 草图。

② 创建基本单元。例如：要画圆，可以使用圆心+半径；画直线，可以使用直线。

（5）绘图区

绘图区为软件界面中心的蓝色区域，用于场景搭建和轨迹的添加、显示和编辑等。导入的对象和对对象的各种操作，只要没有选择隐藏的，都会显示在绘图区中，如图 7-11 所示。

图 7-11　绘图区

左下角的坐标系为绝对坐标轴（世界坐标系的方位指示器），它的 X、Y、Z 三个轴的朝向与世界坐标系保持一致。

（6）机器人加工管理面板

机器人加工管理面板主要是全局浏览软件中所有模型和操作，使所有目标对象方便管理、简便操作以及直观清晰查看，位于软件界面左侧。面板下挂有八个节点，包括场景、零件、工件坐标系、外部工具、快换工具、状态机、机器人以及工作单元等。机器人下还有工具、底座、轨迹和程序等子节点。如图 7-12 所示。

（7）机器人控制面板

机器人控制面板位于软件界面右侧,分为机器人空间和关节空间两个功能区,如图7-13所示。

图7-12　机器人加工管理面板

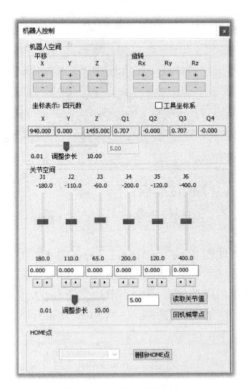

图7-13　机器人控制面板

① 机器人空间。

a. 平移：利用+和−控制机器人向 X（前后）、Y（左右）、Z（上下）等方向平移。

b. 旋转：利用+和−控制机器人以 X、Y、Z 三个方向为中心旋转。

c. 坐标表示：根据机器人品牌来确定坐标用四元数还是欧拉角来表示。

d. 工具坐标系：以工具坐标系的原点来确定机器人的位置。

e. 调整步长：这里的步长指的是机器人平移/旋转运动幅度的大小,从 0.01 到 10 幅度依次加大。

② 关节空间。通过滑块上下移动调整机器人的关节角度值,其中,±170,−65～150等为 6 个轴的活动范围。点击减小或增大某个轴的关节角,数值改变间隔即为步长。如设定步长为 5.00,J1 的关节角度初始值为 90,点击增加关节角,则数值会变为 95。

（8）输出面板

输出面板位于软件界面右侧。仿真功能模拟的是机器人在实际环境中的运动路径和状态。仿真时,输出面板会显示出机器人执行的事件和命令,以及有问题的轨迹点。双击输出面板中的提示事件,机器人姿态会更改到事件被执行时的状态。如图 7-14 所示。

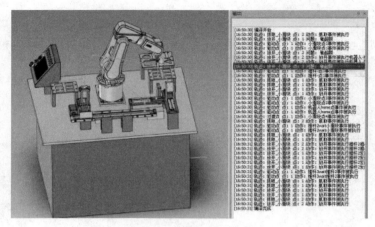

图 7-14　输出面板示意图

（9）调试面板

调试面板位于软件界面右侧,调试面板与机器人姿态和轨迹点特征紧密联系,如图 7-15 所示。

如图 7-16 所示,J1、J2、J3、J4、J5、J6 分别代表机器人的一轴、二轴、三轴、四轴、五轴和六轴。其中,±165、±110、−90～70、±160、±120、±400 分别表示每个关节的旋转角度范围,通过小滑块上下移动,在这 6 个范围内改变 6 个轴的关节角度值。

轨迹点的指令：包括 Move-Line、Move-Joint、Move-AbsJoint 和 Move-Circle 四种。

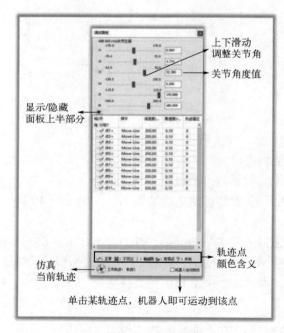

图 7-15　调试面板

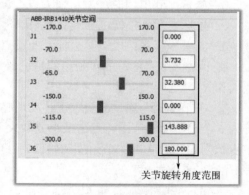

图 7-16　调试机器人关节角

*Move-Line：机器人以线性移动方式运动至目标点,当前点与目标点二点在一条直线上,机器人运动状态可控,运动路径保持唯一。如图 7-17 所示。

组/点	指令	线速度(...	角速度(r...	轨迹逼近	
🔷 分组1					
✔ 序号1	Move-Line	200.00	0.10	0	
✔ 序号2	Move-Line	200.00	0.10	0	
✔ 序号3	Move-Line	200.00	0.10	0	
✔ 序号4	Move-Line	200.00	0.10	0	
✔ 序号5	Move-Line	200.00	0.10	0	
✔ 序号6	Move-Line	200.00	0.10	0	

图 7-17　轨迹点指令示意图

*Move-Joint：关节运动指令，表示的是机器人做关节运动，按照关节角度值来达到指定的点。机器人以最快捷的方式运动到目标点，机器人运动状态不完全可控，但运动路径保持唯一，常用于机器人在空间大范围移动。

*MoveC：全称是 Move-Circle，为圆弧运动指令，机器人通过中间点以圆弧移动方式运动到目标点，当前点、中间点与目标点三点确定一段圆弧，机器人运动状态可控，运动路径保持唯一。

*Move-AbsJoint：绝对运动指令，按照角度指令来移动。

轨迹逼近：轨迹的平滑圆弧过渡。有时机器人运动到某个轨迹点时会暂停，即速度为0。该指令可以防止机器人在该点出现精确暂停，让其形成一个抛物线的轨迹，即实现圆弧过渡。

如图 7-18 所示，机器人从 P1 运动到 P2 再到 P3，最后到 P4。

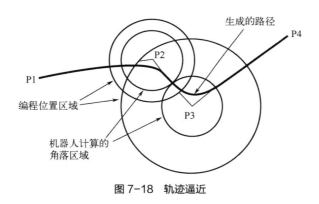

图 7-18　轨迹逼近

查看五种不同轨迹点颜色的含义：

✔：正常　✖：不可达　！：轴超限　➤：奇异点　？：未知

◎绿色：表示该轨迹点是完全正常的；
◎黄色：表示轴超限，机器人的运动超过了某个关节的运动范围；
◎红色：表示不可达点，机器人距离目标太远，此时需要调整机器人与工件或外部工具的距离；
◎灰色：表示不知道该轨迹点的当前状态；
◎紫色：表示奇异点。

（10）状态栏

状态栏包括视向、模型绘制样式等功能，并有功能提示，如图 7-19 所示。

图 7-19　状态栏

① 🔍意思是显示全部。点击该按钮后，所有导入的模型都会显示在绘图区。

② 🔳将选中的模型放大到视野中心。

③ ⊘包含了五种模型的绘制样式，不同样式会有不同的模型绘制效果。

④ 🔳🔳🔳🔳🔳🔳🔳

七个按钮分别为七个不同的视向：轴侧图、前视图、顶视图、右视图、后视图、底视图、左视图，对应 0、1、2、3、4、5、6 数字键。

7.3
三维球的基本操作

三维球是一个强大而灵活的三维空间定位工具，它可以通过平移、旋转和其它复杂的三维空间变换精确定位任何一个三维物体。默认状态下三维球的形状如图 7-20 所示。

三维球有一个中心点、一个平移轴和一个旋转轴。

① 中心点。主要用来进行点到点的移动。使用的方法是右击鼠标，然后从弹出的菜单中挑选一个选项。

② 平移轴。主要有两种用法：

一是拖动轴，使轴线对准另一个位置进行平移；

二是右击鼠标，然后从弹出的菜单中选择一个项目进行定向。

③ 旋转轴。主要有两种用法：

一是选中轴后，可以围绕一条从视点延伸到三维球中心的虚拟轴线旋转；

二是右击鼠标，然后从弹出的菜单中选择一个项目进行定向；

三维球的定向控制手柄的命令如图 7-21 所示。

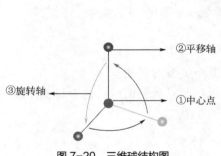

图 7-20　三维球结构图

图 7-21　三维球的定向控制手柄

① 编辑位置：选择此选项可弹出位置输入框，用来输入相对父节点锚点的 X、Y、Z 三个方向的坐标值。

② 到点：指鼠标捕捉的轴，指向到规定点。

③ 到中心点：指鼠标捕捉的轴，指向到规定中心点。

④ 与边平行：指鼠标捕捉的轴与选取的边平行。

⑤ 与面垂直：指鼠标捕捉的轴与选取的面垂直。

⑥ 与轴平行：指鼠标捕捉的轴与柱面轴线平行。

⑦ 反向：指三维球带动元素在选中的轴方向上转动 180°。

⑧ 点到点：此选项，可以将所选的三维球的操作柄指向所选对象的两点之间的中点位置，同时三维球附着的物体姿态也会跟着调整。

⑨ 到边的中点：此选项，可以将所选的三维球的操作柄指向所选边的中心点位置，同时三维球附着的物体姿态也会跟着调整。

利用三维球基本操作可以实现物体之间的装配，物件 1 与物件 2 的装配如表 7-1 所列。

表 7-1　物件 1 与物件 2 的装配

序号	步骤	图片
物件 1 与物件 2 的装配		
1	单击选中物件 1 后，单击选择"三维球"选项	
2	右击"三维球"，弹出菜单栏，选择"反向"	
3	使物件 1 旋转，让两个物件处于同一方向上	
4	右击三维球的中心点，弹出其菜单栏，选择"到中心点"	
5	找到物件 2 相对应的位置，物件 1 与物件 2 组装到一起	

续表

序号	步骤	图片
6	物件 1 与物件 2 组装完成	

7.4
工业机器人的工作轨迹

在 **PQArt** 当中，工作轨迹指的就是机器人的运动路径，轨迹的运行会根据点的顺序依次执行操作，从第一个点开始一直到最后一个点。

① 导入轨迹。在基础编程选项卡中选择导入轨迹，如图 7-22 所示。

图 7-22 基础编程选项卡

在弹出的选择界面中，选择第三方软件生成的轨迹，并单击"打开"，如图 7-23 所示。

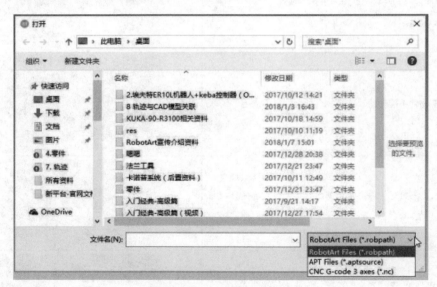

图 7-23 选择轨迹文件夹

② 生成轨迹。生成的轨迹总共有五种类型，分别是单条边、曲线特征、一个面的一

个环、一个面的外环、沿着一个面的一条边。

　　a. 沿着一个面的一条边。通过一条边，加上其轨迹方向（箭头），再加上轨迹 Z 轴指向的平面来确定轨迹。以油盘为例，具体操作如表 7-2 所示。

表 7-2　通过"沿着一个面的一条边"生成轨迹的操作步骤

序号	步骤说明	图片
1	在"基础编程"选项卡中选择"生成轨迹"按钮	
2	在"属性"面板的"类型"栏中选择"沿着一个面的一条边"，拾取元素栏中的线、面和点，红色代表当前的工作状态	
3	用鼠标先选择所需要生成的轨迹中的一段平面的边，并选择轨迹方向	
4	选择一个作为轨迹的法向的平面	

序号	步骤说明	图片
5	选择终止点，完成整个轨迹	
6	单击"确定"按钮，即可自动生成我们所需要的轨迹	

b. 一个面的外环。该类型选择面作为轨迹的法向，生成三维模型某个面的边的轨迹路径。当所需要生成的轨迹为简单单个平面的外环时，可以通过这种类型来确定轨迹。具体操作方式如表 7-3 所列。

表 7-3　通过"一个面的外环"生成轨迹的操作步骤

序号	步骤说明	图片
1	在"基础编程"选项卡中选择"生成轨迹"按钮，在"属性"面板的"类型"栏中选择"面的环"	
2	使用鼠标选择零件上的某一个面，单击鼠标左键，就会将该面选中	

续表

序号	步骤说明	图片
3	单击"确定"按钮，轨迹可以自动生成	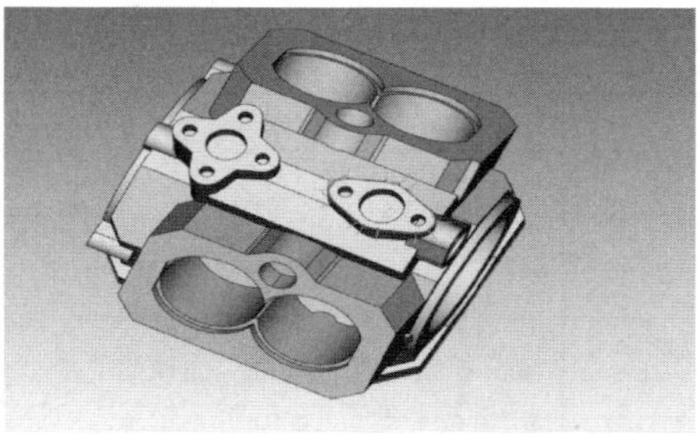

c．单条边。边指的是一条单独的边，同时支持拾取多条边。它通过选择单条线段，加上一个轨迹 Z 轴指向的面作为轨迹法向，实现轨迹设计。具体操作如表 7-4 所列。

表 7-4　通过"单条边"生成轨迹的操作步骤

序号	步骤说明	图片
1	在"基础编程"选项卡中选择"生成轨迹"按钮，在"属性"面板的"类型"栏中选择"边"	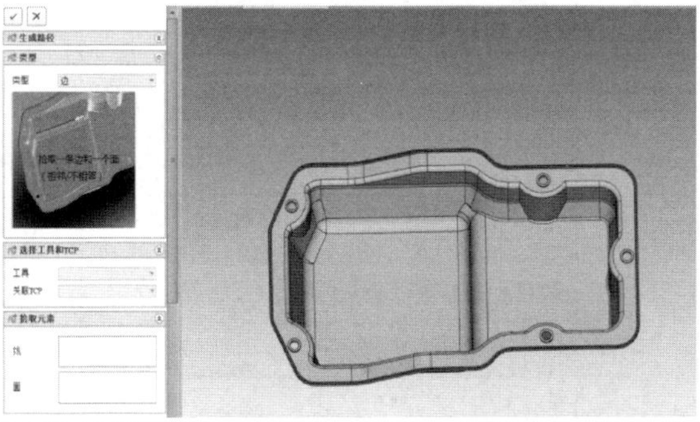
2	选择零件当中的一条线，然后再选择零件中的一个面作为线的法向量	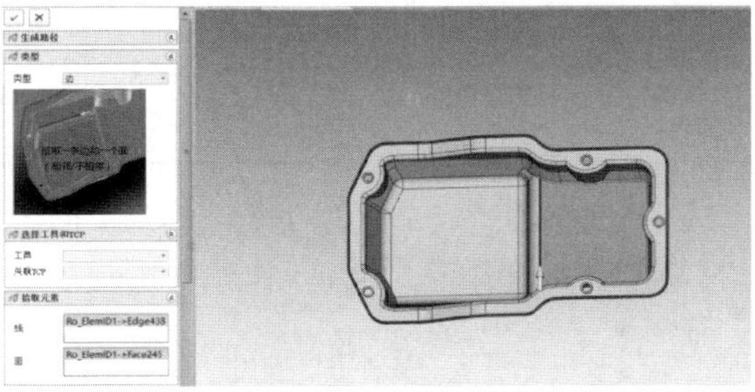
3	各项元素选择拾取完毕后，单击"确定"图标，轨迹自动生成	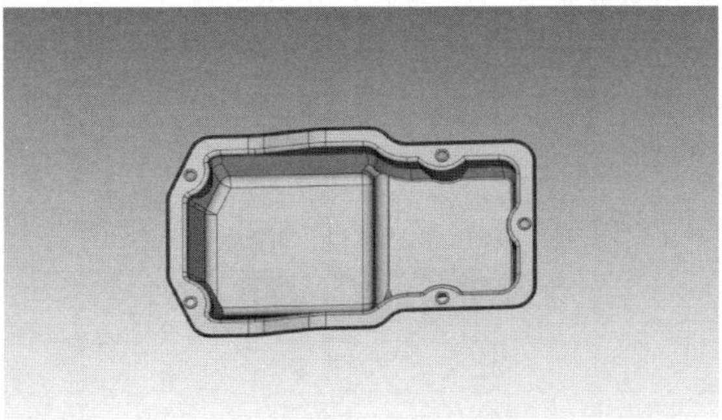

227

d. 曲线特征。由曲线加面生成轨迹，轨迹 Z 轴指向的面作为轨迹法向。具体操作如表 7-5 所列。

表 7-5　通过"曲线特征"生成轨迹的操作步骤

序号	步骤说明	图片
1	在"基础编程"选项卡中选择"生成轨迹"按钮，在"属性"面板的"类型"栏中选择"曲线特征"	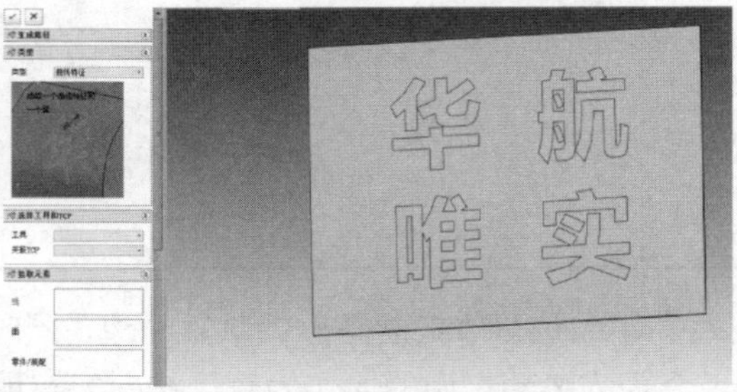
2	选择拾取零件中的一条线，并且选择作为轨迹法向的一个面	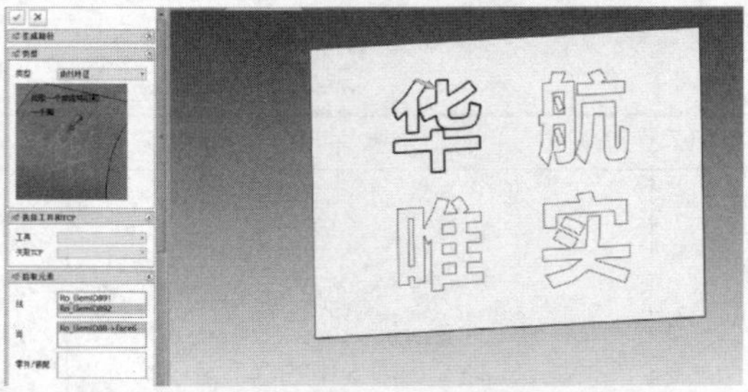
3	各项元素选择拾取完毕后，单击"确定"图标，轨迹自动生成	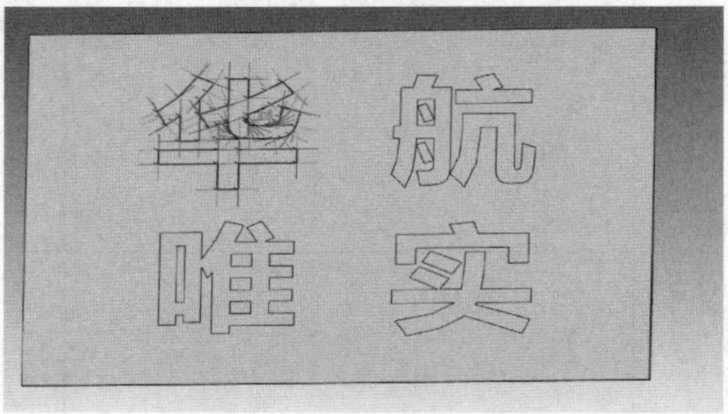

e. 一个面的一个环。这个类型与一个面的外环类型相似，但是多了一个功能，即可以选择简单平面的内环。具体操作如表 7-6 所列。

表 7-6　通过"一个面的一个环"生成轨迹的操作步骤

序号	步骤说明	图片
1	在"基础编程"选项卡中选择"生成轨迹"按钮，在"属性"面板的"类型"栏中选择"一个面的一个环"	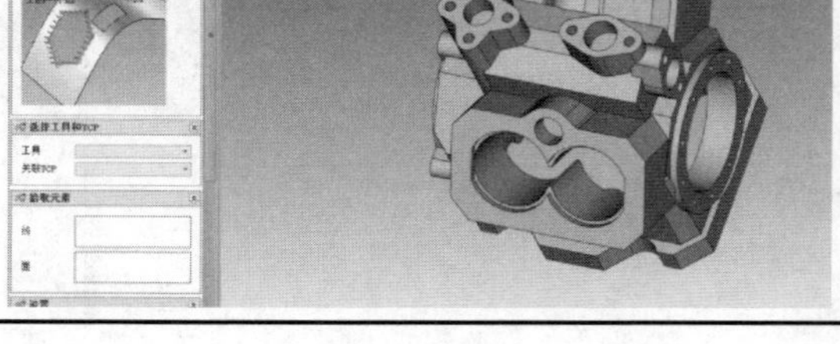

续表

序号	步骤说明	图片
2	选择拾取零件当中的面和线，选择所要生成的轨迹的环	
3	各项元素拾取完毕以后，单击"确定"图标，轨迹即可自动生成	

③ 轨迹选项。在 **PQArt** 软件中，生成轨迹以后，会出现机器人加工管理面板，如图 7-24 所示。

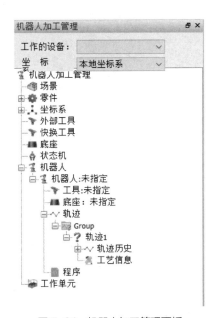

图 7-24　机器人加工管理面板

a. 轨迹历史。在机器人加工管理面板里面，是曾经对该轨迹做的各种操作，也可以看作轨迹的特征。如图 7-25 所示，可在轨迹历史下查看、修改和删除轨迹特征。

图 7-25　轨迹历史

b. 清除修改历史。对该条轨迹所做的一切操作都会删除（除轨迹的生成方式外）。

c. 合并特征。将所有轨迹特征合并为一个"基本方式生成轨迹"。合并后简化了树形图的显示，但依然保留着各种特征。合并特征后，所有的特征都不可以再修改。这是因为几个特征的内容都是不一样的，没办法一起修改。

④ 轨迹编辑。在 **PQArt** 软件中，生成轨迹以后，右击轨迹可以对轨迹进行编辑修改操作，如图 7-26 所示。

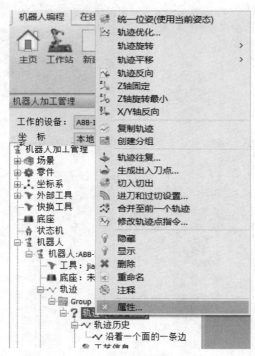

图 7-26　轨迹编辑

a. 轨迹优化。位于机器人右键菜单内，对所选轨迹整体进行调整。一方面解决轨迹中轴超限、奇异点等问题；另一方面可优化轨迹点的姿态。它默认地固定了此条轨迹所有点的 Z 轴，优化时是绕 Z 轴旋转一定的角度，角度的大小根据实际情况而定。如图 7-27 所示，轨迹优化界面提供了以下信息：轨迹点的个数、点的序号以及点绕 Z 轴旋转的角度。

a）蓝线：表示的是所有轨迹点的集合。鼠标在蓝色的水平线上移动时，轨迹点的序号也在改变。上下移动时，改变的是点的姿态，即绕 Z 轴旋转的角度。

b）开始计算：计算出轨迹中轴超限、不可达的点和奇异点，并以不同颜色的点显示在界面中。一次轨迹优化后，轨迹点姿态数据信息已保存，在此基础上可再次点击"开始计算"进行第二次优化。

　　c）取消计算：用来终止计算，一般适用于轨迹点较多的轨迹。

　　d）确认调整：确认当前对轨迹点姿态的调整。

　　e）关闭窗口：直接关闭不会保存任何调整。

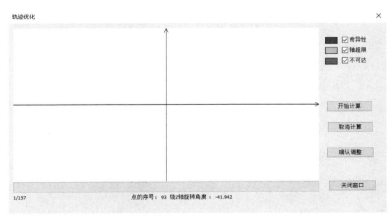

图 7-27　"轨迹优化"界面

　　b．轨迹旋转。轨迹旋转即让轨迹上的所有点旋转指定的角度，用于调整轴超限的点，或者改变轨迹姿态以满足其他需求，可选择性地决定让轨迹绕着 X、Y、Z 三个方向旋转，如图 7-28 所示。

　　c．轨迹平移。轨迹平移即将轨迹沿着 X、Y、Z 三个坐标轴的方向平移一定距离，如图 7-29 所示。

图 7-28　轨迹旋转

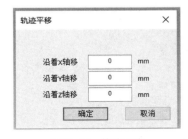

图 7-29　轨迹平移

　　d．轨迹反向。使轨迹的起始点变为终点，终点变为起始点。

　　e．Z 轴固定。Z 轴固定可使工具转动幅度变小，从而不容易发生碰撞。同时适用于调整轴超限的轨迹点。

　　f．X/Y 轴反向。X/Y 轴反向，是以 Z 轴为中心，X 轴旋转 180°，Y 轴旋转 180°。

　　g．复制轨迹。复制轨迹即对选中的轨迹进行复制，可用于执行相同的轨迹操作。

　　h．创建分组。对轨迹进行分组，用来满足实际操作中需要对工件分区域加工，便于管理轨迹。

　　i．生成出入刀点。是在生成的轨迹的起始点和终点分别生成一个点，用来作为工具的入刀点和出刀点，可以使机器人在运行中避免发生碰撞，如图 7-30 所示。

图 7-30　出入刀点

j. 合并至前一个轨迹。是将后面轨迹合并到前一个轨迹。如图 7-31 所示轨迹 3 没有了，轨迹 2 中的"曲线特征"等变成了"基本方式生成轨迹"。

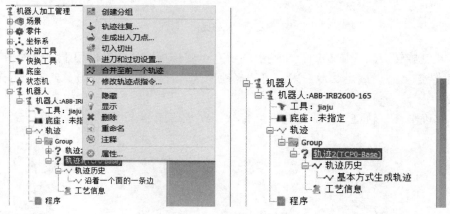

图 7-31　合并至前一个轨迹

k. 删除、隐藏、显示和重命名。

a）删除：删除当前选中的轨迹。

b）隐藏：隐藏当前选中的轨迹。隐藏后，机器人加工管理面板中的轨迹会变成灰色，绘图区的轨迹会暂时隐藏不见。

c）显示：重新显示已隐藏的轨迹。右击机器人加工管理面板中的轨迹，选择菜单中的"显示"即可。

d）重命名：可更改当前所选单条轨迹的名称。

⑤ 轨迹属性。在 PQArt 软件中，生成轨迹以后，会出现机器人加工管理面板，鼠标右击"轨迹"，选择"属性"弹出"属性"对话框，如图 7-32 所示。

"属性"窗口共有 5 个选项卡：轨迹显示、轨迹属性、轨迹速度设置、选择逆解方式、轴配置。

a. 轨迹显示。是否显示轨迹点、轨迹姿态、轨迹序号、轨迹线和轨迹间连接线等，并决定点的大小和轨迹线的颜色。

b．轨迹属性。可以查看并修改当前轨迹关联的零件、机器人使用的工具，以及轨迹关联的 TCP 和使用的坐标系。可从下拉菜单中进行选择，一般场景中存在多个零件、工具和坐标系时需谨慎选择。如图 7-33 所示。

图 7-32　属性

图 7-33　轨迹属性

c．轨迹速度设置。可以更改机器人运动时的线速度、角速度、圆弧过渡、速度百分比。如图 7-34 所示。

d．选择逆解方式。分"常规"和"联动"两种：第一种是在机器人运动时调用通用的机器人求逆解算法；第二种是在机器人和外部轴（如变位机、导轨等）需要联动时，就需要选中该选项。如图 7-35 所示。

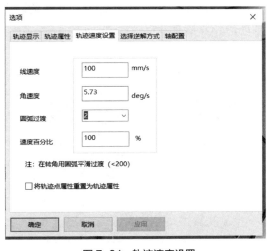

图 7-34　轨迹速度设置

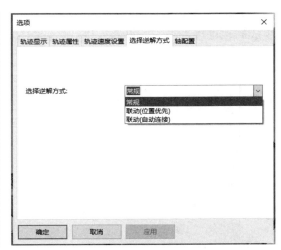

图 7-35　选择逆解方式

e．轴配置。可以记录机器人在空间上的奇异点位置时，各轴的状况。机器人工作在任意轨迹下的轴配置情况，都会记录在属性的轴配置当中，并且可以进行手动后续修改。如图 7-36 所示。

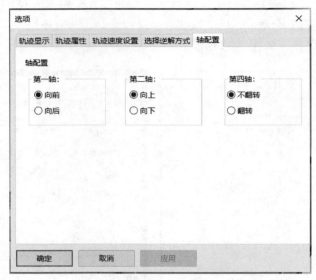

图 7-36　轴配置

7.5
PQArt 工业项目实例

实例 1：ABB 机器人写字。

在 PQArt 中搭建轨迹虚拟实训工作站，通过对工件的 TCP 校准，使虚拟场景的位置布局、运动的 TCP 与真实场景保持一致，以生成轨迹的方法生成工作台所需的轨迹路径，把生成的轨迹导入真实的机器人进行运行测试。具体操作步骤如表 7-7 所列。

表 7-7　"梦"字轨迹操作步骤

序号	操作步骤	图片
1	导入机器人、工具、工件等，并通过三维球调整到适当的位置	
2	选择基础编程选项卡当中的"生成轨迹"	导入轨迹　生成轨迹　仿真　后置　输出动画 基础编程

续表

序号	操作步骤	图片
3	在类型中选择"一个面的一个环"	
4	单击"确定"图标，轨迹自动生成	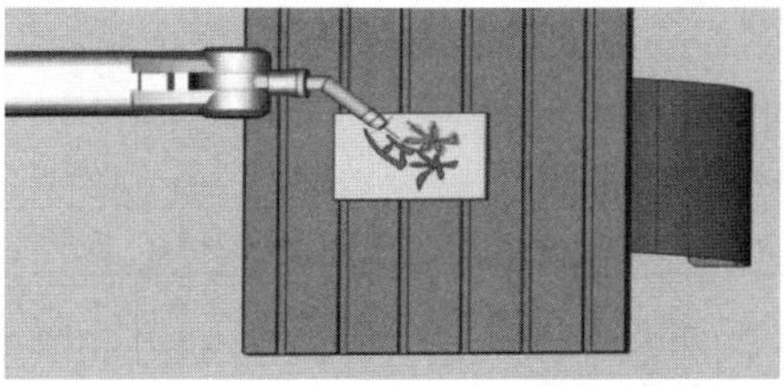
5	按照同样的方法，选取好"梦"字的各部分，单击"确定"图标，轨迹自动生成	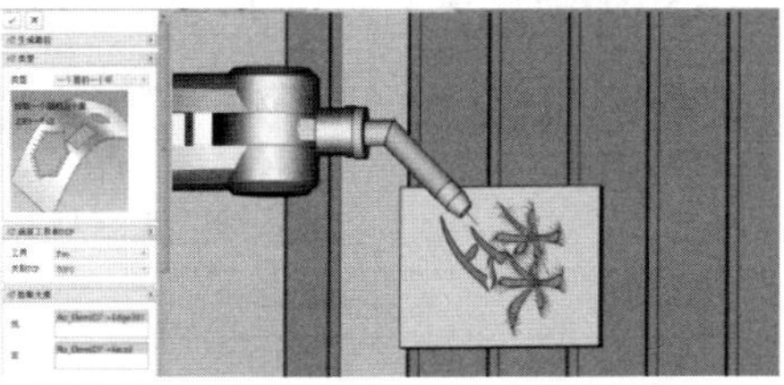
6	选中"机器人加工管理"中的"轨迹"，右击选择"Z 轴固定"	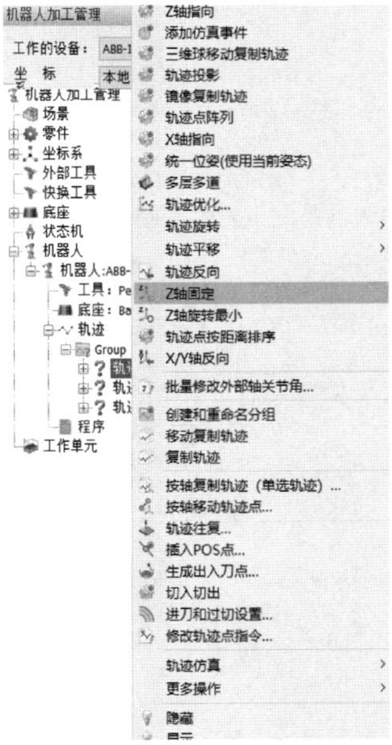
7	选择"基础编程"选项卡当中的"编译"	

235

序号	操作步骤	图片
8	编译完成后，选择"基础编程"选项卡中的"仿真"	
9	若仿真过程正确，单击"基础编程"选项卡中的"后置"，生成机器人代码，并复制到机器人中进行测试	

实例 2：PQArt 机器人工业打孔仿真实训。

在 PQArt 中搭建工业打孔虚拟实训工作站，以插入 POS 点的方法生成所需的工业打孔轨迹，并通过仿真运行测试轨迹路径。具体操作步骤如表 7-8 所列。

表 7-8　工业打孔实训模块虚拟仿真操作步骤

序号	步骤说明	图片
1	导入机器人、工具、工件等，并通过三维球调整到适当的位置	
2	在调试面板窗口中更改"J5"的数值，改为 10	

序号	步骤说明	图片
3	鼠标右击数控加工工具"插入 POS 点（Move-AbsJoint）"	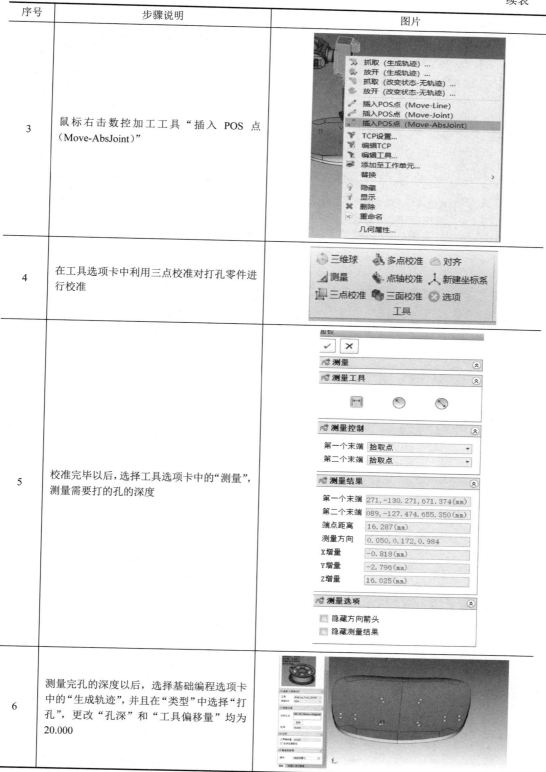
4	在工具选项卡中利用三点校准对打孔零件进行校准	
5	校准完毕以后，选择工具选项卡中的"测量"，测量需要打的孔的深度	
6	测量完孔的深度以后，选择基础编程选项卡中的"生成轨迹"，并且在"类型"中选择"打孔"，更改"孔深"和"工具偏移量"均为20.000	

续表

序号	步骤说明	图片
7	可以按照同样的方法选择其他的孔，设置多个"打孔"	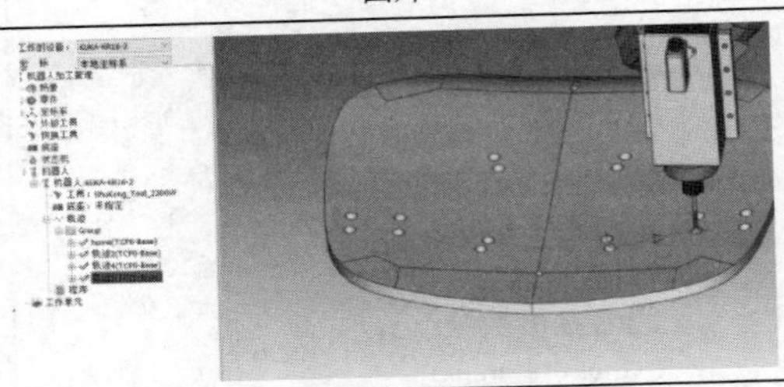
8	单击"高级编程"选项卡中的"工艺设置"，在"自定义事件模板"中设置"电机开始""电机停止"事件	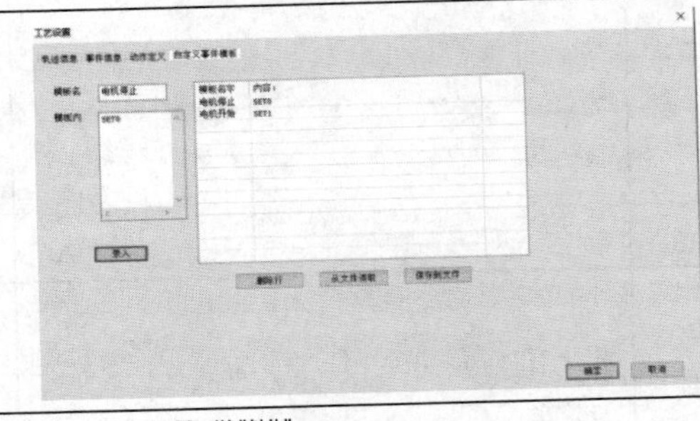
9	添加事件后，右击机器人数控加工工具，在弹出的右键菜单内单击"插入 POS 点（Move-AbsJoint）"，并重命名为"home1"	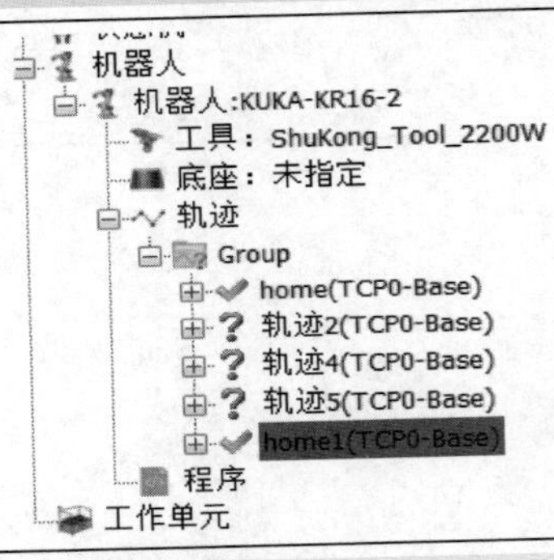
10	在调试面板用鼠标右击 home 点，在打开的菜单栏中点击"添加仿真事件"	

238

续表

序号	步骤说明	图片
11	在"添加仿真事件"界面，在"类型"中选择"自定义事件"，然后在"模板名字"当中选择"电机开始"	**添加仿真事件** ✕ 名字：　电机开始 执行设备：　KUKA-KR16-2　☐ 到位执行 类型：　自定义事件 输出位置：　点后执行 模板名字：　电机开始 内容：　SET1 确认　　取消
12	第一个"home"点添加完仿真事件后，按照同样的方法，在"home1"点也添加仿真事件，设置为"电机停止"	**添加仿真事件** ✕ 名字：　电机停止 执行设备：　KUKA-KR16-2　☐ 到位执行 类型：　自定义事件 输出位置：　点后执行 模板名字：　电机停止 内容：　SET0 确认　　取消
13	仿真事件添加完成后，单击"基础编程"选项卡中的"编译"，编译完成后，单击"基础编程"选项卡中的"后置"，生成机器人代码，并复制到真机中进行测试	

实例 3：PQArt 机器人工业轮毂铣削仿真实训。

在 PQArt 中导入工作站后，依据设定的工作方案，将机器人、工具、零件、状态机等摆放到与实际环境中相一致的位置，并设定相应的工作流程：工业机器人抓取轮毂，然后将所需加工的轮毂零件放置到机床工装装卡并选择加工程序执行，同时防护门可配合打开和关闭，指示灯可显示加工状态。具体操作步骤如表 7-9 所列。

表 7-9　工业轮毂铣削仿真实训操作步骤

1	单击"机器人编程"菜单下的"工作站"按钮，打开云端工作站资源库，下载 CHL-DS-11 工作站	机器人编程 工作站　新建　打开　保存　另存为 文件
2	单击工具栏中的"三维球"按钮，那么工作单元上即会弹出三维球工具	三维球　工件校准　新建坐标系　选项　坐标检测 工具

3	选中工作单元后，将三维球和工作单元取消绑定（激活三维球后按空格键），然后结合各个工作站的桌面的特征，借助这些桌面的边角，将三维球移动过去。恢复绑定后，通过三维球将工作单元调整到目标位置	
4	工作单元各在其位后，接下来要将工具放置到刀架上，从而方便工具的安装卸载。工具摆放的位置取决于机器人抓取轮毂的方案	
5	选中工具，激活三维球；按下空格键，三维球变白；右击三维球中心点，选择下拉菜单中的"到中心点"，将三维球定位到工具的上部；按下空格键，三维球变蓝； 右击三维球中心点，选择下拉菜单中的"到中心点"，将三维球定位到刀架上；通过三维球的旋转轴，将工具旋转 45°，让工具上的孔位贴合刀架上的固定点	
6	至此，场景搭建完毕	

续表

7	工作站搭建好后，保持机器人姿态不动，在机器人加工管理面板上选中法兰工具，接着选择法兰工具右键菜单中的"插入 POS 点（Move-AbsJoint）"	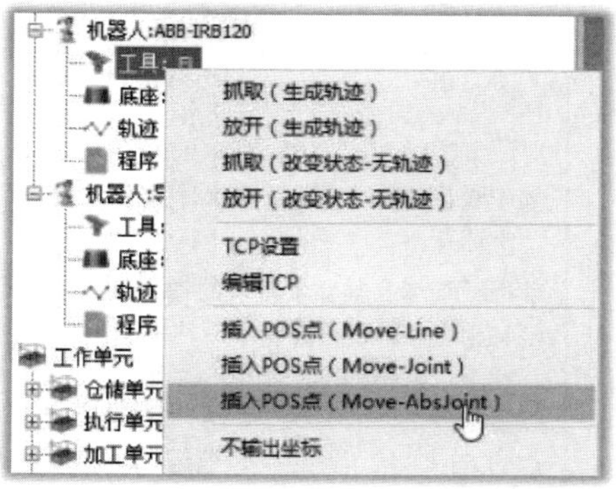
8	在调试面板上，将 J5 改为 90°。然后选中法兰工具，激活三维球，接着拖动三维球即可实现图示的姿态	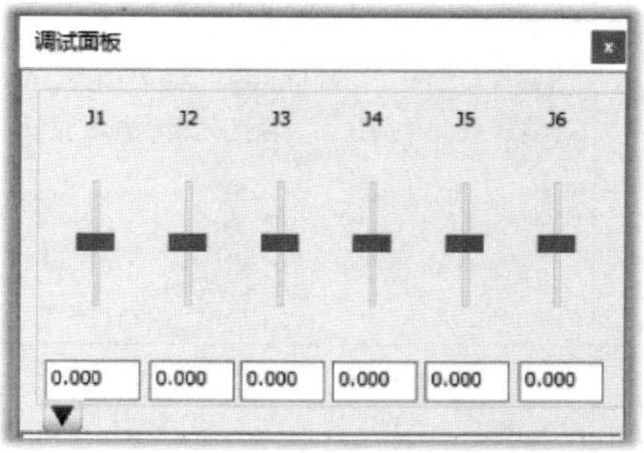
9	选择吸盘工具右键菜单中的"安装（生成轨迹）"。弹出偏移对话框后，入刀偏移量设为 20～30mm，出刀偏移量一定设置为 7mm	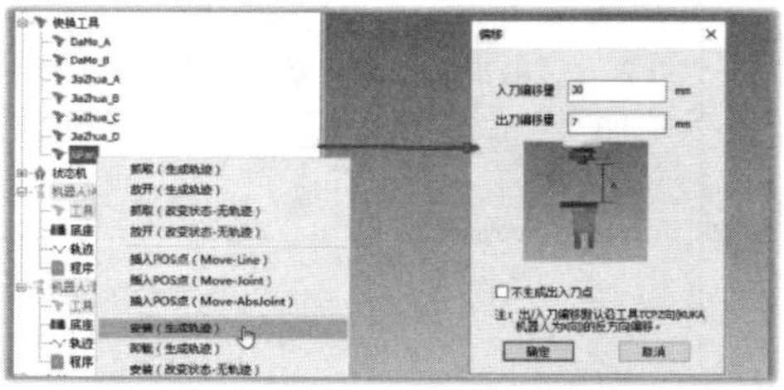
10	在调试面板上右击"吸盘工具安装点"，选择下拉菜单中的"添加仿真事件"。 仿真事件类型选择"抓取事件"，执行设备选择某个仓储-托盘（这里选择仓储-托盘 1），关联设备选择托盘上对应的轮毂。本例中机器人抓取的是轮毂 1	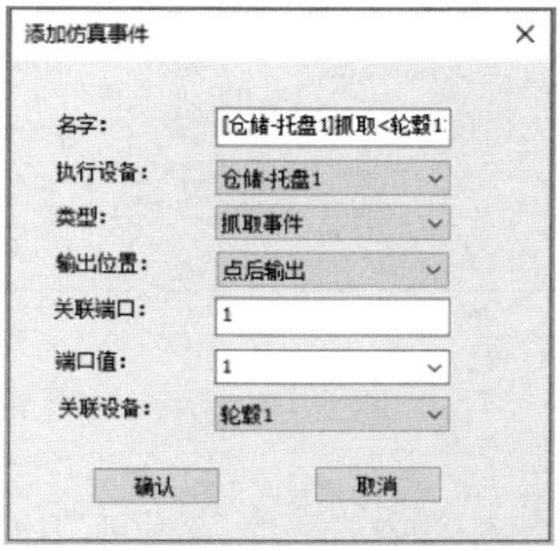
11	转动机器人 J1 轴，将机器人调整至如下姿态，做好抓取轮毂的准备。在此为机器人插入一个 POS 点（Move-Joint），设该点名称为"仓储托盘点"	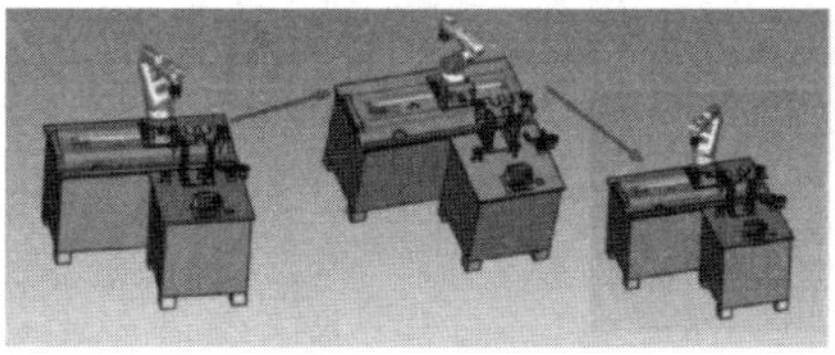

12	选中吸盘工具,弹出三维球;按下空格键,三维球变白; 单击三维球上垂直于轮毂的轴(如 Z 轴),使该轴固定。然后右击剩余两轴中的任意一个,选择下拉菜单内的"到中心点";单击某个小吸盘的外边,让三维球控制柄对准吸盘中心点的方向;按下空格键,三维球变蓝; 单击三维球上垂直于轮毂的轴(如 Z 轴),使该轴固定,接着右击剩余两轴中的任意一个,选择下拉菜单内"到中心点";单击轮毂上的某个螺栓孔,从而使得吸盘工具精确抓取轮毂	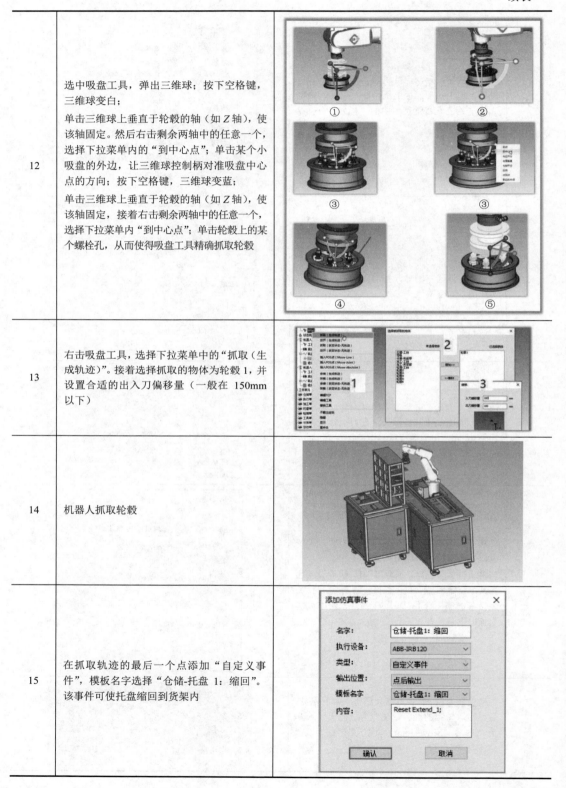
13	右击吸盘工具,选择下拉菜单中的"抓取(生成轨迹)"。接着选择抓取的物体为轮毂 1,并设置合适的出入刀偏移量(一般在 150mm 以下)	
14	机器人抓取轮毂	
15	在抓取轨迹的最后一个点添加"自定义事件",模板名字选择"仓储-托盘 1:缩回"。该事件可使托盘缩回到货架内	

实例 4：PQArt 机器人工业轮毂打磨仿真实训。

在 PQArt 中导入工作站后，依据设定的工作方案，将机器人、工具、零件、状态机等摆放到与实际环境中一致的位置。打磨流程如下：机器人放置轮毂到打磨工台；卸载吸盘工具；安装打磨工具 B；打磨轮毂端面；卸载打磨工具 B；安装吸盘工具；抓取轮毂；轮毂吹屑。具体操作步骤如表 7-10 所列。

表 7-10　工业轮毂打磨仿真实训操作步骤

1	右击机器人，选择下拉菜单中的"放开（生成轨迹）"，选择放开物体为"轮毂 1"，放开位置先后选择打磨工台的 RP 和轮毂 1 上的 RP1	
2	右击法兰工具，选择"插入 POS 点（Move-Joint）"，设该点名称为"机器人放开轮毂点"	
3	在机器人上添加发送事件：在机器人加工管理面板上选中该点，然后在调试面板上右击该点，选择下拉菜单中的"添加仿真事件"，事件类型选择为"发送事件"	
4	导轨上添加等待事件：选中调试面板上的驱动点 2（导轨上的第二个点），选择该点右键菜单中的"添加仿真事件"，为该点添加一个"等待事件"	

5	选中导轨，拖动导轨 J1 轴将机器人拉动到 A 位，如图（此时 J1 轴的角度值为 0）。右击导轨，选择下拉菜单中的"插入 POS 点（Move-AbsJoint）"，该点为驱动点 3	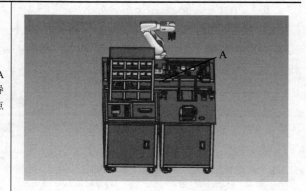
6	机器人运行到此位置后，需要让导轨发送信号给机器人，通知机器人开始工作，运行下一条轨迹。 在导轨的驱动点 3 上添加"发送事件"，同时在机器人的"机器人放开轮毂点"上添加"等待事件"，从而完成事件的匹配	
7	首先用三维球将工具移至放置点，如图中的"1"所示。在吸盘工具上弹出三维球，将吸盘工具平移拉动一定距离，使得吸盘离开刀架范围。右击吸盘工具，选择下拉菜单中的"插入 POS 点（Move-Joint）"，设该点名称为"卸载吸盘工具点"	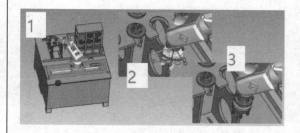
8	选择吸盘工具右键菜单中的"卸载（生成轨迹）"，出入刀偏移量数值为 7mm	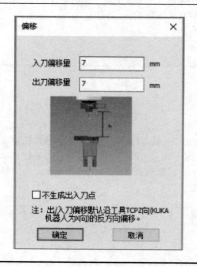

9	在调试面板上右击"卸载吸盘工具点"，在点上添加"发送事件"，发送信号给导轨	
10	在调试面板上右击导轨上的驱动点 3（导轨的第三个 POS 点），在"卸载吸盘工具点"上添加"等待事件"，从而完成发送等待事件的信号匹配	
11	用三维球将机器人底座拖拽到 A 位。 右击导轨，选择下拉菜单中的"插入 POS 点"，记录下机器人此时的位置，设该点为导轨的驱动点 4。机器人运动到 A 位后，需要导轨发送信号给机器人，通知机器人开始工作。 保持机器人姿态不动，在导轨的驱动点 4 上添加"发送事件"，在机器人的"卸载吸盘工具点"上添加"等待事件"	
12	在机器人安全点插入一个 POS 点 Move-Joint。 右击打磨工具 B，选择下拉菜单中的"安装（生成轨迹）"，出入刀偏移量设置为 20～30mm	

13	后选中打磨工具 B，弹出三维球，让三维球逆时针转动 45°，从而达成右图所示的效果：工具上的边 1 与刀架上的边 2 平行。接下来，为机器人插入 POS 点（Move-Joint）	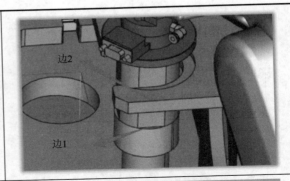
14	选中打磨工具 B，弹出三维球，让工具向左平移一定距离（标准是工具不与刀架和货架单元发生碰撞）。接着，右击机器人的法兰工具，为机器人插入 POS 点（Move-Line）	
15	在调试面板上控制机器人的各个关节角，让机器人运动到安全姿态。 之后，右击法兰工具，在此插入 POS 点（Move-Joint），设此点名称为"安装打磨工具 B 点"	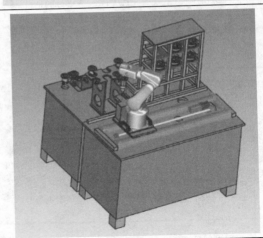
16	在机器人的"安装打磨工具 B 点"上插入一个"自定义事件"，模板名字选择"打磨-转位夹具：顺时针旋转 180°"	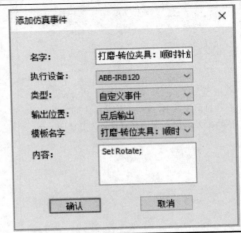

续表

17	打开轨迹属性面板后，轨迹类型选择"面的外环"，在轮毂上拾取端面作为搜索条件，点击完成按钮	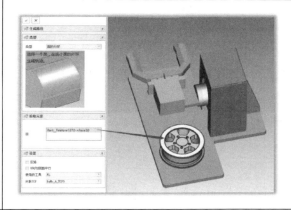
18	轨迹平移：根据打磨要求，需将轨迹平移到底面的中间，从而保证工具可打磨到整个底面。这里让轨迹沿着 Y 轴移动 7mm	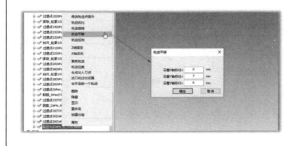
19	在轮毂打磨轨迹的最后一个点上，添加一个"自定义事件"，让打磨-转位夹具逆时针旋转180°。之后，在同一个点上添加"自定义事件"，目的是让打磨-转位夹具放开轮毂	
20	利用三维球将打磨工具 B 移至图示位置，在此处给机器人插入 POS 点（Move-Joint），设该点名称为"卸载打磨工具 B 点"。然后将工具逆时针旋转 45°，目的是使得有棱角的工具能够放回刀具单元中。在此处机器人需插入 POS 点（Move-Joint）	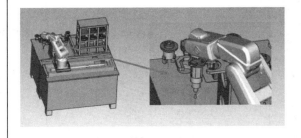

21	右击吸盘工具，选择下拉菜单中的"卸载（生成轨迹）"，出入刀偏移量设置为30mm 左右	
22	在机器人的"卸载打磨工具 B 点"上添加"发送事件"，同时在导轨的驱动点 4 上添加相匹配的"等待事件"	
23	将导轨的 J1 轴关节角度值设为−340，在此处右击导轨，插入驱动点 5	
24	导轨到达下一个工位点驱动点 5 后，应通知机器人开始工作。在驱动点 5 上添加"发送事件"，之后在机器人的"卸载打磨工具 B 点"上添加"等待事件"。安装吸盘工具步骤与之前保持一致	
25	在步骤 6 中的最后一个轨迹点上（设该点名称为"卸载吸盘工具点"）添加仿真事件"发送事件"，在导轨的驱动点 5 上添加"等待事件"来完成 IO 事件的匹配。然后拖动导轨的 J1 轴，让机器人运动到 B 位，在 B 位右击导轨，插入POS 点（Move-AbsJoint）。设该点为驱动点 6	

26	机器人运动到 B 位后，需要导轨发送信号给机器人，通知机器人开始工作，应在驱动点 6 上添加"发送事件"，在机器人的"卸载吸盘工具点"上添加"等待事件"	
27	在这里为机器人插入一个 POS 点（Move-AbsJoint），设该点名称为"吹屑点"	
28	在该点上添加"等候时间事件"，让轮毂按预定的时间吹屑	
29	在机器人的"吹屑点"处插入仿真事件"发送事件"，接着在导轨的驱动点 6 上添加仿真事件"等待事件"。至此，轮毂的打磨工序完成	

参考文献

[1] 陈继文，杨蕊，杨红娟，等. 机械自动化装配技术[M]. 2 版. 北京：化学工业出版社，2024.

[2] 陈继文，姬帅，杨红娟，等. 机器人技术与智能系统[M]. 北京：化学工业出版社，2021.

[3] 姚屏，等. 工业机器人技术基础[M]. 北京：机械工业出版社，2020.

[4] 王仲，罗飞，杨仓军. 工业机器人应用系统集成[M]. 2 版. 北京：航空工业出版社，2021.

[5] 戴凤智，乔栋. 工业机器人技术基础及其应用[M]. 北京：机械工业出版社，2020.

[6] 韩鸿鸾. 工业机器人工作站系统集成与应用[M]. 北京：机械工业出版社，2019.

[7] 杨杰忠. 工业机器人工作站系统集成技术[M]. 北京：电子工业出版社，2017.

[8] 彭赛金，林燕文. 工业机器人工作站系统集成设计[M]. 北京：人民邮电出版社，2018.

[9] 蔡泽凡. 工业机器人系统集成[M]. 北京：电子工业出版社，2018.

[10] 张明文，王璐欢. 智能制造与机器人应用技术[M]. 北京：机械工业出版社，2020.

[11] 杨明，杨瀚. 工业机器人系统集成[M]. 北京：化学工业出版社，2021.

[12] 宋立博. 工业机器人离线编程与仿真技术[M]. 北京：机械工业出版社，2021.

[13] 汪励，陈小艳. 工业机器人工作站系统集成[M]. 北京：机械工业出版社，2022.

[14] 屈金星. 工业机器人技术与应用[M]. 北京：机械工业出版社，2018.

[15] 张宪民. 机器人技术及其应用[M]. 北京：机械工业出版社，2017.

[16] 乔阳，鲍婕，等. 工业机器人工作站系统集成[M]. 北京：清华大学出版社，2023.